工程地质学

主　编　朱建明　谢谟文　赵俊兰
主　审　高　谦

中国建材工业出版社

图书在版编目(CIP)数据

工程地质学/朱建明,谢谟文,赵俊兰主编. —北京:
中国建材工业出版社,2006.9(2020.3重印)
ISBN 978-7-80227-145-6

Ⅰ.工... Ⅱ.①朱... ②谢... ③赵... Ⅲ.工程地
质–高等学校–教材 Ⅳ.P642

中国版本图书馆 CIP 数据核字(2006)第 104229 号

内 容 简 介

本书是按照教育部制订的土木工程专业大纲要求,并结合近几年来大土木教学的经验而编写的。全书的主要特点是内容体系合理、深入浅出、逻辑性强、每章均附有学习指导和习题。本书与土木工程专业的土力学、基础工程等课程一起构成土木工程专业的岩土课程体系,是近几年来从事土木工程地质学教学一线教师的主要教学研究成果。

全书包含九章。主要内容包括:绪论,地质作用与地质年代,造岩矿物与岩石,地质构造,外力地质作用对工程的影响,土的工程地质性质,岩体的工程性质,不良地质条件下的工程地质问题,岩体工程稳定性问题,工程地质勘察等。

本书可作为本科类土木工程专业工程地质学课程教材,或为该课程的教学参考书,以及作为参加全国土木工程岩土工程师资格考试的参考书。

工程地质学

主编 朱建明 谢谟文 赵俊兰

出版发行:中国建材工业出版社
地　　址:北京市海淀区三里河路 1 号
邮　　编:100044
经　　销:全国各地新华书店
印　　刷:北京雁林吉兆印刷有限公司
开　　本:787mm×1092mm　1/16
印　　张:16
字　　数:402 千字
版　　次:2006 年 9 月第一版
印　　次:2020 年 3 月第四次
定　　价:45.00 元

前　言

自教育部将原建筑工程、交通土建工程、桥梁工程、地下工程等多个专业合并为土木工程专业（也称大土木）以来，给新的土木工程专业的教学提出了新的挑战。如何适应我国快速发展的市场要求，培养出宽口径的人才，建立满足上述要求的土木工程教材和有效的教学手段，形成具有土木特色的教学体系十分重要。

为了适应上述的变化，绝大多数设有本科土木工程专业的院校都不同程度地将课程进行了调整，比较显著的就是将原合并在一起的土力学、工程地质学、基础工程三门课程，分开形成各自独立的一门课程。这主要是由于随着我国建筑向大深度方向发展，遇到的复杂地质条件越来越多，对土木工程地质和建筑物基础等提出了更高的要求。

目前工程地质学课程在大多数院校一般为 36 学时，有的学校还可能设为 27 或 45 学时。但要在有限的学时内，讲授出具有土木特色的工程地质课程就显得比较困难。主要有以下几点原因：

（1）工程地质包括的范围广、内容多。许多院校的土木工程专业都是由原来的相近专业转过来或为新成立专业，对土木工程地质的教学内容和与之相关课程的关系认识不深，而且目前我国的土木工程地质的教材内容比较分散，有的教材甚至相差很大。

（2）工程地质是一门理论与实践均很强的课程。虽然许多院校采用多媒体教学，在一定程度上提高了该课程的教学效果。但缺乏其他教学手段，如模型课、矿物标本、野外实习等教学手段，想获得好的教学效果也是十分困难的。

（3）目前工程地质教学内容与土力学和基础工程相互重叠，分工不清楚，有的工程地质过分强调基础工程地质，没有土木工程特色；有的甚至将土工一些基本试验包括在里面；有的教材没有包括现场原位测试，而土力学一般也不包括，学生就学不到该部分内容，从而严重地影响土木工程地质的教学以及与其他课程的协调关系。

上述原因造成了工程地质学课程目前从教材到教学还没有形成一定的土木特色，导致有的学校对这门课程重要性认识不清，有的学校甚至还将该课程的学时一再压缩，这不仅与国际上土木工程专业的课程设置相违背，也不符合大土木的培养目标。因此编写具有土木特色的工程地质学教材十分重要。本书作者均为来自多年从事土木工程地质学教学的一线教师，具有丰富的教学经验，针对目前大多数学校开设的土力学、基础工程和工程地质三门课程之间的相互关系，对以前的工程地质课程的章节内容做了较大的调整，调整后的内容更符合土木专业的教学要求，具有更明显的土木特色，便于与其他两门课程如土力学和基础工程教学的衔接，也便于学生理解学习。

参加本书编写人员为：北京航空航天大学副教授朱建明博士（绪论，第 1，2，9 章）；北京航空航天大学教授姚仰平博士（第 5 章）；北京科技大学教授谢谟文博士（第 6，8 章）；浙江大学教授张忠苗博士（第 7 章）；北方工业大学副教授赵俊兰老师（第 3，4 章）。

本书由朱建明、谢谟文和赵俊兰主编，北京科技大学教授高谦博士担任主审。本书还配有电子教案，如选择本教材的老师请通过电子信箱与编者联系。在本书的编写过程中得到了清华大学教授温庆博博士的指导和帮助，他认真地审阅了本书的初稿并提出了宝贵的意见，在此表示衷心感谢！此外，特别感谢日本岩石力学学会会长、京都大学教授大西有三博士，长崎大学教授蒋宇静博士，在他们帮助下所得的资料，较好地丰富了本书的内容。

由于编者的水平有限，本书不当之处在所难免，恳请广大师生读者不吝指正。

电子信箱：gongchengdizhi@126.com

编　者

2006 年 7 月

目　　录

绪　　论

0.1　工程地质学研究的对象和内容

　　地球是浩瀚宇宙中一颗璀璨的行星，是养育亿万生灵的摇篮，也是人类赖以生息繁衍的唯一家园，它为人类的生存与发展提供了必要的物质基础。基于生活和生产的需要，探索地球奥秘、寻找开发资源、保护家园环境、维持自身发展便成为人类孜孜不倦的追求。在漫长的认识和探索地球的过程中，逐步形成了一门以地球为研究对象、内容颇为广泛的学问，这就是地球科学，简称地学。它与数学、化学、物理学、生物学、天文学等一起，构成了近代自然科学的六大基础学科。地球科学从它诞生之日起，就始终不渝地担当着探索地球奥秘、研究地球变化、编织地球故事、传播地球知识的重大使命。

　　地质学是地球科学的一个重要组成部分，其主要研究对象是固体地球。鉴于科学技术的发展水平、人类的认知能力和生存需要，当前研究的重点是固体地球的表层——地壳（或岩石圈）。随着生产的发展、科学技术的进步以及人类认知水平和能力的不断提高，人们对地球的认识不断深入，加之各学科之间的相互利用、渗透与结合，地质学已发展成为一个完善的学科体系并在纵向分化深入和横向交叉拓展中形成了许多具有独特意义的分支学科。根据这些分支学科主要研究对象、内容和任务的不同可将其分为以下五类地学分科：①以地球物质组成为主要研究对象的矿物学科；②以地球运动和变形规律为主要研究对象的构造地质学科；③以远古地球特征和发展演变历史为主要研究对象的古生物及地史学科；④以地球资源及其勘察方法为主要研究对象的矿产地质学科；⑤以地球环境等为主要研究对象的工程地质学科。由此可见，工程地质学就是上述五类分科中的一个分支，是研究人类工程活动与地质环境相互作用的一门学科，它与人类的各种活动紧密相关。

　　首先，人类的所有工程建造于地壳表层一定的地质环境中，地质环境会以一定的作用方式从安全、经济和正常使用三方面影响制约人类的工程建设。例如，工业与民用建筑遇到的问题是承载力和沉降问题；崩塌、岩体滑动和滑坡会带来相关建筑物的破坏和威胁公路、铁路的安全；围岩稳定性是地下洞室要考虑的主要问题；在活动断裂带或强震区的建筑物场地选择不当，构造活动或伴随断层活动的强烈地震会造成建筑物的损坏或破坏；石灰岩地区的洞穴会造成水库水的漏失，使其不能正常使用等。因此，人类必须要很好地研究工程场地的地质环境，尤其是对工程建设有严重制约作用的地质作用和现象一定要进行详细、深入的研究。

　　其次，人类的各种活动，又会反作用于地质环境，使自然地质条件发生变化，影响工程设施的稳定和正常作用，甚至威胁到人类的生活和生存环境。例如，过量抽去地下水会造成大范围的地面沉降，使沉降区建筑物的工作条件、市政设施的使用和人民生活受到严重影响。修建大型水库，改变了区域的水文地质条件，会发生区域性塌岸或浸没，造成平原地区沼泽化、黄土地区湿陷及诱发地震等。因此，人类应充分预计到一项工程，特别是重大工程建设对地质环境的影响，并采积极措施，避免破坏或灾害的发生。

工程地质学正是为了满足上述人与自然和谐一致而形成的一门科学，也就是说工程地质学是研究工程设计、施工和运行过程中，合理地利用自然地质资源、正确地改造不良地质条件和最大限度地避免地质灾害等问题的科学。它是工程科学与地质科学相互渗透、交叉而形成的，服务于工程建设的一门边缘科学。

工程地质学研究的主要内容有：

1. 岩土体的分布规律及其工程地质性质的研究：在进行工程建设时人们最关心的是建筑地区和建筑场地的工程地质条件，特别是岩体、土体的空间分布及其工程地质性质，以及在工程作用下这些性质的变化趋势。

2. 不良地质现象及其防治的研究：分析、预测在建筑地区和场地可能发生的各种不良地质现象和问题，例如崩塌、滑坡、泥石流、地面沉降、比表塌陷、地震等的形成条件、发展过程、规模和机制，评价它们对工程建筑物和环境的危害，研究防治不良地质现象的有效措施。

3. 工程地质勘察技术的研究：为了查清各种不同类型的建筑地区和场地的工程地质条件，分析预测不良地质作用，评价工程地质问题，为建筑物的设计、施工、运营提供可靠的地质资料，就需要进行工程地质勘察，选择勘察方法，研究勘察理论和新的技术方法，特别是随着国民经济的发展，大型、特大型工程越来越多，如跨流域的南水北调工程、大型水电站、深部采矿、超高层建筑、海峡隧道、海洋工程等，都需要对勘察技术进行研究。

4. 区域工程地质研究：研究工程地质条件的区域分布和规律，为工程规划设计提供地质依据。

0.2　工程地质学的发展概况

美国于 1831～1833 年开始修建第一条铁路，法国于 1857～1870 年打通阿尔卑斯山萨尼峰的 11km 长隧道。英吉利海峡隧道和日本青函隧道的建成使人类隧道开凿达到了新水平。随着人类工程活动的进行，促使人们不断去思考地质问题的实质，使工程地质学这门学科得到逐步充实和发展。

1912 年瑞士地质学家 A. Heim 提出了地压理论；1933 年在瑞士工作的法国人 M. Lugeon 写了《大坝与地质》一书，并最早提出测定岩层渗透性的钻孔压水试验；1939 年 R. F. Legget 写出了《地质学与工程》一书；奥地利人 J. Stini 和 L. Müller 最早认识岩体结构面的影响，并于 1951 年创办了《地质与土木工程》杂志；法国人 J. A. Talbore 于 1957 年写出了《岩石力学》专著，阐述了地质学与工程的关系；C. Jaeger 于 1972 年写出了《岩石力学与工程》专著；1983 年 R. F. Legget 又出版了巨著《土木工程的地质学手册》。

我国学者陶振宇于 1976 年写出了《水工建设中的岩石力学问题》，同年谷德振出版了《岩体工程地质力学基础》一书。陈宗基对岩土流变学进行了深入研究，并亲手创办了武汉岩土研究所，石根华写的《Theory of Block》（块体理论）推动了岩体稳定的力学分析。

我国工程地质学是在新中国成立后才发展起来的。20 世纪 50 年代初由于经济和国防建设的需要，地质部成立了水文地质工程地质局和相应的研究机构，在地质院校中设置了水文地质专业，培养专门人才。当时一些重大工程项目，如三门峡水库、武汉长江大桥、新安江水电站等，都进行了较详细的工程地质勘察。随之，城建、冶金、水电、铁道、机械、化工、国防等部门相继成立了勘察和研究机构，在相应的院校中开设了有关专业。50多年来，我国在水利水电、铁路桥梁、城市规划、工业与民用建设、矿山工程与国防工程等方面进行了大量工程地质工作，为工程的规划、设计、施工和正常运行提供了较充分的地质依据。这不仅保证了工程建设的顺利进行，也丰富了工程地质学的理论宝库。

21世纪，不论是建筑业还是其他行业如公路桥梁等，随其等级标准的不断提高，其各类工程建筑物的工程地质条件要求也更高，其新理论、新方法、新技术将得到更广泛的应用，从而必将推动工程地质学科的进一步向前发展。

0.3　工程地质学在土木工程建设中的作用

各种土木工程，如房屋、公路、铁路、隧道、桥梁、港口、水利水电等都是修建在地表或地下的工程建筑。建筑场地的地质环境和工程地质条件与工程的设计、施工和运营密切相关。随着我国经济建设日益发展，工程建设的规模和数量也越来越大，出现了许多呈现"长隧道、深基坑、高边坡"的巨型工程，因此，作为工程建设的基础工作，工程地质工作的重要作用是客观存在和被实践证明了的。如果在工程建设中对工程地质工作重视不够，或工作粗糙，留下隐患，则会产生严重的后果。这方面的经验教训是值得我们深思的。

建于1913年的加拿大特朗斯康谷仓（Transcona Grain Elevator）由65个圆筒仓组成，长59.44m、高31m、宽23.47m，其下为筏板基础。建成后初次储存谷物31822m^3（基底平均压力达到320kPa）时，谷仓西侧突然陷入土中8.8m，东侧抬高1.5m，仓身倾斜27°，地基发生了整体滑动。事故后经调查，基础下埋藏有厚达12.2m的冰河沉积的高胶体高液性软黏土层，致使建筑物丧失稳定性。

1926年建成的美国加利福尼亚州的圣弗朗西斯坝，两年后高约70m的混凝土大坝被冲垮。事后查明，坝基一部分位于倾向河谷的片岩上，坝基另一部分位于黏土充填的砾岩上，砾岩含有石膏脉。水库蓄水后，砾岩中的石膏遇水溶解，砾岩中的胶结物很快崩解，渗透水流将其淘蚀冲刷，引起大坝失事。

我国建国初期修建的宝成铁路，限于20世纪50年代初期的设计水平，对工程地质条件认识不足，致使铁路的某些地段质量不高，给施工运营带来了困难。宝成铁路上存在的路基冲刷、滑坡和泥石流问题给我们留下了深刻的教训。

因此，进行大规模的工程建设，必须进行工程地质调查和勘探工作，查明工程建筑地区的工程地质条件，对有利的地质因素和不良的地质现象要作出正确的分析，针对影响建筑物安全的主要工程地质问题要进行论证，预测工程建设后引起的环境工程地质问题，才能为工程建设的规划、选址、设计、施工与管理等各个阶段，提供可靠的工程地质资料。

0.4　本书的主要内容

工程地质学的内容是相当广泛的。本书是为土建类专业学生开设的综合工程地质课程而编写的教材，与该课程密切相关的课程主要有土力学、岩石力学、基础工程、施工技术、地下工程等。目前在大多数土建类院校，上述相关课程中的土力学、基础工程、施工技术和土木工程地质等课程一般均为独立开设。因此，如何编写出一本与土力学、基础工程、施工技术课程相适应的土木工程地质教材，又能适应目前大土木专业的特点，实现宽口径的培养目标，是本书编写的出发点。基于此，本书主要包含了地质学基础、地表水和地下水、工程地质三部分内容。

地质学基础部分：主要研究地球的组成、构造、发展历史和演化规律。这部分主要考虑土建类专业学校一般不再开设基础地质类课程，本教材的前几章主要对矿物、岩石、地质构造和地质作用等基础地质知识并对岩石的工程地质特性作了介绍。

地表水和地下水部分：主要研究水流的地质作用、河谷地貌、沉积层的主要类型及工程地质特性；阐明地下水的埋藏条件、成因类型和运动规律、研究岩石风化、岩溶、滑坡、崩塌、泥石流等不良地质现象及作用过程。

工程地质部分：主要由岩土的稳定性分析和工程地质勘察两大部分组成。岩土的稳定性分析部分主要研究土的工程地质特性、岩体的结构特征，阐明岩体结构面和结构体的基本特性；并对常见的地下洞室、岩坡和岩基三类工程的稳定性进行了分析评价。工程地质勘察部分主要研究工程地质勘察的目的、任务和方法，了解工程地质报告中应包括的主要内容，以及城镇与工业民用建筑、道路桥梁、地下洞室、机场建设等工程的地质勘察要求。

0.5　本课程的学习要求和方法

本课程是高校土木工程学科土建类专业的一门专业技术基础课。作为土木工程师，必须具备一定的工程地质科学知识。该课程结合了我国城市建筑工程和市政地下工程建设的特点，为学习专业和开展有关问题的科学研究，提供必要的工程地质学基本知识，同时，通过一些基本技能的训练，懂得搜集、分析和运用有关地质资料，对一般工程地质问题具体分析。在学习本课程时，切忌死记硬背，而是学会具体问题具体分析。将学到的工程地质知识和专业知识与其他课程知识紧密的联系起来，去解决工程实际中的工程地质问题。

第1章 地质作用与地质年代

1.1 地球的基本知识

地质学（geology）一词是由瑞士人索修尔（Saussure H. B. de）于 1779 年提出的，意指"地球的科学"。虽然地质学就是研究地球的科学，但由于科学技术水平的限制，地质学当前研究的主要是地壳。由于大量的工程建筑都在地球的表层，为此工程建设者对地质学的了解是十分必要的。

1.1.1 地球的外部形态

地球是一个不规则的扁球体。它绕太阳公转，并绕自转轴由西向东旋转。19 世纪后期，人们认识地球是一个两极扁平、赤道突出的椭球体。后来经卫星测定，地球外形像一个梨状体（图 1-1）。其北极外凸 10m，南极内凹 25.8m。

通过大地测量及地球卫星测量，有关地球的主要数据为：赤道半径约为 6378.16km，极地半径约为 6356.8km，平均半径约为 6371.017km；扁平率为 1/298.257；表面积约为 $5.1007 \times 10^8 \text{km}^2$；地球体积为 $1.0832 \times 10^{12} \text{km}^3$；平均密度为 5.52 g/cm^3。

1.1.2 地球的圈层构造

1.1.2.1 地球的内圈层

地球是由不同状态、不同物质的圈层构成的，地球的内部由地壳、地幔和地核三个圈层组成（图 1-2）。

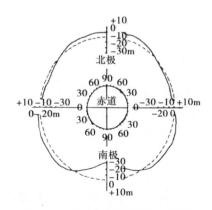

图 1-1 地球梨状体剖面（实线）
与旋转椭球体剖面（虚线）的
关系示意图

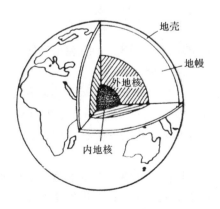

图 1-2 地球的内部结构

（1）地壳

地球表面固体的薄壳，平均厚度为33km，大洋地壳较薄，约5~10km，大陆地壳较厚，约15~80km；整个地球的地壳平均厚度为16km。人类的工程活动多在地壳的表层进行，如土木工程建筑一般在浅层（深几十米以内），地下工程有时深达几百米至上千米，而石油、天然气井钻探深度可达7km以上。

组成地壳的物质主要是地球中比较轻的硅镁和硅铝等物质。大陆地壳具有上部为硅铝层（花岗岩质层），下部为硅镁层（玄武岩质层）的双层结构。硅铝层的密度为 $2.7g/cm^3$，硅镁层的密度为 $2.9g/cm^3$。地壳的下表面是莫霍（Moho）面，地震波在该处发生突变，该面以首先发现其存在的南斯拉夫地球物理学家命名。地壳与地球半径相比仅1/400，是地球表层极薄的一层硬壳，只有地球体积的0.8%。

（2）地幔

地幔是自莫霍面以下至深度约2900km的范围，约占地球体积的83.3%。根据地震波的变化情况，以地下1000km激增带为界面，又可把地幔分为上下两层。上地幔深度为33~1000km，主要由橄榄质的超基性岩石组成，其中上半部分是高温熔融的岩浆岩发源地，也称软流圈。下地幔深度1000~2900km，主要成分为硅酸盐、金属氧化物和硫化物，铁、镍含量增加，密度为 $5.1 g/cm^3$，物质呈固态。

（3）地核

位于地幔以下，是地球的核心部分。被分为外地核、过渡层、内地核。地表以下2900~4642km范围内为外地核，主要由熔融状态的铁、镍混合物及少量Si、S等轻元素组成，密度约为 $10.5g/cm^3$。内核厚度为1216km，主要成分是铁、镍等重金属，平均密度为 $12.9g/cm^3$，其刚性很高。位于内、外核之间的过渡层厚度约515km，物质状态从液态过渡到固态。

一般认为地壳和软流圈以上的部分上地幔一起组成岩石圈，岩石圈才是固体地壳真正的外壳。软流圈以下的上地幔一般称为过渡带或相变带。因此岩石圈、软流圈、过渡带、下地幔、外地核、内地核是地球内部十分重要的六个主要层圈，其中岩石圈和软流圈对理解地球的板块运动理论十分重要。

1.1.2.2　地球的外圈层

外圈层指大气圈、水圈和生物圈。

（1）大气圈

大气圈是地球的最外圈，其上界可达1800km或更高的空间。

自地表到10~17km的高空为对流层，所有的风、云、雨、雪等天气现象均发生在这一层，它对地球上生物的生长、发育和地貌的变化有着极大的影响。

（2）水圈

水圈是由大气圈的大量水蒸气形成的，水圈主要由海水构成。

海洋面积占地球总面积的71%，在陆地分别有河流、湖泊，还有地下水。地球表面水圈的存在，对生命的起源，生物的演化、发展曾起到十分重要的作用。水与大气地表岩石中的各种物质相互作用，产生各种沉积物、矿物及可溶盐。水还作为最活跃的营运力促进各种地质地貌的发育。

（3）生物圈

生物圈是指地球生物渗透在水圈、大气圈下层和地壳表层的范围之中。

生物圈的质量很小，有人估计相当于大气圈的 1/300，水圈的 1/7000 或上部岩石圈的 1/1000000。但对于改变地球的地理环境却起到重要作用，生物所产生的物质是人类重要的财富。有机界和无机界相互作用还形成一个独特的土壤。

1.2　地质作用

地球形成以来，一直处于不断运动和变化之中。今日的地球，只是它运动和发展过程中的一个阶段。就地壳而言，虽然它只能代表地球演变的一部分，但它的表面形态、内部结构和物质成分也是时刻在变化着。坚硬的岩石破裂粉碎成为松软泥土，而松软泥土又不断沉积形成新的岩石。在地质历史发展的过程中，由自然动力引起的地球和地壳物质组成、内部结构及地表形态不断变化发展的作用，称为地质作用。

地质作用的动力源泉，一是地球内部放射性元素蜕变产生的内热；二是来自太阳辐射热，以及地球旋转力和重力。只要引起地质作用的动力存在，地质作用就不会停止。地质作用实质上是组成地球的物质以及由其传递的能量发生运动的过程。因此地质作用按其能量的来源不同，可分为外力地质作用和内力地质作用两类。

1.2.1　内力地质作用

由地球内部能源所引起的岩石圈物质成分、内部构造、地表形态发生变化的作用称为内力地质作用。它包括：地壳运动、岩浆及火山作用、地震作用和变质作用。

1.2.1.1　地壳运动

地壳运动是指地壳或岩石圈隆起和凹陷，海、陆轮廓的变化，山脉、海沟的形成，以及褶皱、断层等各种地质构造的形成和发展。地壳运动产生各种地质构造，地壳运动又称为构造运动。所以地壳运动按其运动方向可分为水平运动和升降运动。

（1）水平运动

水平运动是指地壳或岩石圈块体沿水平方向移动，如相邻块体分离、相向相聚和剪切、错开。它使岩层产生褶皱、断裂，形成裂谷、盆地和褶皱山系。现代水平运动的典型例子是美国西部的圣安德列斯断层。地质学家经过多年研究，一致认为是大约 1000 万年时间里，断层西盘向西北方向移动了 400～500km，现在仍在继续位移。我国的横断山脉、喜马拉雅山、天山、祁连山等均为褶皱山系。

（2）升降运动

升降运动是指地壳运动垂直于地表，即沿地球半径方向的运动。表现为大面积的上升运动和下降运动，形成大型隆起和凹陷，产生海退和海侵现象。一般来说，升降运动比水平运动更为缓慢。在同一地区不同时期内，上升运动和下降运动常交替进行。所谓"沧海桑田"即是古人对地壳升降运动的直观表述。

1.2.1.2　岩浆作用

火山观察可知，岩浆的温度高达 1000℃，由硅酸盐及部分金属氧化物、硫化物和挥发成分组成的熔融物质，称为岩浆。由于巨大的压力，使活动性很大的岩浆顺地壳的薄弱带侵入甚至喷出地表。因此岩浆的形成、运动、演化、冷凝形成火成岩的全部过程称为岩浆作用。

岩浆由地下深处侵入地壳中的冷凝成岩的全过程，称为侵入作用。由此形成的岩石为侵入岩。侵入岩又可根据岩浆凝结时所处的部位距地表的深浅分成深成岩和浅成岩。深成岩侵入深度大于 3km，浅成岩侵入深度小于 3km。有时岩浆可以一直上升穿透上覆岩石，喷出地表形成火山。岩浆喷出地表的全过程称为火山作用。由此冷凝而成的岩石称为喷出岩。

1.2.1.3　变质作用

已经形成的地壳的各种岩石，当在高温、高压下并有化学物质参与下发生成分（矿物、化学物质）、结构、构造变化的地质作用称变质作用，在该条件下生成的岩石称为变质岩。

1.2.1.4　地震

地壳中发生的绝大多数地震是由地质构造作用引起的。为了解释这类地震的成因，1911年美国学者李德（H. F. Reid）提出了弹性回跳理论。该理论认为，由于构造应力的影响，在岩石圈的一定地区内，岩石发生弹性弯曲，并因此产生了弹性应变能的积累。当应变能超过弹性极限时，岩石发生错断并弹回原来的位置，同时使积累的能量得到突然的释放。岩石错断时，能量主要以地震波的形式释放。地震波从断裂处向四周传播，当其到达地表时引起地表的振动。除此之外，火山作用、喀斯特区及地下开采的塌陷、人工爆破（如地下核爆破）都可产生地表的振动，这些均称为地震。

世界上的地震主要集中在环太平洋地震带、阿尔卑斯山 - 喜马拉雅山地震带、洋脊和裂谷地震带及转换断层地震带上。我国的地震分布主要与前两个地震带有关。

1.2.2　外力地质作用

由地球外部能源引起的地质作用称为外力地质作用。主要发生在地表，它的能量主要来自太阳的热能、太阳和月球的引力能及地球的重力能等。外力作用的方式，可以概括为以下几种：

（1）风化作用　暴露地表的岩石，在温度变化以及水、二氧化碳、氧气及生物等因素的长期作用下，发生化学分解和机械破碎。风化作用使岩石强度和稳定性大为降低。

（2）剥蚀作用　河水、海水、湖水、冰川及风等在其运动过程中对地表岩石造成的破坏，其破坏产物随其运动而搬走。例如：海岸、河岸因受海浪和流水的撞击、冲刷而发生后退。

（3）搬运作用　岩石经风化、剥蚀破坏后的产物，被流水、风、冰川等介质搬运到其他地方的作用。

（4）沉积作用　被搬运的物体，由于搬运介质的搬运能力减弱，搬运介质的物理化学条件发生变化，或由于生物的作用，从搬运介质中分离出来，形成沉积物的过程，称为沉积作用。

（5）成岩作用　刚堆积的物质是松散多孔的并富含水分，被后来的沉积物覆盖埋藏后，在重压下排出水分，孔隙减少并被胶结，由松散堆积物逐渐变为坚硬的岩石，也就是沉积岩。

内力地质作用和外力地质作用紧密关联、相互影响，始终处于对立统一的发展过程中，成为促使地壳不断运动、变化和发展的基本动力。

1.3　地质年代

在野外，我们经常可以看到一层又一层的沉积岩，它们是地壳在其漫长的发展历史中某一时期形成的产物。地史学中，将各个地质历史时期形成的岩石，称为该时代的地层。层层叠叠的地层构成了地壳历史的天然记录和物质见证。地质年代就是从地质学的观点出发，根据地球上的生物演化过程、地层的沉积环境和地壳的发展演变过程等划分的，用以描述地层形成历史的时代段落。这种地质年代也称相对地质年代，另一种是绝对地质年代。

1.3.1　绝对地质年代

绝对年代法是指用各种仪器和方法，经过测定某一时刻的岩石样品中某些物质及其特性指标后，得到的该岩石的形成至今的时间长短。

确定地层形成时的准确时间，主要是通过测定地层中的放射性同位素年龄来确定。放射性同位素（母同位素）是一种不稳定元素，在天然条件下发生蜕变，自动放射出某些射线（α、β、γ射线），而蜕变成另一种稳定元素（子同位素）。放射性同位素的蜕变速度是恒定的，不受温度、压力、电场、磁场等因素的影响，即以一定的蜕变常数进行蜕变。主要用于测定地质年代的放射性同位素的蜕变常数，见表1-1。

表 1-1　常用同位素及其蜕变常数

母同位素	子同位素	半衰期	蜕变常数
铀（U^{238}）	铅（Pb^{206}）	$4.4 \times 10^9 a$	$1.54 \times 10^{-10} a^{-1}$
铀（U^{238}）	铅（Pb^{207}）	$7.1 \times 10^8 a$	$9.72 \times 10^{-10} a^{-1}$
钍（Th^{282}）	铅（Pb^{208}）	$1.4 \times 10^{10} a$	$0.49 \times 10^{-10} a^{-1}$
铷（Rb^{87}）	锶（Sr^{87}）	$5.0 \times 10^{10} a$	$0.14 \times 10^{-10} a^{-1}$
钾（K^{40}）	氩（Ar^{40}）	$1.5 \times 10^9 a$	$4.72 \times 10^{-10} a^{-1}$
碳（C^{14}）	氮（N^{14}）	$5.7 \times 10^3 a$	

当测定岩石中所含放射性同位素的质量 m_1，以及它蜕变产物的质量 m_2 后，就可利用蜕变常数 λ，按下式计算其形成年龄：

$$t = \frac{1}{\lambda} \ln \left(1 + \frac{m_2}{m_1} \right) \qquad (1-1)$$

目前世界各地地表出露的古老岩石都已进行了同位素年龄测定，如南美洲圭亚那的角闪岩为 4130±170Ma，我国冀东络云母石英岩为 3650~3770Ma。

1.3.2　相对地质年代

相对年代法是通过比较各地层的沉积顺序、古生物特征和地层接触关系来确定其形成先后顺序的一种方法。因无需精密仪器，故被广泛采用。

1.3.2.1　地层层序法

地层层序法是确定地层相对年代的基本方法（图1-3）。沉积岩能清楚地反映岩层的叠置关系。一般情况下，先沉积的老岩层在下，后沉积的新岩层在上。简言之，原始产出的地层具有下老上新的规律。若岩层经剧烈的构造运动，地层层序倒转，就需利用沉积岩的泥裂、波痕、雨痕、交错层等构造特征，来恢复原始地层的层序，以便确定其新老关系。

1.3.2.2　古生物层序法

地质历史上的生物称为古生物。其遗体和遗迹可保存在沉积岩层中，一般被钙质、硅质充填或交代变质，形成化石。生物的演化从简单到复杂，从低级到高级不可逆转地不断发展。因此，年代越老的地层中所含的生物越原始、简单、低级。反之，年代越新的地层中所含的生物越进步、复杂、高级。即埋藏在地层中的生物化石结构越简单，地层时代越老，化石结构越复杂，地层时代越新。这样，可依据不同的标准化石，确定地层年代。标准化石是

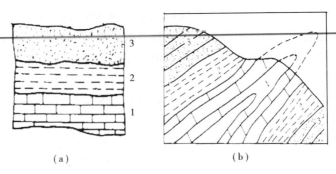

图 1-3　地层层序法

(a) 正常层序；(b) 倒转层序

指在某一环境阶段，能大量繁衍、广泛分布，从发生、发展到灭绝的时间短，并且特征显著的生物化石。在每一地质历史时期都有其代表性的标准化石，如寒武纪的三叶虫、奥陶纪的珠角石、志留纪的笔石、泥盆纪的石燕、二迭纪的大羽羊齿、侏罗纪的恐龙等，见图 1-4。

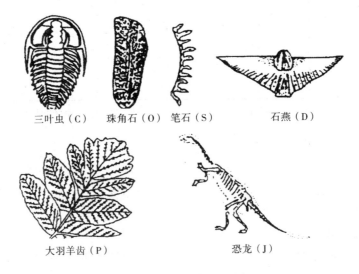

图 1-4　几种标准化石图版

1.3.2.3　岩性对比法

一般在同一时期、相同地质环境下形成的沉积岩，它们的成分、结构和构造是类似的。因此确定了某地区的地层年代后，则在另外地区，就可通过岩性对比来确定那个地区的地质年代。

1.3.2.4　地层接触关系法

地层间的接触关系，是构造运动、岩浆活动和地质发展历史的记录。沉积岩、岩浆岩及其相互间均有不同的接触类型，据此可判别地层间的新老关系。

（1）沉积岩间的接触关系

沉积岩间的接触，基本上可分为整合接触与不整合接触两大类型。

1）整合接触　一个地区在持续稳定的沉积环境下，地层依次沉积，各地层之间彼此平行，地层间的这种连续、平行的接触关系称为整合接触。其特点是沉积时间连续，上、下岩层产状基本一致，见图1－5a。

2）不整合接触　当沉积岩地层之间有明显的沉积间断时，即沉积时间明显不连续，有一段时期没有沉积，称为不整合接触，又可分为平行不整合接触和角度不整合接触两类。

①平行不整合接触　又称假整合接触。指上、下两套地层间有沉积间断，但岩层产状仍彼此平行的接触关系。它反应了地壳先下降接受稳定沉积，然后抬升到侵蚀基准面以上接受风化剥蚀，再后地壳又均匀下降接受稳定沉积的地史过程，见图1－5b。

②角度不整合接触　指上、下两套地层间，既有沉积间断，岩层产状又彼此角度相交的接触关系。它反映了地壳先下降沉积，然后挤压变形和上升剥蚀，再下降沉积的地史过程，见图1－5c。

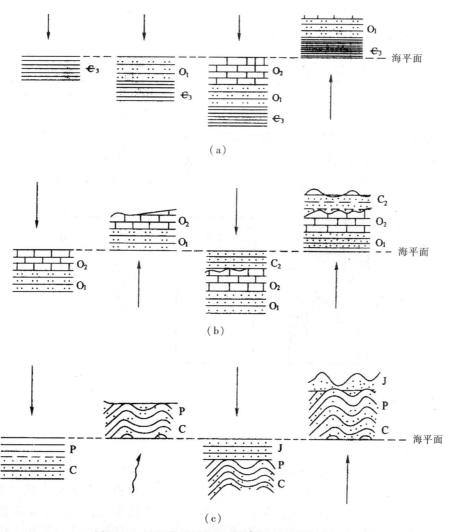

图1－5　沉积岩层间的接触关系及其形成过程

（a）整合接触；　（b）假整合接触；　（c）角度不整合接触

（2）岩浆岩间的接触关系

主要表现为岩浆岩间的穿插接触关系。后期生成的岩浆岩（2）常插入早期生成的岩浆岩（1）中，将早期岩脉或岩体切隔开，见图1－6。侵入接触说明岩浆岩侵入体形成的年代晚于围岩的地质年代。

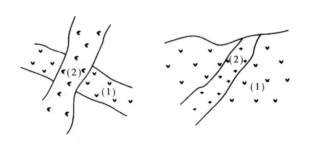

图1－6　岩浆岩的穿插关系

（3）沉积岩与岩浆岩之间的接触关系

可分为侵入接触和沉积接触两类。

1）侵入接触　指后期岩浆岩侵入早期沉积岩的一种接触关系。侵入体与围岩接触带有接触变质现象，侵入体与其围岩的接触界线多呈不规则状，见图1－7a。

2）沉积接触　指后期沉积岩覆盖在早期岩浆岩上的沉积接触关系。早期岩浆岩因表层风化剥蚀，在后期沉积岩底部常形成一层含岩浆岩砾石的底砾岩，见图1－7b、图1－7c。

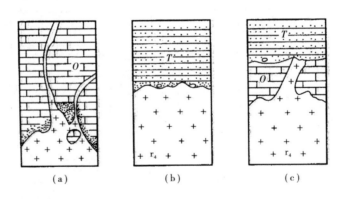

图1－7　岩浆岩与沉积岩层间的接触关系

1.3.3　地质年代表

应用上述方法，根据地层形成顺序、生物演化阶段、构造运动、古地理特征以及同位素年龄测定，相对地质年代将整个地壳发展的漫长地质历史划分为五大代：太古代、元古代、古生代、中生代和新生代。第二个层次的地质年代为纪，纪以下又设世。与地质年代的代、纪、世相对应的地层单位为界、系、统。距离我们最近的是新生代第四纪全新世（Q_4）。新生代的上界距今约7000万年，第四纪的上界距今约200～300万年，全新世的上界距今约10万年（表1－2）。

第 1 章 地质作用与地质年代 13

表 1－2 地质年代表

代（界）	纪（系）	世（统）		距今年数（百万年）	地壳运动	我国地史主要特点
新生代 K_z	第四纪 Q	全新世（Q_4） 晚更新世（Q_3） 中更新世（Q_2） 早更新世（Q_1）			喜马拉雅运动	冰川广布，地壳运动强烈；人类出现
	第三纪 R	晚（N）	上新世（N_2） 中新世（N_1）	2 或 3		哺乳动物，鸟类急剧发展；陆相沉积的砂岩、页岩及砾岩，为主要成煤期
		早（E）	渐新世（E_3） 始新世（E_2） 古新世（E_1）	25		
中生代 M_z	白垩纪 K	晚白垩世（K_2） 早白垩世（K_1）		70	燕山运动	大爬虫灭亡，哺乳动物出现；东部造山运动、岩浆活动强烈，形成了多种金属矿产
	侏罗纪 J	晚侏罗世（J_3） 中侏罗世（J_2） 早侏罗世（J_1）		135		恐龙极盛，鸟类出现；大部分地区已上升成陆地，主要岩石为砂页岩，为主要成煤期
	三叠纪 T	晚三叠世（T_3） 中三叠世（T_2） 早三叠世（T_1）		180	印支运动	恐龙开始发育，哺乳类出现；华北为陆相砂、页岩，华南为浅海灰岩
古生代 P_z	晚古生代 P_{z2}	二叠纪 P	晚二叠世（P_2） 早二叠世（P_1）	225	海西运动	两栖动物繁盛，爬虫开始出现；华北从此一直为陆地，主要成煤期，华南为海，晚期成煤
		石炭纪 C	晚石炭世（C_3） 中石炭世（C_2） 早石炭世（C_1）	270		植物繁盛，珊瑚、腕足类、两栖类繁盛；华北时陆时海，到处成煤，华南为浅海
		泥盆纪 D	晚泥盆世（D_3） 中泥盆世（D_2） 早泥盆世（D_1）	350		鱼类极盛，两栖类开始，陆生植物发展；华北为陆地，遭受风化剥蚀，华南为浅海
	早古生代 P_{z1}	志留纪 S	晚志留世（S_3） 中志留世（S_2） 早志留世（S_1）	400	加里东运动	珊瑚、笔石发展，陆地生物出现；华北为陆地，华南为浅海，形成石灰岩
		奥陶纪 O	晚奥陶世（O_3） 中奥陶世（O_2） 早奥陶世（O_1）	440		三叶虫、腕足类、笔石极盛；以浅海灰岩为主，中奥陶世后华北上升为陆地
		寒武纪 Є	晚寒武世（$Є_3$） 中寒武世（$Є_2$） 早寒武世（$Є_1$）	500		生物初步大发展，三叶虫极盛；浅海广布，以沉积灰岩为主
元古代 P_t	晚 P_{t2}	震旦纪 Z	晚震旦世（Z_2） 早震旦世（Z_1）	600	吕梁运动 五台运动	有低级生物藻类出现；开始有沉积盖层，上部为浅海相灰岩，下部为砂砾岩，变质轻微或不变质
	早 P_{t1}	滹沱纪		900		晚期造山作用强烈，所有岩石均遭变质
太古代 A_r	五台纪					地壳运动强烈，变质作用显著
	泰山纪			约 3800		
地球最初发展阶段				>4500		

学 习 要 求

通过本章学习，要求了解地壳的圈层结构、组成；熟悉地质作用的定义和区分内力地质作用和外力地质作用；了解岩层间的各种接触关系的类型和特征；掌握绝对地质年代和相对地质年代的含义；了解岩层相对地质年代的划分；熟悉地质年代表。

习 题 与 思 考 题

1. 地球内部有哪些圈层？
2. 大陆地壳和海洋地壳有何区别？
3. 何谓地质作用、内力地质作用和外力地质作用？内力地质作用现象和外力地质作用现象各有哪些？
4. 什么是地质年代？相对地质年代根据什么来划分？如何划分？
5. 试说明岩层接触关系的类型，各自的含义及识别方法。

第 2 章 造岩矿物与岩石

2.1 造岩矿物

2.1.1 矿物的概念

地球地壳和地球内部的化学元素，除极少数呈单质存在外，绝大多数都是以化合物的形态存在。这些具有一定化学成分和物理性质的自然元素和化合物，称为矿物。矿物是构成地壳的最基本物质。例如：石英（SiO_2）、方解石（$CaCO_3$）、石膏（$CaSO_4 \cdot 2H_2O$）等是以自然化合物形态出现的；石墨（C）、金（Au）等矿物是以自然元素形态出现的。构成岩石的矿物称为造岩矿物。绝大多数矿物呈固态状态。

2.1.2 造岩矿物

目前人类已发现的矿物有 3000 多种，以硅酸盐类矿物为最多，约占矿物总量的 50%，其中最常见的矿物约有 20~30 种。例如：正长石、斜长石、黑云母、白云母、辉石、角闪石、橄榄石、绿泥石、滑石、高岭石、石英、方解石、白云石、石膏、黄铁矿、褐铁矿、磁铁矿等。

硅酸盐类矿物中常见的有长石类、云母类、辉石类及角闪石类等矿物。常见的长石类矿物有钾长石（$KAlSi_3O_8$）和钙长石（$CaAl_2Si_2O_8$），它们不太稳定，特别是在湿热气候条件下，风化速度很快。常见的云母类矿物有白云母和黑云母，这两种矿物相对都比较稳定，所以在细砂粒甚至粉粒中都能见到。云母类矿物是土中铁、镁、钾元素的重要来源。氧化类矿物中分布最为广泛有斜长石、石英、正长石和辉长石等。

2.1.3 原生矿物和次生矿物

自然界的矿物，都是在一定的地质环境中形成的，随后并因经受各种地质作用而不断地发生变化。每一种矿物只是在一定的物理和化学条件下是相对稳定的，当外界条件改变到一定程度后，矿物原来的成分、内部构造和性质就会发生变化，形成新的次生矿物。

按矿物的形成、变化形式，可将造岩矿物划分为原生矿物和次生矿物。

（1）原生矿物

由地幔中岩浆侵入地壳或喷出地面后冷凝而成，且未发生任何性质及形态变化的矿物为原生矿物，如正长石，斜长石，黑云母、白云母，辉石，角闪石，石英，方解石，磁铁矿等。

（2）次生矿物

次生矿物通常由原生矿物在水溶液中析出形成，也有的是在氧化、碳酸化、硫酸化或生物化学风化作用下形成的。次生矿物有很多种，有难溶性盐类如 $CaCO_3$ 和 $MgCO_3$ 等；可溶性盐类如 $CaSO_4$ 和 $NaCl$ 等以及各种黏土矿物，其中最为主要的就是高岭石、伊利石和蒙脱石等黏土矿物。

2.1.4　黏土矿物

黏土矿物是指具有片状或链状结晶格架的硅铝酸盐，它是由原生矿物中的长石或云母等矿物风化而成。黏土矿物主要为高岭石、伊利石和蒙脱石三个组群。上述三个黏土矿物，其内部形成的结晶最基本单元为晶片，这三类黏土矿物的晶片有两种基本类型，即硅氧晶片和铝氢氧晶片。

硅氧晶片由一个硅原子和四个氧原子以相等的距离堆成四面体形状，硅原子居于中央，硅氧四面体排列成六角形的网格，无限重复连成整体。四面体群排列的特点是所有顶点都指同一方向，其底面位于同一平面上，结晶形态和网格排列如图 2-1 所示。

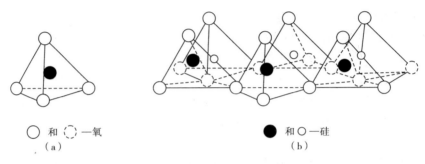

○ 和 ◌ —氧　　　　　　　● 和 ○ —硅
（a）　　　　　　　　　　　（b）

图 2-1　硅氧四面体构造示意图

铝氢氧晶片由一个铝原子和六个氢氧离子构成八面体晶形，八面体中的每个氢氧离子均为三个八面体所共有，许多八面体以这种形式连接在一起，形成八面体单位的片状构造。其结晶形态和网格排列如图 2-2 所示。

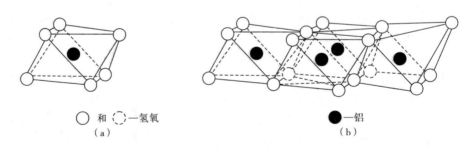

○ 和 ◌ —氢氧　　　　　　　● —铝
（a）　　　　　　　　　　　（b）

图 2-2　铝氢氧八面体构造示意图

上述两种类型的晶片以不同的方式进行排列组合，就形成了不同类型的黏土矿物的基本构造单元或称晶胞。高岭石的晶胞由一个硅氧晶片和一个铝氢氧晶片组成，伊利石和蒙脱石晶胞基本相同，由两个硅氧晶片和一个铝氢氧晶片组成。三类黏土矿物的晶胞示意图如图 2-3 所示。

黏土矿物的晶体结构就是其晶胞的叠合，三类黏土矿物的晶体结构示意图如图 2-4 所示。

高岭石矿物形成的黏粒较粗大，甚至可形成粉粒，其晶形一般呈拉长的六边形；蒙脱石

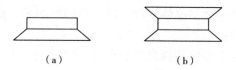

图 2-3　三类黏土矿物的晶胞示意图

（a）高岭石的晶胞；（b）伊利石和蒙脱石的晶胞

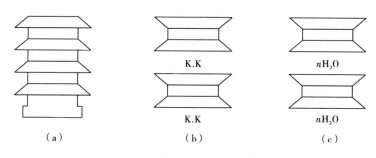

图 2-4　三类黏土矿物的晶体结构示意图

（a）高岭石的晶体结构；（b）伊利石的晶体结构；（c）蒙脱石的晶体结构

矿物的晶格具有吸水膨胀的性能，相邻晶格结构的联结力较弱，以致可分散成极细小的鳞片状颗粒，晶体形状呈现不规则的圆形；伊利石晶胞由层间钾离子联结，其晶胞之间的联结力较蒙脱石矿物强，而较高岭石矿物弱，所以它形成的片状颗粒大小介于蒙脱石和高岭石之间。

2.1.5　矿物的主要鉴别标志

由于每种矿物都具有其特定的内部构造，这就决定了各种矿物都具有其特定的外部形态和物理性质，因此绝大多数情况下，我们无须进行化学分析，仅根据其外部形态和主要物理性质即可鉴别矿物。矿物的主要鉴别标志有以下几方面。

2.1.5.1　矿物的形态

矿物的形态是指矿物的外形特征，一般包括矿物单体及同种矿物集合体的形态。矿物形态受其内部构造、化学成分和生成时的环境制约。

（1）单晶形态

1）结晶质和非晶质矿物　大多数造岩矿物是结晶质，少数为非晶质。结晶质矿物内部质点（原子、分子或离子）在三维空间有规律重复排列，形成空间格子构造，如食盐为立方晶体格架。上述具有结晶格子构造的矿物称为结晶质。结晶质在生长过程中，若无外界条件限制、干扰，则可生成被若干天然平面所包围的固定几何形态。这种有固定几何形态的结晶称为晶体，如岩盐呈立方体，水晶呈六方柱和六方锥等。上述的黏土矿物也是典型的结晶质矿物。在结晶质矿物中，还可以根据肉眼能否分辨而分为显晶质和隐晶质两类。

对于非晶质矿物，由于其性能极其复杂，截至目前，人们对其研究还很粗浅。非晶质矿物的内部质点排列无规律性，故没有规则的外形。常见的非晶质矿物有玻璃矿物和胶体矿物两种，如火山玻璃是高温熔融状的火山物质经迅速冷却而成，蛋白石是由硅胶凝聚而成。

2）矿物的结晶习性　在相同条件下生长的同种晶粒，总是趋向于形成某种特定的晶形的特性称为结晶习性。尽管矿物的晶体多种多样，但归纳起来，根据晶体在三度空间的发育程度不同，可分为以下三类：

①一向延长　晶体沿一个方向特别发育，其余两个方向发育差，呈柱状、棒状、针状、纤维状等。

②二向延长　晶体沿两个方向发育，呈板状、片状、鳞片状等。

③三向延长　晶体在三度空间发育，呈等轴状、粒状等。

常见的矿物单晶体形态有：

①片状、鳞片状——如云母、绿泥石等；

②板状——如长石、板状石膏等；

③柱状——如角闪石（长柱状）、辉石（短柱状）等；

④立方体状——如岩盐、方铅矿、黄铁矿等；

⑤菱面体状——如方解石、白云石等。

（2）矿物集合体形态

同种矿物多个单体聚集在一起的整体就是矿物的集合体。矿物的集合体的形态取决于单体的形态和它们的集合方式。集合体按矿物结晶粒度大小进行分类，肉眼可分辨其颗粒的叫显晶质矿物集合体，肉眼不能辨认的则叫做隐晶质或非晶质矿物集合体。

常见的矿物集合体形态有：

①粒状——如橄榄石等；

②纤维状——如石棉、纤维石膏等；

③肾状、鲕状——如赤铁矿等；

④钟乳状——如褐铁矿等；

⑤土状——如高岭石等；

⑥块状——如石英等。

2.1.5.2　矿物的物理性质

每种矿物均有一定的物理性质，主要取决于矿物本身的化学成分与内部结构。矿物的物理性质包括颜色、条痕、光泽、透明度、硬度、解理及断口等，是鉴定矿物的主要特征。

（1）颜色

颜色是矿物对可见光波吸收的结果。矿物的颜色是多种多样的，主要取决于矿物的化学成分和内部结构。矿物固有的颜色比较稳定的称自色，如黄铁矿是铜黄色，黑云母为黑色，橄榄石是橄榄绿色。矿物中混有杂质时形成的颜色称他色。他色不固定，与矿物本身性质无关，对鉴定矿物意义不大，如纯石英晶体是无色透明的，而当石英含有不同杂质时，就可能出现乳白色、紫红色、绿色、烟黑色等多种颜色。由于矿物内部裂隙或表面氧化膜对光的折射、散射形成的颜色称假色，如方解石解理面上常出现的彩虹。

（2）条痕

矿物在白色无釉的瓷板上划擦时留下的粉末的颜色，称为条痕。条痕可消除假色，减弱他色，常用于矿物鉴定。某些矿物的条痕与矿物的颜色是不同的，如黄铁矿为浅铜黄色，而条痕是绿黑色。条痕色去掉了矿物因反射所造成的色差，增加了吸收率，扩大了眼睛对不同颜色的敏感度，因而比矿物的颜色更为固定，但适用于一些深色矿物，对浅色矿物无鉴定意义。

（3）光泽

光泽指矿物表面反射光线的能力，它是用来鉴定矿物的重要标志之一。

根据矿物平滑表面反射光的强弱，可分为：

1）金属光泽　矿物平滑表面反射光强烈闪耀，如方铅矿、黄铁矿等。

2）半金属光泽　矿物表面反射光较强，如磁铁矿等。

3）非金属光泽　透明和半透明矿物表现的光泽。

据反光程度和特征又可划分为：

1）金刚光泽　矿物平面反光较强，状若钻石，如金刚石。

2）玻璃光泽　反光如镜，如石英晶体表面。

3）油脂光泽　状若染上油脂后的反光，多出现在矿物凹凸不平的断口上，如石英断口。

4）珍珠光泽　状若珍珠或贝壳内面出现的乳白色彩光，如白云母薄片等。

5）丝绢光泽　出现在纤维状矿物集合体表面，状若丝绢，如石棉、绢云母等。

6）土状光泽　矿物表面反光暗淡如土，如高岭石和铝土矿等。

（4）透明度

指矿物透过可见光的程度。观察矿物的透明度时要使矿物样本具有相同的厚度，肉眼观察时可在矿物碎片的边缘进行。根据矿物透明程度，将矿物划分为三类：

1）透明矿物——如水晶、冰洲石等；

2）半透明矿物——如滑石等；

3）不透明矿物——如黄铁矿、磁铁矿等。

（5）解理与断口

矿物晶体在外力作用下（如敲打、挤压等）沿着一定方向发生破裂并裂成光滑平面的性质称为解理，这些光滑的平面称为解理面。如矿物受外力作用，在任意方向破裂并呈各种凸凹不平的断面（如贝壳状、锯齿状等），则这样的断面称为断口。

自然界的矿物受力后，不同的矿物所能产生解理或者断口的能力是各不相同的，有的只出现断口而不出现解理，也有的矿物在某一方向出现解理，而在另一方向则出现断口。所以，不同矿物的解理，可能有一个方向，也可能有几个方向。通常根据矿物晶体受力后出现解理的难易程度、解理面的大小及光滑程度、解理片的薄厚等，可将解理分为 4 级。

1）极完全解理　极易裂开成薄片，解理面大而完整，平滑光亮，这种矿物不出现断口，如云母。

2）完全解理　沿解理面常裂开成小块，解理面不大，该种矿物不易发生断口，如方解石。

3）中等解理　解理面小而不光滑，断口较容易出现，如长石和角闪石。

4）不完全解理　矿物在外力作用下，很难出现解理面，其碎块常为断口，如石英、石榴子石。

常见的断口形态有贝壳状断口（如石英）、平坦状断口（如蛇纹石）、参差状断口（如黄铁矿）、锯齿状断口（如石膏）。

（6）相对密度

矿物都由其特有的物质组成，因而各自具有不同的相对密度。如金刚石和石墨，前者的相对密度为 3.47～3.65，后者的相对密度为 2.09～2.23。石英的相对密度为 2.65，正长石的相对密度为 2.54，普通角闪石的相对密度为 3.1～3.3。大多数矿物的相对密度在 2.5～4 之间，一般称为相对密度小于 2.5 的矿物为轻矿物（如岩盐、石膏等），相对密度大于 4 的为重矿物（如黄铁矿、磁铁矿等）。

（7）硬度

硬度是指矿物抵抗外力作用（如刻画、压入、研磨）的能力。由于矿物的化学成分和内部结构的不同其硬度也不相同，所以硬度是进行矿物鉴定的一个重要特征，目前常用 10 种已知矿物组成摩氏硬度计（表 2-1）作为标准。为了方便鉴定矿物的相对硬度，还可以用指甲（2.5）、小钢刀（5～5.5）、玻璃（5.5）作为辅助标准，从而确定待鉴定矿物的相对硬度。

表 2-1　摩氏硬度计

硬度	矿物	硬度	矿物
1	滑石	6	长石
2	石膏	7	石英
3	方解石	8	黄玉
4	萤石	9	刚玉
5	磷灰石	10	金刚石

2.1.5.3　常见的主要造岩矿物

最常见的主要造岩矿物近 20 种。它们的共生组合规律及其含量不仅是鉴定岩石名称的依据，而且显著地影响岩石的物理力学性质。见表 2-2 所示。

表 2-2　常见造岩矿物的主要特征

矿物名称及化学成分	形状	物理性质				主要鉴定特征
		颜色	光泽	硬度	解理、断口	
石英 SiO_2	六棱柱状或双锥状、粒状、板状	无色、乳白或其他色	玻璃光泽、断口为油脂光泽	7	无解理、贝壳状断口	形状，硬度
正长石 $K(AlSi_3O_8)$	短柱状、板状、粒状	肉色、浅玫瑰色或近于白色	玻璃光泽	6	二向完全解理，近于正交	解理，颜色
斜长石 $Na(AlSi_3O_8)Ca(Al_2Si_2O_8)$	长柱状、板条状	白色或灰白色	玻璃光泽	6	二向完全解理，斜交	颜色，解理面上有细条纹
白云母 $KAl_2(AlSi_3O_{10})(OH)_2$	板状、片状	无色、灰白至浅灰色	玻璃或珍珠光泽	2～3	一向极完全解理	解理，薄片有弹性
黑云母 $K(Mg、Fe)_3(AlSi_3O_{10})(OH)_2$	板状、片状	深褐、黑绿至黑色	玻璃或珍珠光泽	2.5～3	一向极完全解理	解理，颜色，薄片有弹性

续表 2-2

矿物名称及化学成分	形状	物理性质				主要鉴定特征
		颜色	光泽	硬度	解理、断口	
角闪石 $(Ca、Na)(Mg、Fe)_4(Al、Fe)[(Si、Al)_4 O_{11}]_2(OH)_2$	长柱状、纤维状	深绿至黑色	玻璃光泽	5.5~6	二向完全解理，交角近56°	形状，颜色
辉石 $(Na、Ca)(Mg、Fe、Al)[(Si、Al)_2O_6]$	短柱状、粒状	褐黑、棕黑至深黑色	玻璃光泽	5~6	二向完全解理，交角近90°	形状，颜色
橄榄石 $(Fe、Mg)_2(SiO_4)$	粒状	橄榄绿、淡黄绿色	油脂或玻璃光泽	6.5~7	通常无解理，贝壳状断口	颜色，硬度
方解石 $CaCO_3$	菱面体、块状、粒状	白、灰白或其他色	玻璃光泽	3	三向完全解理	解理，硬度，遇盐酸强烈起泡
白云石 $CaMg(CO_3)_2$	菱面体、块状、粒状	灰白、淡红或淡黄色	玻璃光泽	3.5~4	三向完全解理，晶面常为弯曲呈鞍状	解理，硬度，晶面弯曲，遇盐酸起泡微弱
石膏 $CaSO_4 \cdot 2H_2O$	板状、条状、纤维状	无色、白色灰白色	玻璃或丝绢光泽	2	一向完全解理	解理，硬度
高岭石 $Al_4(Si_4O_{10})(OH)_8$	鳞片状、细粒状	白、灰白或其他色	土状光泽	1	一向完全解理	性软，粘舌，具有可塑性
滑石 $Mg_3(Si_4O_{10})(OH)_2$	片状、块状	白、淡黄、淡绿或浅灰色	蜡状或珍珠光泽	1	一向完全解理	颜色，硬度，触抚有滑感
绿泥石 $(Mg、Fe)_5Al(AlSi_3 O_{10})(OH)_8$	片状、土状	深绿色	珍珠光泽	2~2.5	一向完全解理	颜色，薄片，无弹性有绕曲
蛇纹岩 $Mg_6(Si_4O_{10})(OH)_8$	块状、片状、纤维状	淡黄绿、淡绿或淡黄色	蜡状或丝绢光泽	3~3.5	无解理，贝壳状断口	颜色，光泽
石榴子石 $(Mg、Fe、Mn、Ca)_3(Al、Fe、Cr)_2(SiO_4)_3$	菱形十二面体、二十四面体、粒状	棕、棕红或黑红色	玻璃光泽	6.5~7.5	无解理，不规则断口	形状，颜色，硬度
黄铁矿 FeS_2	立方体、粒状	浅黄铜色	金属光泽	6~6.5	贝壳状或不规则断口	形状，颜色，光泽

2.2 岩石类型

如前所述，岩石是一种或多种矿物的集合体，是由矿物或岩屑物质在地质作用下按一定规律聚集而成的自然体。岩石的主要特征一般包括其矿物成分、结构和构造三方面。

　　岩石的结构是指岩石中矿物颗粒的结晶状态、结晶程度、晶粒大小、形状及其彼此的组合方式等特征。

　　岩石的构造是指岩石中矿物颗粒的排列充填方式或矿物集合体与矿物其他组分之间的排列充填方式或矿物集合体与岩石其他组分之间的排列充填方式所反映出来的外表形态。

　　组成地壳的岩石按成因分成岩浆岩、沉积岩、变质岩 3 大类。由于它们的形成作用与过程不同，反映在组成成分、结构、构造等方面均存在明显差异。下面将分别讨论这三大类岩石。

2.2.1　岩浆岩

2.2.1.1　岩浆岩的成因

　　岩浆是产生于地下高温熔融体。地壳下部，由于放射性元素的集中，不断地蜕变而放出大量的热能，使物质处于高温（1000℃以上）、高压的过热可塑状态。其成分复杂，但主要是硅酸盐，并含有大量的水汽和各种其他气体。当地壳变动时，上部岩层压力一旦减低，过热可塑性状态的物质就立即转变为高温的熔融体，称为岩浆。它的化学成分很复杂，主要有 SiO_2、TiO_2、Al_2O_3、Fe_2O_3、FeO、MgO、MnO、CaO、K_2O、Na_2O 等。依其含 SiO_2 量的多少，分为基性岩浆和酸性岩浆。基性岩浆的特点是富含钙、镁和铁，而贫钾和钠的黏度较小，流动性较大。酸性岩浆富含钾、钠和硅，而贫镁、铁、钙的黏度大，流动性较小。岩浆内部压力很大，不断向地壳压力低的地方移动，以至冲破地壳深部的岩层，沿着裂缝上升。上升到一定高度，温度、压力都要减低。当岩浆的内部压力小于上部岩层压力时，迫使岩浆停留，使其冷凝成岩浆岩。

　　依冷凝成岩浆岩的地质环境的不同，将岩浆岩分为深成岩、浅成岩、喷出岩三大类：

　　（1）深成岩　岩浆侵入地壳某深处（约距地表 3 km）冷凝而成的岩石。由于岩浆压力和温度较高，温度降低缓慢，组成岩石的矿物结晶良好。

　　（2）浅成岩　岩浆沿地壳裂缝上升距地表较浅处冷凝而成的岩石。由于岩浆压力小，温度降低较快，组成岩石的矿物结晶较细小。

　　（3）喷出岩（火山岩）　岩浆沿地表裂缝一直上升喷出地表，这种活动叫火山喷发，对地表产生的一切影响叫火山作用。形成的岩石叫喷出岩。在地表的条件下，温度降低迅速，矿物来不及结晶或结晶较差，肉眼不易看清楚。

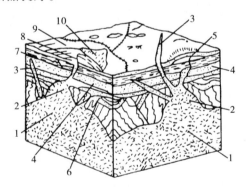

图 2-5　岩浆岩产状

1—岩基；2—岩株；3—岩墙；4—岩盘；
5—火山口；6—岩脉；7—岩床；8—火山颈；
9—火山锥；10—熔岩流

　　岩浆岩的产状是反映岩体空间位置与围岩的相互关系及其形态特征。由于岩浆本身成分的不同，受地质条件的影响，岩浆岩的产状大致有下列几种（图 2-5）：

　　（1）岩基　深成巨大的侵入岩体，范围很大，常与硅铝层连在一起。形状不规则，表面起伏不平。与围岩成不和谐接触，露出地面大小决定当地的剥蚀深度。

　　（2）岩株　与围岩接触较陡，面积达几平方公里或几十平方公里，其下部与岩基相连，比岩基小。

（3）岩盘　岩浆冷凝成为上凸下平呈透镜状的侵入岩体，底部通过颈体和更大的侵入体连通。直径可达至几千米。

（4）岩床　岩浆沿着成层的围岩方向侵入，表面无凸起，略为平整，范围一米至十几米。

（5）岩脉　沿围岩裂隙冷凝成的狭长形的岩浆体，与围岩成层方向相交成垂直或近于垂直。

另外，垂直或大致垂直地面者，称为岩墙。

2.2.1.2　岩浆岩的矿物成分

组成岩浆岩的矿物，根据颜色可分为浅色矿物和深色矿物两类：

（1）浅色矿物　有石英、正长石、斜长石及白云母等。

（2）深色矿物　有黑云母、角闪石、辉石及橄榄石等。岩浆岩的矿物成分，是岩浆化学成分的反映。岩浆的化学成分相当复杂，但对岩石的矿物成分影响最大的是 SiO_2。根据 SiO_2 的含量，岩浆岩可分为下面几类：

（1）酸性岩类（SiO_2 含量 > 65%）　矿物成分以石英、正长石为主，并含有少量的黑云母和角闪石。岩石的颜色浅，相对密度（比重）小。

（2）中性岩类（SiO_2 含量在 52% ~ 65% 之间）　矿物成分以正长石、斜长石、角闪石为主，并含有少量的黑云母及辉石。岩石的颜色比较深，相对密度（比重）比较大。

（3）基性岩类（SiO_2 含量在 45% ~ 52% 之间）　矿物成分以斜长石、辉石为主，含有少量的角闪石及橄榄石。岩石的颜色深，相对密度（比重）也比较大。

（4）超基性岩类（SiO_2 含量 < 45%）　矿物成分以橄榄石、辉石为主，其次有角闪石，一般不含硅铝矿物。岩石的颜色很深，相对密度（比重）很大。

2.2.1.3　岩浆岩的结构和构造

（1）结构

岩浆岩的结构，指组成岩石的矿物的结晶程度、晶粒的大小、形状及其相互结合的情况。岩浆岩的结构特征，是岩浆成分和岩浆冷凝时物理环境的综合反映。

1）全晶质结构　岩石全部由结晶的矿物颗粒组成（图 2 - 6）。其中同一种矿物的结晶颗粒大小近似者，称为等粒结构。等粒结构按结晶颗粒的绝对大小，可以分为：

①粗粒结构　矿物的结晶颗粒大于 5mm；

②中粒结构　矿物的结晶颗粒在 2 ~ 5mm 之间；

③细粒结构　矿物的结晶颗粒在 0.2 ~ 2mm 之间；

④微粒结构　矿物的结晶颗粒小于 0.2mm。

岩石中的同一种主要矿物，其结晶颗粒如大小悬殊，则称为似斑状结构。其中晶形比较好的粗大颗粒称为斑晶，小的结晶颗粒称为石基。全晶质结构主要为深成岩和浅成岩的结构，部分喷出岩有时也具有这种结构。

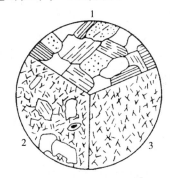

图 2 - 6　岩浆岩结晶程度划分的三种结构

1—全晶质结构；2—半晶质结构；

3—非晶质结构（玻璃质结构）

2）半晶质结构　岩石由结晶的矿物颗粒和部分未结晶的玻璃质组成（见图 2 - 6）。结晶的矿物如颗粒粗大，晶形完好，就称为斑状结构。半晶质结构主要为浅成岩具有的结构，有时部分喷出岩中也能看到这种结构。

3）非晶质结构　又称为玻璃质结构。岩石全部由熔岩冷凝的玻璃组成（见图 2-6）。非晶质结构为部分喷出岩具有的结构。

（2）构造

岩浆岩的构造，是指矿物在岩石中的组合方式和空间分布情况。构造的特征，主要取决于岩浆冷凝时的环境。岩浆岩最常见的构造主要的有：

1）块状构造　矿物在岩石中分布杂乱无章，不显层次，呈致密块状，如花岗岩、花岗斑岩等一系列深成岩与浅成岩的构造。

2）流纹状构造　由于熔岩流动，由一些不同颜色的条纹和拉长的气孔等定向排列所形成的流动状构造。这种构造仅出现于喷出岩中，如流纹岩所具有的构造。

3）气孔状构造　岩浆凝固时，挥发性的气体未能及时逸出，以至在岩石中留下许多圆形、椭圆形或长管形的孔洞。气孔状构造常为玄武岩等喷出岩所具有。

4）杏仁状构造　岩石中的气孔，为后期矿物（如方解石、石英等）充填所形成的一种形似杏仁的构造。如某些玄武岩和安山岩的构造。气孔状构造和杏仁状构造，多分布于熔岩的表层。

2.2.1.4　岩浆岩的分类

自然界中的岩浆岩是多种多样的，它们彼此之间存在着成分、结构、构造、产状及成因等多方面的差异。但是它们之间存在着一定的过渡关系，这就说明它们有着内在联系。为了把它们的共性、特殊性和彼此之间的内在联系总结出来，就必须对岩浆岩进行分类，根据岩浆岩的形成条件、产状、矿物成分和结构、构造等方面，将岩浆岩分为三大类：深成岩、浅成岩和喷出岩，每类中又根据成分的不同又可分出具体的各类，见表 2-3。

表 2-3　岩浆岩的分类简表

岩石类型				酸性岩	中性岩		基性岩	超基性岩
SiO$_2$ 含量（%）				>65	65~52		52~45	<45
颜色				浅（浅灰、黄、褐、红）→深（深灰、黑绿、黑）				
主要矿物成分				正长石		斜长石		不含长石
				石英、黑云母、角闪石	角闪石、黑云母	角闪石、辉石、黑云母	辉石、角闪石、橄榄石	橄榄石、辉石、角闪石
产状		构造	结构					
侵入岩	深成岩 岩基岩株	块状	等粒	花岗岩	正长岩	闪长岩	辉长岩	橄榄岩辉岩
	浅成岩 岩床岩盘岩墙	块状、气孔	等粒、似斑状及斑状	花岗斑岩	正长斑岩	闪长玢岩	辉绿岩	少见
喷出岩	火山锥熔岩流熔岩被	块状、气孔、杏仁、流纹	隐晶质、玻璃质、斑状	流纹岩	粗面岩	安山岩	玄武岩	少见
		块状、气孔	玻璃质	浮岩、黑曜岩			少见	

2.2.1.5　岩浆岩的工程地质特征

岩浆岩在我国分布较广，其中以花岗岩和玄武岩最为常见。由于岩石的矿物组成、结构和构造等多方面的差异，导致岩体工程地质特征也有很大不同。

深成岩多为巨大侵入体，如岩基、岩株等。岩性较均一，变化较小，呈典型的块状岩体结构。侵入体边缘部分常形成流线、流面和各种原生节理，结构相对复杂。

深成岩颗粒均匀，多为粗—中粒结构，致密坚硬，孔隙很少，力学强度高，透水性较弱，抗水性较强，所以深成岩体的工程地质性质一般较好，常被选作大型建筑物地基。但深成岩也有不足之处，应引起充分重视。

首先，深成岩易风化，风化层厚度一般较大。花岗岩分布地区，风化壳厚度一般可达50m，而在构造破碎地段产生深风化槽、夹层风化，深度可达100m，因而使工程地质条件大大复杂化，作为坝基或隧洞围岩必须进行人工处理；其次，当深成岩受同期或后期构造影响、断裂破碎剧烈、构造结构面很发育的情况下，完整性和均一性被破坏，强度降低。而且，某些矿物易风化、蚀变（如长石风化成高岭石），使有些结构面常有次生夹泥、泥化夹层等，其亲水性和透水性增加，应慎重对待。此外，深成岩体常被后期小型侵入体、岩脉穿插，使岩体性质复杂，均一性破坏，质量降低。应注意深成岩与周围岩的接触面，常形成很厚的变质带，其成分复杂，易风化，多为软弱或软弱结构面。

浅成岩多为岩床、岩墙、岩脉等小型侵入体，常呈镶嵌式结构。所以，浅成岩分布多的地段，均一性比深成岩差。岩石多呈斑状结构和中 - 细粒结构。细粒岩石强度比深成岩高，抗风化能力较强。斑状结构的岩石则较差，与其他成因类型的岩体比较，浅成岩一般还较好，工程建设中可尽量加以利用。

花岗斑岩、闪长玢岩和伟晶岩等中—酸性浅成岩性质与花岗岩相似。细晶强度较高，但产出范围小，岩性变化小，岩体均一性差。辉绿岩为常见的基性浅成岩，岩性致密坚硬，强度较高，抗风化能力强，但均一性较差。煌斑岩为岩脉产出，含暗色矿物多，一般风化甚为强烈。

喷出岩为火山喷出的熔岩流冷凝而成。由于火山喷发的多期性，火山熔岩和火山碎屑岩往往相间分布，呈似层状产出。岩石颗粒很细，常为致密结构，并且多有气孔构造、杏仁构造。酸性熔岩形成流纹构造。由于急骤凝固，所以原生节理较发育，如玄武岩柱状节理、流纹岩板状节理等。厚层熔岩岩体常为块状结构，一般呈镶嵌结构，薄层的呈层状结构。这些都使得各喷出岩的岩体结构较复杂，岩性不均一，各向异性显著，连续性较差，透水性较强，力学强度较低，亲水性较明显，软弱夹层和软弱结构面比较发育。

喷出岩以玄武岩最为常见，其次是安山岩和流纹岩。玄武岩相对密度大、密度大、强度高、抗风化力强，是很好的块石料。但它常具有气孔构造和柱状节理，透水性强，并易在斜坡地段失稳。第四系玄武岩，常覆盖在松散沉积物之上，应特别注意下伏松散层的影响。流纹岩结晶极细，含玻璃质多，流纹结构及原生节理发育，在垂直和水平方向上岩性很不均一，强度变化大，岩体破碎，风化层较厚易形成软弱夹层。

2.2.1.6　常见的岩浆岩

（1）酸性岩类

1）花岗岩　是深成侵入岩，多呈肉红色、灰色或灰白色。矿物成分主要为石英和正长石，其次有黑云母、角闪石和其他矿物。全晶质等粒结构（也有不等粒或似斑状结构），块状构造；根据所含深色矿物的不同，可进一步分为黑云母花岗岩、角闪石花岗岩等。花岗岩分布广泛，性质均匀坚固，是良好的建筑石料。如安徽黄山花岗岩，肉红色，石英

34.96%，钾长石（条纹长石）44.33%，斜长石（钠长石）19.86%，黑云母3.04%，白云母0.78%，有锆石、磷灰石、榍石等，花岗结构，似斑状结构。

2）花岗斑岩　是浅成侵入岩，成分与花岗岩相似。所不同的是具斑状结构，斑晶为长石或石英，石基多由细小的长石、石英及其他矿物组成。

3）流纹岩　是喷出岩，呈岩流产出，常呈灰白、紫灰或浅黄褐色。具有典型的流纹构造，斑状结构，细小的斑晶常由石英或长石组成。在流纹岩中很少出现黑云母和角闪石等深色矿物。

（2）中性岩类

1）正长岩　是深成侵入岩，呈肉红色，浅灰或浅黄色。全晶质等粒结构，块状构造。主要矿物成分为正长石，其次为黑云母和角闪石，一般石英含量极少。其物理力学性质与花岗岩相似，但不如花岗岩坚硬，且易风化。

2）正长斑岩　是浅成侵入岩，与正长岩所不同的是具有斑状结构，斑晶主要是正长石，石基比较致密。一般呈棕灰色或浅红褐色。

3）粗面岩　是喷出岩，常呈浅灰、浅褐黄或淡红色。斑状结构，斑晶为正长石。石基多为隐晶质，具有细小孔隙，表面粗糙。

4）闪长岩　是深成侵入岩，呈灰白、深灰至黑灰色。主要矿物为斜长石和角闪石。其次有黑云母和辉石，全晶质等粒结构，块状构造。闪长岩结构致密，强度高，且具有较高的韧性和抗风化能力，是良好的建筑石料。

5）闪长玢岩　是浅成侵入岩，呈灰色或灰绿色。成分与闪长岩相似，具斑状结构，斑晶主要为斜长石，有时为角闪石。岩石中常有绿泥石、高岭石和方解石等次生矿物。

6）安山岩　是喷出岩，呈灰色、紫色或灰紫色。斑状结构，斑晶常为斜长石。气孔状或杏仁状构造。

（3）基性岩类

1）辉长岩　是深成侵入岩，呈灰黑至黑色。全晶质等粒结构，块状构造。主要矿物为斜长石和辉石。其次有橄榄石、角闪石和黑云母。辉长岩强度高，抗风化能力强，是良好的道路建筑材料。

2）辉绿岩　是浅成侵入岩，呈灰绿或黑绿色。具有特殊的辉绿结构（辉石充填于斜长石晶体格架的空隙中），成分与辉长岩相似，但常含有方解石、绿泥石等次生矿物，强度也高。

3）玄武岩　是喷出岩，呈灰黑至黑色。成分与辉长岩相似，呈隐晶质细粒或斑状结构，气孔或杏仁状构造。玄武岩致密坚硬、性脆，强度很高。玄武岩破碎后是高速公路沥青混凝土路面的良好粗、细集料。

2.2.2　沉积岩

沉积岩位于地表和地表下不太深的地方。由松散堆积物在温度不高和压力不大的条件下形成的。它是地壳表面分布最广的一种层状的岩石。出露地表的各种岩石，经长期的日晒雨淋、风化破坏，就逐渐地松散分解，或成为岩石碎屑，或成为细粒黏土矿物，或者成为其他溶解物质。这些岩石的风化产物，大部分被流水等运动介质搬运到河、湖、海洋等低洼的地方沉积下来，成为松散的堆积物。这些松散的堆积物经长期压密、胶结、重结晶等复杂的地质过程，就形成了沉积岩。此外如沉积过程中的生物活动和火山喷出物的堆积，在沉积岩的形成中也有重要的意义。

2.2.2.1　沉积岩的物质组成

沉积岩主要由下面的一些物质组成：

（1）碎屑物质　由先成岩石经物理风化作用产生的碎屑物质组成。其中大部分是化学性质比较稳定，难溶于水的原生矿物的碎屑，如石英、长石、白云母等，一部分则是岩石的碎屑。此外还有其他方式生成的一些物质，如火山喷发产生的火山灰等。

（2）黏土矿物　主要是一些由含铝硅酸盐类矿物的岩石，经化学风化作用形成的次生矿物。如高岭石、微晶高岭石及水云母等。这类矿物的颗粒极细（<0.005mm），具有很大的亲水性、可塑性及膨胀性。

（3）化学沉积矿物　由纯化学作用或生物化学作用，从溶液中沉淀结晶产生的沉积矿物。如方解石、白云石、石膏、石盐、铁和锰的氧化物或氢氧化物等。

（4）有机质及生物残骸　由生物残骸或有机化学变化而成的物质。如贝壳、泥炭及其他有机质等。

在沉积岩的组成物质中，黏土矿物、方解石、白云石及有机质等是沉积岩所特有的，是物质组成上区别于岩浆岩的一个重要特征。

2.2.2.2　沉积岩的结构和构造

（1）沉积岩的结构

沉积岩的结构，按组成物质、颗粒大小及其形状等方面的特点，一般分为碎屑结构、泥质结构、结晶结构及生物结构四种。

1）碎屑结构　由碎屑物质被胶结物胶结而成。

按碎屑粒径的大小，可分为：

①砾状结构　碎屑粒径大于2mm。碎屑形成后未经搬运或搬运不远而留有棱角者，称为角砾状结构；碎屑经过搬运呈浑圆状或具有一定磨圆度者，称为砾状结构。

②砂质结构　碎屑粒径介于0.05～2mm之间。其中在0.5～2mm之间的为粗粒结构，如粗粒砂岩，在0.25～0.5mm之间的为中粒结构，如中粒砂岩，在0.05～0.25mm之间的为细粒结构，如细粒砂岩。

③粉砂质结构　碎屑粒径在0.005～0.05mm之间，如粉砂岩。

按胶结物的成分，可分为：

①硅质胶结　由石英及其他二氧化硅胶结而成。颜色浅，强度高。

②铁质胶结　由铁的氧化物及氢氧化物胶结而成。颜色深，呈红色，强度次于硅质胶结。

③钙质胶结　由方解石等碳酸钙一类的物质胶结而成。颜色浅，强度比较低，容易遭受侵蚀。

④泥质胶结　主要由细粒黏土矿物胶结而成。颜色不定，胶结松散，强度最低，容易遭受风化破坏。

2）泥质结构　几乎全部由粒径小于0.005mm的黏土质点组成，是泥岩、页岩等黏土岩的主要结构。

3）结晶结构　由溶液中沉淀或经重结晶所形成的结构。由沉淀生成的晶粒极细，经重结晶作用晶粒变粗，但一般粒径多小于1mm，肉眼不易分辨。结晶结构为石灰岩、白云岩等化学岩的主要结构。

4）生物结构 由生物遗体或碎片所组成，如贝壳结构、珊瑚结构等。它是生物化学岩所具有的结构。

（2）沉积岩的构造

沉积岩的构造，是指其组成部分的空间分布及其相互间的排列关系。沉积岩最主要的构造是层理构造。层理是沉积岩成层的性质。由于季节性气候的变化，沉积环境的改变，使先后沉积的物质在颗粒大小、形状、颜色和成分上发生相应变化，从而显示出来的成层现象，称为层理构造。

由于形成层理的条件不同，层理有各种不同的形态类型，如常见的有水平层理（图2－7a）、斜层理（图2－7b）、交错层理（图2－7c）等。根据层理可以推断沉积物的沉积环境和搬运介质的运动特征。

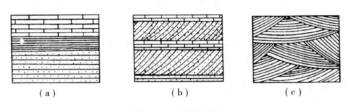

图2－7 层理类型

（a）水平层理；（b）斜层理；（c）交错层理

层与层之间的界面，称为层面。在层面上有时可以看到波痕、雨痕及泥面干裂的痕迹。上下两个层面间成分基本均一致的岩石，称为岩层。它是层理最大的组成单位。一个岩层上下层面之间的垂直距离称为岩层的厚度。在短距离内岩层厚度的减小称为变薄；厚度变薄以至消失称为尖灭；两端尖灭就成为透镜体，大厚度岩层中所夹的薄层，称为夹层（图2－8）。

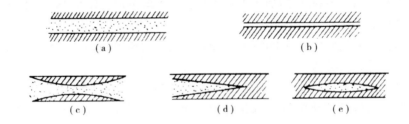

图2－8 岩层的几种形态

（a）正常层；（b）夹层；（c）变薄；（d）尖灭；（e）透镜体

沉积岩内岩层的变薄、尖灭和透镜体，可使其强度和透水性在不同的方向发生变化；松软夹层，容易引起上覆岩层发生顺层滑动。

2.2.2.3 沉积岩中的化石

沉积岩中可看到许多化石，他们是经石化作用保存下来的动植物的遗迹。如三叶虫、树叶等常沿层理面平行分布。根据化石可以推断岩石形成的地理环境和确定岩层的地质年代。

沉积岩的层理构造、层面特征和含有化石，是沉积岩区别于岩浆岩的重要特征。

2.2.2.4 沉积岩的分类

根据物质组成的特点，沉积岩一般分为下面三类：

（1）碎屑岩类 主要由碎屑物质组成的岩石。其中由先成岩石风化破坏产生的碎屑物质形成的，称为沉积碎屑岩，如砾岩、砂岩及粉砂岩等，由火山喷出的碎屑物质形成的，称为火山碎屑岩，如火山角砾岩、凝灰岩等。

（2）黏土岩类 主要由黏土矿物及其他矿物的黏土粒组成的岩石，如泥岩、页岩等。

（3）化学及生物化学岩类 主要由方解石、白云石等碳酸盐类的矿物及部分有机物组成的岩石，如石灰岩、白云岩等。

沉积岩分类，见表 2 - 4。

表 2 - 4 沉积岩分类简表

岩类		结 构	岩石分类名称	主要亚类及其组成物质
碎屑岩类	火山碎屑岩	碎屑结构	粒径 > 100 mm	火山集块岩	主要由大于 100 mm 的熔岩碎块、火山灰尘等经压密胶结而成
			粒径 > 2 ~ 100 mm	火山角砾岩	主要由 2 ~ 100 mm 的熔岩碎屑、晶屑、玻屑及其他碎屑混入物组成
			粒径 < 2 mm	凝灰岩	由 50% 以上粒径小于 2 mm 的火山灰组成，其中有岩屑、晶屑、玻屑等细粒碎屑物质
	沉积碎屑岩		砾状结构（粒径 > 2.00 mm）	砾 岩	角砾岩 由带棱角的角砾经胶结而成 砾岩 由浑圆的砾石经胶结而成
			砂状结构（粒径 0.05mm < 粒径 < 2.00 mm）	砂 岩	石英砂岩 （石英含量 > 90%，长石和岩屑 < 10%） 长石砂岩 （石英含量 < 75%，长石 > 25%，岩屑 < 10%） 岩屑砂岩 （石英含量 < 75%，长石 < 10%，岩屑 > 25%）
			粉砂结构（粒径 0.005 ~ 0.05 mm）	粉砂岩	主要由石英、长石的粉、黏粒及黏土矿物组成
黏土岩类		泥质结构（粒径 < 0.005 mm）	泥 岩	主要由高岭石、微晶高岭石及水云母等黏土矿物组成
			页 岩	黏土质页岩 由黏土矿物组成 碳质页岩 由黏土矿物及有机质组成
化学及生物化学岩类		结晶结构及生物结构	石灰岩	石灰岩 （方解石含量 > 90%，黏土矿物含量 < 10%） 泥灰岩 （方解石含量 50% ~ 75%，黏土矿物含量 25% ~ 50%）
			白云岩	白云岩 （白云石含量 90% ~ 100%，方解石含量 < 10%） 灰质白云岩 （白云石含量 50% ~ 75%，方解石含量 25% ~ 50%）

2.2.2.5 沉积岩的工程地质特征

沉积岩中分布最广的是黏土岩、砂岩和碳酸盐岩，它们共占沉积岩总量的 98% ~ 99%，其余沉积岩仅占 1% ~ 2%。由于沉积岩分布于地表或地下不太深的地带，因此它与地下水的赋存状态和运移规律有着密切的关系，故对地下水源的开发利用，对各种工程建筑如铁路、高速公路、桥梁、隧道水利工程等的规划、勘察、设计和施工建设等关系更加密切。在对建筑物基底及周围岩石特性的研究，如塑性或弹性变形、抗压、抗拉和抗剪性能的研究中，往往也需要沉积岩石学方面的知识；沉积岩普遍具有层理构造，岩性一般具有明显的各向异性。因此，沉积岩工程地质性质变化较大，工程建设应加注意。沉积岩包括火山碎屑岩、胶结碎屑岩、黏土岩和生物—化学岩。它们的岩性不同，岩体结构也有区别，工程地质性质差别较大。

胶结碎屑岩是沉积物经胶结、成岩作用所形成的岩石，包括各种砾岩、砂岩和粉砂岩等。胶结碎屑岩性质主要取决于胶结物的成分、胶结形式、碎屑物颗粒成分和特点。硅质胶结的岩石强度最高，抗水性强。钙质、石膏和泥质胶结的岩石，强度较低，抗水性弱，在水的作用下，可被溶解或软化，使岩石性质变坏。铁质胶结的岩石一般坚硬且抗水，但铁质物质易氧化分解，使结构破坏。此外，基底胶结的岩石较坚硬，透水性较弱，而接触胶结的岩石强度较低，透水性较强。

粉砂岩的强度比一般砂砾岩差，硅质胶结的石英砂岩强度比一般砂岩高。时代较新、胶结较差的第三纪和中生代红色砂砾石，常为钙质、泥质胶结，胶结程度差，力学强度低，抗水性不良。粉砂岩结构较疏松，强度和稳定性不高。

黏土岩主要包括页岩和泥岩，其工程地质性质，一般均较差。特别是红色岩层中的泥岩，结构较疏松，厚度薄，强度低，抗水性差，易软化和泥化。但这类岩石的隔水性能好。

化学及生物化学岩以石灰岩和白云岩最为常见，他们大都致密较坚硬，强度较高。但常被溶蚀，形成溶隙、溶洞、暗河等，成为渗漏和涌水通道，给工程带来极大的危害。泥灰岩是黏土岩和石灰岩之间的过渡类型，强度低，易软化。当石灰岩中夹有薄层泥灰岩或黏土岩时，可能产生滑移问题，对工程不利。但石灰岩中泥灰岩或黏土岩夹层可起阻水或隔水作用，对防止渗漏与涌水问题又是有利的。沉积岩中还含有许多重要矿产，不仅矿产种类多，而且储量大，如煤、石油、铁、锰、铝、磷和盐类等，据统计沉积和沉积变质矿产占世界矿产的80％；而可燃性有机岩（如石油天然气、油页岩及煤等）和岩类矿产几乎全部为沉积岩型；放射性和黑色金属（铁、锰）等矿产，沉积类型也占有主要的地位。

火山碎屑岩是具有岩浆岩和普通沉积岩双重特性之过渡性岩石，按其组成物质的粗细可分为火山集块岩、火山角砾岩和凝灰岩等。各类火山碎屑岩的性质差别很大，大多数凝灰岩和凝灰质岩石结构疏松，极易风化，强度很低。

2.2.2.6 常见的沉积岩

（1）碎屑岩类

1）火山碎屑岩 由火山喷发的碎屑物质在地表经短距离搬运或就地沉积而成。由于它在成因上具有火山喷出与沉积的双重性，所以是介于喷出岩和沉积岩之间的过渡类型。常见的有：

①火山集块岩 主要由粒径大于100mm的粗火山碎屑物质组成，胶结物主要为火山灰或熔岩，有时为碳酸钙、二氧化硅或泥质。

②火山角砾岩 火山碎屑占90％以上。粒径一般为2～100mm，多呈棱角状，常为火山

灰或硅质胶结。颜色常呈暗灰、蓝灰或褐灰色。

③凝灰岩　一般由粒径小于 2mm 的火山灰及细碎屑组成。碎屑主要是晶屑、玻屑及岩屑。胶结物为火山灰等。凝灰岩孔隙性高，重度小，易风化。

2）沉积碎屑岩　又称为正常碎屑岩。是由先成岩石风化剥蚀的碎屑物质，经搬运、沉积、胶结而成的岩石。常见的有：

①砾岩及角砾石　砾状结构，由 50% 以上粒径大于 2mm 的粗大碎屑胶结而成。由浑圆状砾石胶结而成的称为砾岩；由棱角状的角砾胶结而成的称为角砾岩。角砾岩的岩性成分比较单一，砾岩的岩性成分一般比较复杂，经常由多种岩石的碎屑和矿物颗粒组成。胶结物的成分有钙质、泥质、铁质及硅质等。

②砂岩　砂质结构，由 50% 以上粒径介于 0.05～2mm 的砂粒胶结而成。按砂粒的矿物组成，可分为石英砂岩、长石砂岩和岩屑砂岩等。按砂粒粒径的大小，可分为粗粒砂岩、中粒砂岩和细粒砂岩。胶结物的成分对砂岩的物理力学性质有重要影响。根据胶结物的成分，又可将砂岩分为硅质砂岩、铁质砂岩、钙质砂岩及泥质砂岩几个亚类。硅质砂岩的颜色浅，强度高，抵抗风化的能力强。泥质砂岩一般呈黄褐色，吸水性大，易软化，强度和稳定性差。铁质砂岩常呈紫红色或棕红色，钙质砂岩呈白色或灰白色，强度和稳定性介于硅质与泥质砂岩之间。砂岩分布很广，易于开采加工，是工程上广泛采用的建筑石料。

③粉砂岩　粉砂质结构，常有清晰的水平层理。矿物成分与砂岩近似，但黏土矿物的含量一般较高，主要由粉砂胶结而成。结构较疏松，强度和稳定性不高。

（2）黏土岩类

1）页岩　由黏土脱水胶结而成。以黏土矿物为主，大部分有明显的薄层理，呈页片状。可分为硅质页岩、黏土质页岩、砂质页岩、钙质页岩及碳质页岩。除硅质页岩强度稍高外，其余岩性软弱，易风化成碎片，强度低，与水作用易于软化而丧失稳定性。

2）泥岩　成分与页岩相似，常成厚层状。以高岭石为主要成分的泥岩，常呈灰白色或黄白色，吸水性强，遇水后易软化。以微晶高岭石为主要成分的泥岩，常呈白色、玫瑰色或浅绿色。表面有滑感，可塑性小，吸水性高，吸水后体积急剧膨胀。

黏土岩夹于坚硬岩层之间，形成软弱夹层，浸水后易于软化滑动。

（3）化学及生物化学岩类

1）石灰岩　简称灰岩。矿物成分以方解石为主，其次含有少量的白云石和黏土矿物。常呈深灰、浅灰色，纯质灰岩呈白色。由纯化学作用生成的具有结晶结构，但晶粒极细。经重结晶作用即可形成晶粒比较明显的结晶灰岩。由生物化学作用生成的灰岩，常含有丰富的有机物残骸。石灰岩中一般都含有一些白云石和黏土矿物，当黏土矿物含量达 25%～50% 时，称为泥灰岩。白云石含量达 25%～50% 时，称为白云质灰岩。

石灰岩分布相当广泛，岩性均一，易于开采加工，是一种用途很广的建筑石料。

2）白云岩　主要矿物成分为白云石，也含有方解石和黏土矿物，结晶结构。纯质白云岩为白色，随所含杂质的不同，可出现不同的颜色。岩石工程性质与石灰岩相似，但强度和稳定性比石灰岩略高，是一种良好的建筑石料。

白云岩的外观特征与石灰岩近似，在野外难于区别，可用盐酸起泡程度辨认。

3）泥灰岩　主要矿物有方解石和含量高达 25%～50% 的黏土矿物两种。泥灰岩是黏土岩与石灰岩间的一种过渡类型岩石，颜色有浅灰、浅黄及浅红等，手标本多呈块状构造，点稀盐酸起泡后，表面残留下黏土物质。

2.2.3　变质岩

2.2.3.1　变质岩的形成因素

（1）变质岩及其产状

从前述岩浆岩和沉积岩的地质特性可知，每一种岩类、每一种岩石都有它自己的结构、构造和矿物成分。在漫长的地质历史过程中，这些先期生成的岩石（原岩）在各种变质因素作用下，改变了原有的结构、构造或矿物成分特征，具有了新的结构、构造或矿物成分，则原岩变质为新的岩石。引起原岩地质特性发生改变的因素称变质因素；在变质因素作用下使原岩地质特性改变的过程称变质作用；生成的具有新特性的岩石称变质岩。

变质作用基本上是原岩在保持固体状态下、在原位置处进行的。因此，变质岩的产状为残余产状。由岩浆岩形成的变质岩称正变质岩；由沉积岩形成的变质岩称副变质岩。正变质岩产状保留原岩浆岩产状，副变质岩产状则保留沉积岩的层状。

变质岩在地壳表面分布面积占陆地面积1/5。岩石生成年代愈老，变质程度愈深，该年代岩石中变质岩比重愈大。

（2）变质因素

引起变质作用的主要因素有以下三方面：

1）温度　温度是引起岩石变质最基本、最积极的因素。促使岩石温度增高的原因有三种：一是地下岩浆侵入地壳带来的热量；二是随地下深度增加而增大的地热，一般认为自地表常温带以下，深度每增加33m，温度提高1℃；三是地壳中放射性元素蜕变释放出的热量。高温使原岩中元素的化学活泼性增大，使原岩中矿物重新结晶，隐晶变显晶、细晶变粗晶。从而改变原结构，并产生新的变质矿物。

2）压力　作用在岩石上的压力分为：

①静压力　类似于静水压力，是由上覆岩石重量产生的，是一种各方向相等的压力，随深度而增大。静压力使岩石体积受到压缩而变小、比重变大，从而形成新矿物。

②动压力　也称定向压力，是由地壳运动而产生的。由于地壳各处运动的强烈程度和运动方向都不同，故岩石所受动压力的性质、大小和方向也各不相同。在动压力作用下，原岩中各种矿物发生不同程度变形，甚至破碎的现象。在最大压力方向上，矿物被压溶，不能沿此方向生长结晶；与最大压力垂直的方向是变形和结晶生长的有利空间。由动压力引起的岩石中矿物沿与压力垂直方向平行排列的构造称片理构造，是变质岩最重要的构造特征。

（3）变质作用

在自然界中，原岩变质很少只受单一变质因素的作用，多受两种以上变质因素综合作用，但在某个局部地区内，以某一种变质因素起主要作用，其他变质因素起辅助作用。根据起主要作用的变质因素不同，可将变质作用划分为下述四种类型：

1）接触变质作用　受高温因素影响而变质的作用，又称热力变质作用。主要使原岩结构特征发生改变。

2）交代变质作用　受化学活泼性流体因素影响而变质的作用，又称汽化热液变质作用。主要使原岩矿物和结构特征发生改变。

3）动力变质作用　受动压力因素影响而变质的作用。主要使原岩结构和构造特征发生改变，特别是产生了变质岩特有的片理构造。

4）区域变质作用　在一个范围较大的区域内。例如，数百或数千平方公里范围内，高温、动压力和化学活泼性流体三因素综合作用，作用规模和范围都较大，称区域变质作用，一般该区域内地壳运动和岩浆活动都较强烈。

2.2.3.2　变质岩的矿物成分

原岩在变质过程中，既能保留部分原有矿物，也能生成一些变质岩特有的新矿物。前者如岩浆岩中的石英、长石、角闪石、黑云母等和沉积岩中的方解石、白云石、黏土矿物等；后者如绢云母、红柱石和硅灰石、石榴子石、滑石、石墨等，它们都是变质岩区别于岩浆岩和沉积岩的又一重要特征。

2.2.3.3　变质岩的结构和构造

（1）变质岩的结构

1）变晶结构　变质程度较深，岩石中矿物重新结晶较好，基本为显晶，是多数变质岩的结构特征。还可进一步细分为粒状变晶结构、不等粒变晶结构、片状变晶结构和鳞片状变晶结构等。

2）压碎结构　在较高动、静压力作用下，原岩变形、碎裂而成的结构。若原岩碎裂成块状称碎裂结构；若压力极大，原岩破碎成细微颗粒称糜棱结构。

3）变余结构　变质程度较浅，岩石变质轻微，仍保留原岩中某些结构特征，称变余结构。例如变余花岗结构、变余砾状结构、变余砂状结构、变余泥状结构等。

（2）变质岩的构造

1）片理构造　岩石中矿物呈定向平行排列的构造称片理构造。它是大多数变质岩区别于岩浆岩和沉积岩的重要特征。根据所含矿物及变质程度深浅不同又可分为四种：

①片麻状构造　它是一种深度变质的构造，由深、浅两种颜色的矿物定向平行排列而成。浅色矿物多为粒状石英或长石，深色矿物多为针状角闪石或片状黑云母等。在变质程度很深的岩石中，不同颜色、不同形状、不同成分的矿物相对集中平行排列，形成彼此相间、近于平行排列的条带，称条带状构造；在片麻状和条带状岩石中，若局部夹杂晶粒粗大的石英、长石呈眼球状时，则称眼球状构造。条带状和眼球状都属于片麻状构造的特殊类型。

②片状构造　以一种针状或片状矿物为主的定向平行排列构造。片状构造也是一种深度变质的构造。

③千枚状构造　在岩石中矿物基本重新结晶，并有定向平行排列现象。但由于变质程度较浅，矿物颗粒细小，肉眼辨认困难，仅能在天然剥离面（片理面）上看到片状、针状矿物的丝绢光泽。

④板状构造　它是变质程度最浅的一种构造。泥质、粉砂质岩石受一定挤压后，沿与压力垂直的方向形成密集而平坦的破裂面，岩石极易沿此裂面（也是片理面）剥成薄板，故称板状构造。矿物颗粒极细，只能在显微镜下的板状剥离面上见到一些矿物微雏晶。

2）非片理构造　呈块状构造。这种变质岩多由一种或几种粒状矿物组成，矿物分布均匀，无定向排列现象。

2.2.3.4　变质岩的分类

变质岩的分类见表2-5。

表 2 - 5　变质岩分类简表

变质作用	岩石名称	结　构	构　造		主要矿物成分
区域变质（由板岩至片麻岩变质程度逐渐加深）	板岩	变 余	片理构造	板状	黏土矿物、云母、绿泥石、石英、长石等
	千枚岩	变 余		千枚状	绢云母、石英、长石、绿泥石、方解石等
	片岩	变 晶		片状	云母、角闪石、绿泥石、石墨、滑石等
	片麻岩	变 晶		片麻状	石英、长石、云母、角闪石、辉石等
热力变质或区域变质	大理岩	变 晶	非片理构造	块状	方解石、白云石
	石英岩	变 晶		块状	石英
交 代 变 质	云英岩	变 晶		块状	白云母、石英
	蛇纹岩	隐 晶		块状	蛇纹石
动 力 变 质	断层角砾岩	压 碎		块状	岩石、矿物碎屑
	糜棱岩	糜 棱		块状	石英、长石、绿泥石、绢云母

2.2.3.5　变质岩的工程地质特征

变质岩是组成地壳的重要岩石之一。在许多地方它常与花岗岩或花岗岩质的岩石共生。在另一些地区又和基性 - 超基性岩石共生。研究这类岩石，不仅对工程建设和找矿工作起着重要作用，而且对研究地壳发展过程中的某些构造成因问题也有重要的意义。

变质岩实质上是由已固结的岩石在地壳发展过程中，在特定的地质和物化条件的作用下经过变化、改造而形成的一种新生岩石。

能够使已固化的岩石发生变化（成分、结构构造的变化）的地质作用，统称之为变质作用。

变质岩由于变质作用特点和原岩成分及性质不同，其工程地质特征差别很大。但变质岩大多经过重结晶作用，具有一定结晶联结，结构紧密，孔隙较小，透水性弱，抗水性强，强度较高。特别是黏土质岩石变质后，性质大大改变。但变质岩的片理及片麻理，往往使岩石的联结减弱，强度降低，且呈现各向异性。此外，变质岩一般年代较老，经受多次构造变动，断裂多，易风化，完整性差，常不均一。

接触变质岩出现在侵入体周围，其范围和性质取决于侵入体大小、类型和原岩性质。这种岩石多经重结晶作用，强度一般比原岩增高。但由于侵入体的挤压，接触带附近常有断裂，使其透水性增加，抗风化能力降低。所以，应着重研究接触变质岩的构造特征。

动力变质岩是构造作用形成的，主要沿断层带发育，包括压碎岩、角砾岩、糜棱岩及断层泥等。其特征是构造破碎，胶结不良，裂隙发育，强度较低，透水性强，常成为软弱结构面、软弱夹层或软弱岩体。

区域变质岩分布范围较广，岩体厚度较大，变质程序较为均一。最常见的有片麻岩、片岩、千枚岩、板岩、石英岩和大理岩。混合岩是介于片麻岩和岩浆岩之间的一种岩石。一般讲，块状岩石性质较好，而层状、片状岩石性质较差。

片麻岩随黑云母含量增多和片麻理的发育，其强度和抗风化能力明显降低。因此，角闪石片麻岩、角闪岩和变粒岩的强度较黑云母片麻岩要高。花岗片麻岩分布广，其性质近似花岗岩，但较不均一，抗风化能力较花岗岩低。

片岩由于矿物成分、结晶程度、片理构造不同，性质差别很大。石英片岩、角闪石片岩性质较好，强度相对较高；云母片岩、绿泥石片岩、滑石片岩、石墨片岩等性质较差，其强度较低，且各向异性极显著。

千枚岩和板岩是变质较浅的岩石，其性脆，片理明显，裂隙发育，强度较低，易于滑动。

石英岩性质均一，致密坚硬，强度极高，抗水性好，不易风化。但性脆，经构造变动后，裂隙发育。夹有泥质板岩时，则岩性软硬相间，又易泥化，工程性质变坏。

大理岩的强度较高，但对其岩溶问题，应予注意。

2.2.3.6　常见的变质岩

（1）板岩　颜色主要为深灰、黑色，变余结构。常见为变余泥状结构或致密隐晶结构，板状构造。主要矿物为黏土及其他肉眼难辨矿物。

（2）千枚岩　通常灰色、绿色、棕红色及黑色；变余结构，或显微鳞片状变晶结构；千枚状构造；肉眼可辨的主要矿物为绢云母、黏土矿物及新生细小的石英、绿泥石和角闪石矿物颗粒。

（3）片岩类　变晶结构，片状构造，故取名片岩。岩石的颜色及定名均取决于主要矿物成分，例如云母片岩、角闪石片岩、绿泥石片岩及石墨片岩等。

（4）片麻岩类　变晶结构，片麻状构造，浅色矿物多粒状，主要是石英、长石。深色矿物多针状或片状，主要是角闪石、黑云母等，有时含少量变质矿物如石榴子石等。片麻岩进一步定名也取决于主要矿物成分，例如花岗片麻岩、闪长片麻岩、黑云母斜长片麻岩等。

（5）混合岩类　在区域变质作用下，地下深处重熔带高温区，大量岩浆携带外来物质进入围岩，使围岩中的原岩经高温重熔、交代混合等复杂的混合岩化深度变质作用形成的一种特殊类型变质岩。混合岩晶粒粗大，变晶结构；条带状，眼球状构造；矿物成分与花岗片麻岩接近。

（6）大理岩　由石灰岩、白云岩经接触变质或区域变质的重结晶作用而成。纯质大理岩为白色，我国建材界称之"汉白玉"。若含杂质时，大理岩可为灰白、浅红、淡绿甚至黑色，等粒变晶结构，块状构造。以方解石为主称为方解石大理岩，以白云石为主称为白云石大理岩。

（7）石英岩　由石英砂岩或其他硅质岩经重结晶作用而成。纯质石英岩暗白色，硬度高。有油脂光泽，含杂质后可为灰白、蔷薇或褐色等等粒变晶结构，块状构造。石英含量超过85%。

（8）云英岩　由花岗岩经交代变质而成。常为灰白、浅灰色，等粒变晶结构，致密块状构造，主要矿物为石英和白云母。

（9）蛇纹岩　由富含镁的超基性岩经交代变质而成。常为暗绿或墨绿色，风化后则呈现黄绿或灰白色。隐晶质结构，块状构造。主要矿物蛇纹石，常含少量石棉、滑石、磁铁矿等矿物。断面不平坦，硬度较低。

（10）构造角砾岩　是断层错动带中的产物，又称断层角砾岩。原岩受极大动压力而破碎后，经胶结作用而成构造角砾岩。角砾压碎状结构，块状构造。碎屑大小形状不均，粒径可由数毫米到数米。胶结物多为细粉粒岩屑或后期由溶液中沉淀的物质。

（11）糜棱岩　高动压力把原岩碾磨成粉末状细屑，又在高压力下重新结合成致密坚硬的岩石，称糜棱岩。具有典型的糜棱结构，块状构造。矿物成分基本与围岩相同，有时含新生变质矿物绢云母、绿泥石和滑石等。糜棱岩也是断层错动带中的产物。

2.2.4　三大岩类的互相转化

前面已经提到的沉积岩、岩浆岩（火成岩）和变质岩是地球上组成岩石圈的三大类岩石，它们都是各种地质作用的产物。然而，当原先形成的岩石，一旦改变其所处的环境，岩石将随之发生改造，转化为其他类型的岩石（图2-9）。

出露到地表面的岩浆岩、变质岩与沉积岩在大气圈、水圈与生物圈的共同作用下，可以经过风化、剥蚀、搬运作用而变成沉积物，沉积物埋藏到地下浅处就硬结成岩——重新形成沉积岩。埋到地下深处的沉积岩或岩浆岩，在温度不太高的条件下，可以在基本保持固态的情况下发生变质，变成变质岩。不管什么岩石，一旦进入高温（高于700~800℃）状态，岩石都将逐渐熔融成岩浆。岩浆在上升过程中温度降低，成分复杂化，或在地下浅处冷凝成侵入岩，或喷出地表而形成火山岩。在岩石圈内形成的岩石，由于地壳抬升，上覆岩石遭受剥蚀，它们又有机会变成出露地表的岩石。

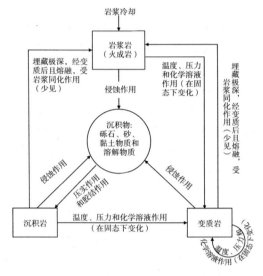

图2-9　三大类岩石的互相转化

综上所述，岩石圈内的三大类岩石是完全可以互相转化的，它们之所以不断地运动、变化，完全是岩石圈自身动力作用以及岩石圈与大气圈、水圈、生物圈和地幔等圈层相互作用的缘故。在这个不断运动、变化的岩石圈内，三大类岩石一再地转化，使岩石呈现出复杂多样的变化。尽管在短时间内和在某一种环境中，岩石表现出相对的稳定性，但是从长时间尺度来看，岩石圈里的岩石都是在不断地变化着的。一成不变的岩石是不存在的。在地球科学中，"坚如磐石"的说法也是不存在的。

2.2.5　三大岩类的鉴别

鉴别岩石有各种不同的方法，但最基本的是根据岩石的外观特征，用肉眼和简单工具（如小刀、放大镜等）进行鉴别的方法。

2.2.5.1　岩浆岩的鉴别方法

根据岩石的外观特征对岩浆岩进行鉴定时，首先要注意岩石的颜色，其次是岩石的结构和构造，最后分析岩石的主要矿物成分。

（1）先看岩石整体颜色的深浅

岩浆岩颜色的深浅，是岩石所含深色矿物多少的反映。一般来说，从酸性到基性（超基性岩分布很少），深色矿物的含量是逐渐增加的，因而岩石的颜色也随之由浅变深。如果岩石是浅色的，那就可能是花岗岩或正长岩等酸性或偏于酸性的岩石。但不论是酸性岩或基性岩，因产出部位不同，还有深成岩、浅成岩和喷出岩之分，究竟属于哪一种岩石，需要进一步对岩石的结构和构造特征进行分析。

（2）分析岩石的结构和构造

岩浆岩的结构和构造特征，是岩石生成环境的反映。如果岩石是全晶质粗粒、中粒或似斑状结构，说明很可能是深成岩，如果是细粒、微粒或斑状结构，则可能是浅成岩或喷出岩。如果斑晶细小或为玻璃质结构则为喷出岩。如果具有气孔、杏仁或流纹状构造，则为喷出岩无疑。

（3）分析岩石的主要矿物成分，确定岩石的名称

这里可以举例说明，假定需要鉴别的是一块含有大量石英，颜色浅红，具有全晶质中粒结构和块状构造的岩石。浅红色属浅色，浅色岩石一般是酸性或偏于酸性的，这就排除了基性或偏于基性的不少深色岩石。但酸性的或偏于酸性的岩石中，又有深成的花岗岩和正长岩、浅成的花岗斑岩和正长岩以及喷出的流纹岩和粗面岩。但它是全晶质中粒结构和块状构造，因此可以肯定，是深成岩。这就进一步排除了浅成岩和喷出岩。但究竟是花岗岩还是正长岩，这就需要对岩石的主要矿物成分作仔细地分析之后，才能得出结论。在花岗岩和正长岩的矿物组成中，都含有正长石。同时也都含有黑云母和角闪石等深色矿物。但花岗岩属于酸性岩，酸性岩除含有正长石、黑云母和角闪石外，一般都含有大量的石英。而正长岩属于中性岩，除含有大量的正长石和少许的黑云母与角闪石外，一般不含石英或仅含有少许的石英。矿物成分的这一重要区别，说明被鉴别的这块岩石是花岗岩。

2.2.5.2　沉积岩的鉴别方法

鉴别沉积岩时，可以先从观察岩石的结构开始，结合岩石的其他特征。先将所属的大类分开，然后再作进一步分析，确定岩石的名称。

从沉积岩的结构特征来看，如果岩石是碎屑和胶结物两部分组成，或者碎屑颗粒很细而不易与胶结物分辨，但触摸有明显含砂感的，一般是属于碎屑岩类的岩石。如果岩石颗粒十分细密，用放大镜也看不清楚，但断裂面暗淡呈土状，硬度低，触摸有滑腻感的，一般多是黏土类的岩石，具结晶结构的可能是化学岩类。

（1）碎屑岩　鉴别碎屑岩时，可先观察碎屑粒径的大小，其次分析胶结物的性质和碎屑物质的主要矿物成分。根据碎屑的粒径，先区分是砾岩、砂岩还是粉砂岩。根据胶结物的性质和碎屑物质的主要矿物成分，判断所属的亚类，并确定岩石的名称。

例如，有一块由碎屑和胶结物质两部分组成的岩石，碎屑粒径介于 0.25～0.5mm 之间，点盐酸起泡强烈，说明这块岩石是钙质胶结的中粒砂岩。进一步分析碎屑的主要矿物成分，发现这块岩石除含有大量的石英外，还含有约 30% 左右的长石。最后可以确定，这块岩石是钙质中粒长石砂岩。

（2）黏土岩　常见的黏土岩，主要的有页岩和泥岩两种。他们在外观上都有黏土岩的共同特征，但页岩层理清晰。一般沿层理能分成薄片，风化后呈碎片状，可以与层理不清晰，风化后呈现碎块状的泥岩相区别。

（3）化学及生物化学岩　常见的主要有石灰岩、白云岩和泥灰岩等，有的含有生物遗迹。它们的外观特征都很类似，所不同的主要是方解石、白云石及黏土矿物的含量有差别，所以鉴别化学及生物化学岩时，要特别注意对稀盐酸试剂的反应。石灰岩遇稀盐酸强烈起泡，泥灰岩遇稀盐酸也起泡，但由于泥灰岩的黏土矿物含量高，所以泡沫浑浊，干后往往留有泥点。白云岩遇稀盐酸反应微弱，但当粉碎成粉末之后，则发生显著泡沸现象，并常伴有咝咝的响声。

2.2.5.3　变质岩的鉴别方法

鉴别变质岩时，可以先从观察岩石的构造开始。根据构造，首先将变质岩区分为片理构

造和块状构造的两类。然后可进一步根据片理特征和主要矿物成分，分析所属的亚类，确定岩石的名称。

例如，有一块具有片理构造的岩石，其片理特征既不同于板岩的板状构造，也不同于云母片岩的片状构造，而是一种粒状的浅色矿物与片状的深色矿物，断续相间成条带状分布的片麻构造。因此可以判断，这块岩石属于片麻岩。是什么片麻岩呢，经分析，浅色的粒状矿物主要是石英和正长石，片状的深色矿物是黑云母，此外还含有少许的角闪石和石榴子石，可以肯定，这块岩石是花岗片麻岩。

块状构造的变质岩，其中常见的主要是大理岩和石英岩。两者都是其变晶结构的单矿岩，岩石的颜色一般都比较浅。但大理岩主要由方解石组成，硬度低，遇盐酸起泡；而石英岩几乎全部由石英颗粒组成，硬度很高。

归纳起来，三大类岩石的主要区别参见表 2-6。

表 2-6 岩浆岩、沉积岩和变质岩的地质特征表

岩类 地质特征	岩 浆 岩	沉 积 岩	变 质 岩
主要矿物成分	全部为从岩浆中析出的原生矿物，成分复杂，但较稳定。浅色的矿物有石英、长石、白云母等；深色的矿物有黑云母、角闪石、辉石、橄榄石等	次生矿物占主要地位，成分单一，一般多不固定。常见的有石英、长石、白云母、方解石、白云石、高岭石等	除具有变质前原来岩石的矿物，如石英、长石、云母、角闪石、辉石、方解石、白云石、高岭石等外，尚有经变质作用产生的矿物，如石榴子石、滑石、绿泥石、蛇纹石等
结 构	以结晶粒状、斑状结构为特征	以碎屑、泥质及生物碎屑结构为特征。部分为成分单一的结晶结构，但肉眼不易分辨	以变晶结构等为特征
构 造	呈块状、流纹状、气孔状、杏仁状构造	呈层理构造	多呈片理构造
成 因	直接由高温熔融的岩浆经岩浆作用而形成	主要由先成岩石的风化产物，经压密、胶结、重结晶等成岩作用而形成	由先成的岩浆岩、沉积岩和变质岩，经变质作用而形成

2.3 岩石的工程地质性质

岩石的工程地质性质一般包括物理性质、水理性质和力学性质三个方面。其中力学性质最重要，物理性质与水理性质对力学性质有较大影响。岩石的工程地质性质通常用各种工程性质指标来表示。

2.3.1 岩石的物理性质

（1）岩石的密度（ρ）

岩石单位体积的质量为岩石的密度，即

$$\rho = \frac{W}{V} \tag{2-1}$$

式中 ρ——岩石的密度，g/cm^3；

W——岩石的总质量，g；

V——岩石总体积，cm^3。

（2）岩石的相对密度（G_S）

岩石固体部分的质量与同体积 4℃ 水的质量的比值称岩石的相对密度，即

$$G_S = \frac{W_S}{V_S \cdot \rho_w} \qquad (2-2)$$

式中　G_S——相对密度；

　　　W_S——岩石固体部分质量，g；

　　　V_S——岩石固体部分体积（不含孔隙），cm^3；

　　　ρ_w——水（4℃）的密度，g/cm^3。

常见岩石的相对密度一般介于 2.5 ~ 3.3 之间。

（3）岩石的孔隙率（n）

岩石中孔隙和裂隙的体积与岩石总体积的比值称为岩石的孔隙率，常用百分数表示，即

$$n = \frac{V_V}{V} \times 100\% \qquad (2-3)$$

式中　n——岩石的孔隙率；

　　　V_V——岩石中孔隙和裂隙的体积，cm^3；

　　　V——岩石总体积，cm^3。

坚硬岩石的孔隙率一般小于 2% ~ 3%，而砾岩和砂岩等多孔岩石的孔隙率较大。

（4）岩石的吸水性

1）岩石的吸水率（W_1）岩石在常压条件下所吸水分质量与绝对干燥的岩石质量的比值，用百分数表示，即

$$W_1 = \frac{W_{w1}}{W_S} \times 100\% \qquad (2-4)$$

式中　W_1——岩石吸水率，%；

　　　W_{w1}——吸水质量，g；

　　　W_S——绝对干燥的岩石质量，g。

岩石的吸水率与岩石的孔隙大小和张开程度等因素有关，它反映了岩石在常压条件下的吸水能力。岩石的吸水率大，则水对岩石的浸蚀和软化作用就强。

2）岩石的饱水率（W_2）在高压（15MPa）或真空条件下岩石所吸水分质量与干燥岩石质量的比值称岩石的饱水率，用百分数表示，即

$$W_2 = \frac{W_{w2}}{W_S} \times 100\% \qquad (2-5)$$

式中　W_2——岩石的饱水率，%；

　　　W_{w2}——吸水质量，g；

　　　W_S——干燥岩石质量，g。

3）岩石的饱水系数（K_w）岩石的吸水率与饱水率的比值，称为岩石的饱水系数，即

$$K_w = \frac{W_1}{W_2} \times 100\% \qquad (2-6)$$

式中 K_w——岩石的饱水系数；

W_1——岩石的吸水率，%；

W_2——岩石的饱水率，%。

岩石的饱水系数越大，岩石的抗冻性越差。

2.3.2 岩石的水理性质

岩石的水理性质主要指岩石的软化性、透水性、溶解性和抗冻性等，是岩石与水作用时的性质。

（1）岩石的软化性

岩石在水的作用下，强度及稳定性降低的一种性质，称为岩石的软化性。岩石软化性的指标是软化系数，它等于岩石在饱水状态下的抗压强度与岩石在干燥状态下的抗压强度的比值，即

$$K_d = \frac{f_{r饱水}}{f_{r干燥}} \qquad (2-7)$$

式中 K_d——岩石软化系数；

$f_{r饱水}$——岩石在饱水状态下的抗压强度，kPa；

$f_{r干燥}$——岩石在干燥状态下的抗压强度，kPa。

软化系数越小，表示岩石在水的作用下的强度和稳定性越差。软化系数小于 0.75 的岩石，工程地质性质较差，是强软化的岩石。未受风化作用的岩浆岩和某些变质岩，软化系数大都接近于 1，是弱软化的岩石，其抗风化和抗冻性强。

岩石的软化性主要取决于岩石的矿物成分、结构和构造特征。黏土矿物含量高、孔隙率大和吸水率高的岩石，与水作用时易软化而降低其强度和稳定性。

（2）岩石的透水性

岩石允许水通过的能力称岩石的透水性。一般用渗透系数（K）来表示。其大小主要取决于岩石中孔隙、裂隙的大小及连通的情况。

（3）岩石的溶解性

岩石溶解于水的性质称为岩石的溶解性，常用溶解度来表示。岩石的溶解性不但和岩石的化学成分有关，而且和水的性质也有很大的关系。

（4）岩石的抗冻性

当岩石孔隙中的水结冰时，其体积膨胀会产生巨大的压力而使岩石的强度和稳定性破坏。岩石抵抗这种冰冻作用的能力称为岩石的抗冻性。它是冰冻地区评价岩石工程地质性质的一个主要指标，一般用岩石在抗冻试验前后抗压强度的降低率来表示。抗压强度降低率小于 20%～25% 的岩石，一般认为是抗冻的。

2.3.3 岩石的力学性质

岩石的力学性质是指岩石抵抗外力作用的性能。由于岩石是由矿物颗粒或岩屑及肉眼难以觉察的微裂隙共同构成，因而岩石是非均质、各向异性的固体材料。又由于岩石的结构、构造极为复杂。即使是同一类岩石，在不同的环境条件下所表现出来的力学性质也有较大的差异。

岩石在外力作用下，首先发生变形，当外力增加到某一数值时，岩石便开始破坏。因此，岩石的力学特征包括岩石的变形特征和破坏特征。

2.3.3.1　岩石的变形

岩石在外力作用下，由于其内部各质点的位置发生改变而引起的岩石的形状和尺寸的变化，称为岩石的变形。

（1）岩石在单向加载条件下的变形

岩石的变形规律可用应力－应变曲线来表示。岩石在不同的受力状态下具有不同的应力－应变关系，如单向受压状态下应力－应变关系、三向受压状态下应力－应变关系和流变曲线等，其中最能代表岩石工程性质特点的是岩石在单向压力作用下的应力－应变曲线。完整的岩石在单向压力作用下的应力－应变曲线如图 2－10 所示。图中各曲线段的物理过程如下：

1）压密阶段（*OA* 段）　在给岩石施加外力的开始阶段，岩石内的微裂隙在外力的作用下被压密，岩石体积缩小。该阶段岩石的应力－应变曲线一般呈上凹型，对应于 *A* 点的应力称为岩石的压密极限。

2）弹性变形阶段（*AB* 段）　该阶段岩石的应力－应变曲线近似为上升的直线，岩石呈线弹性变形，试件的轴向被压缩，横向应变有所增大，但体积仍在缩小。对应于 *B* 点的应力称为岩石的弹性极限。

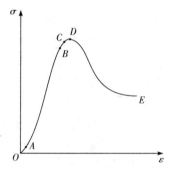

图 2－10　岩石的应力－
应变曲线

3）屈服破坏阶段（*BC* 段）　该阶段岩石的应力－应变曲线一般呈上凸型。即随着轴向压力的增加，岩石内原有的微裂隙开始扩展，试件开始发生破裂，体积由缩小转为增大（膨胀），即发生"扩容"。同扩容起始点所对应的应力称为岩石的临界应力，它是断定岩石是否发生破坏的一个重要依据。同 *C* 点对应的应力称为岩石的屈服极限。岩石的临界应力位于弹性极限与屈服极限之间，在应力－应变曲线上的特征不很明显。

4）加速破坏阶段（*CD* 段）　该阶段岩石的应力－应变曲线呈平缓的上凸型。即随着试件轴向压力的进一步增加，岩石中的裂隙加速扩展，并显示出宏观破坏的迹象，体积膨胀加剧，岩石的承载能力达到极限。对应于 *D* 点的应力值称为岩石的强度极限，也称岩石的峰值强度。

5）全面破坏阶段（*DE* 段）　试件的轴向压力达到岩石的强度极限后，岩石中的破裂逐渐发展为贯通的破裂面，岩石全面破坏，承载能力逐渐降低，岩石内的应力随应变的增大而下降。岩石的应力－应变曲线由平缓的上凸型逐渐过渡为平缓的上凹型，再过渡为陡降的上凹型，最终演变为平缓的或下降的直线。

需要指出的是，岩石全面破坏后的承载能力虽然在降低，但并不是全部立即丧失，而是仍然具有一定的承载能力。工程中常将岩石的这种尚存的承载能力称为岩石的残余强度。

上述曲线为理想的应力－应变曲线。实际岩石的应力－应变曲线会因岩石的硬度及致密程度的不同而表现出较大的差异性。对于致密而坚硬的岩石，内部的孔隙或裂隙极其有限，压密阶段常不出现或很不明显，应力－应变曲线的 *OA* 段很难被测到；而对于软弱而疏松的岩石，则残余强度极低或几乎没有，应力－应变曲线的 *DE* 段为陡降的直线。

由以上描述不难看出，岩石的变形和破坏过程与一般的固体材料有显著的区别：一般固体材料的变形有一个明显的"屈服点"，在屈服点以前表现为弹性变形，在屈服点以后才出现塑性变形；而岩石却在产生弹性变形的初期，甚至在开始出现弹性变形的同时便出现塑性变形，即在外力作用的一开始便同时具有弹性和塑性。其原因是由于岩石是由多种矿物组成的，且矿物之间还具有胶结物成分，不同矿物具有不同的弹性限度，因而岩石在荷载的作用下，当一部分矿物还处在弹性限度以内，处于弹性变形时，而另一部分矿物所承受的荷载已超出了其弹性限度，发生了塑性变形。另一方面，岩石中还包含有孔隙和裂隙，孔隙和裂隙压密，也是岩石的初始塑性变形的主要来源之一。

由岩石内孔隙的压密或裂隙的产生、扩展与移动等产生的塑性变形卸载后不能完全恢复，因而岩石抗压试验的卸载曲线不能回归到加载的起始点，也不会与加载曲线重合。如果对岩石重复等量加载、卸载多次，则可获得图 2－11a 所示的应力－应变曲线，即最初应力－应变曲线很弯曲，且在卸载后不能恢复的塑性变形较大；往后则塑性变形逐渐变小，应力－应变关系曲线逐渐变陡，愈来愈接近于直线，且后一级与前一级曲线分别近似平行，说明岩石经多次加载、卸载后，将逐渐呈现弹性变形的特征。如果对岩石每次卸载后，再一次加载的荷载逐级加大，且最大值和前一次加载的最大值有规律地递增，则各级峰值应力连线基本呈一有规律的直线或曲线，并且其形态与前述逐级等量加载下的应力－应变曲线相似，最初应力－应变曲线很弯曲，愈靠近末端愈近似直线；各级相邻加载、卸载的应力－应变曲线，分别近于平行（图 2－11b）。

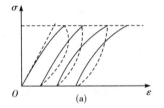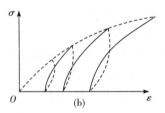

图 2－11　反复加载与卸载时的试验曲线

（a）等量加载、卸载；（b）逐级加大加载、卸载

（2）岩石在三向压力作用下的变形

岩石单元体的三向受力状态（图 2－12）可以有两种方式，一种是 $\sigma_1 > \sigma_2 > \sigma_3$，称为三向不等压试验，也称真三轴状态；另一种则是 $\sigma_1 > \sigma_2 = \sigma_3$，称假三轴状态。目前常用的岩石三向压力试验是后一种方式，因此，通常所说的三轴试验是指假三轴试验。

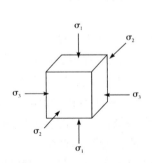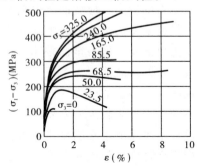

图 2－12　岩石单元体的三向应力状态　　　　图 2－13　大理岩在三向压缩条件下的关系曲线

大量的岩石力学试验表明，岩石在三向受力状态下的应力－应变关系与单向受力状态下的应力－应变关系有很大的区别。最典型的特征可以用大理岩在三向压缩条件下的应力－应变曲线（图 2－13）来表示。由图 2－13 可以看出：

1）在单向应力状态下（$\sigma_3 = 0$），大理岩试件在变形不大的情况下就产生破坏，且表现为脆性破坏。

2）随着 σ_3 的增大，岩石在破坏以前的总变形量也随之增大，而且主要是塑性变形的变形量增大。当 σ_3 增大到一定范围以后，岩石变形就成为典型的塑性变形。这说明了岩石的变形和破坏的性质会随着应力状态的变化而变化。

3）不论 $\sigma_3 = 0$ 或是 $\sigma_3 > 0$，在岩石的应力－应变曲线的初始阶段都表现为近似直线关系，说明了当 $\sigma_1 - \sigma_3$ 的数值在一定范围内，岩石的变形特征还是符合弹性阶段特征，而当 $\sigma_1 - \sigma_3$ 超出了某一范围后，岩石的变形才出现塑性变形的特征。

由此可见，岩石的应力－应变关系与围压的大小有关。

（3）岩石的蠕变

岩石在恒定应力或恒定应力差的作用下，变形随时间而增长的现象称为蠕变。岩石的蠕变特性可以通过在岩石试件上加一恒定荷载，观测其变形随时间的发展状况，即蠕变试验来研究。大量的蠕变试验结果表明，岩石的蠕变可分为稳定蠕变与不稳定蠕变两类，其典型的蠕变试验曲线见图 2－14。

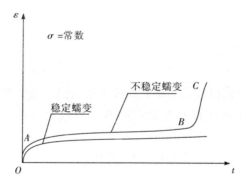

图 2－14　岩石的蠕变试验曲线

稳定蠕变是指当作用在岩石上的恒定载荷较小时，初始阶段的蠕变速度较快，但随着时间的延长，岩石的变形趋近一稳定的极限值而不再增长的蠕变。不稳定蠕变是指当载荷超过某一临界值时，蠕变的发展将导致岩石的变形不断增长，直到破坏的蠕变。大量的蠕变试验结果表明，不稳定蠕变的发展过程分为 3 个阶段：

1）过渡蠕变阶段（OA 段）　在加载的瞬间有一个弹性变形，继而变形以较快的速度增长；随后蠕变速度逐渐降低，并过渡到等速蠕变阶段。

2）等速蠕变阶段（AB 段）　变形速度保持恒定。

3）加速蠕变阶段（BC 段）　变形速度急剧加快，此时岩石内裂隙迅速发展，促使变形加剧直至破坏。

岩石蠕变发展的阶段性为监测和预报围岩破坏现象提供了一个可靠的判据。如果发现某部分岩体的位移速度开始由等速转入加速发展时，则表明岩体将要发生破坏，应立即采取安全措施保证施工或生产的安全。因此，在处理岩石问题时要特别注重时间性，尽可能加快工程进度。

（4）岩石的松弛

当应变保持恒定时，应力随着时间的延长而降低的现象称为松弛。松弛试验的条件就是使试件的变形保持一恒定值，借此来观察载荷 p 随时间 t 的变化。试验所得的载荷－时间曲线称为松弛试验曲线，见图2－15。

（5）岩石的变形指标

岩石的变形指标主要有弹性模量、变形模量和泊松比。

1）弹性模量是应力与弹性应变的比值，即

$$E_e = \frac{\sigma}{\varepsilon_e} \qquad (2-8)$$

式中 E_e——弹性模量，MPa；

σ——岩石试件中的应力，MPa，压应力为正值；

ε_e——岩石的弹性应变。

岩石的弹性模量越大，变形越小，说明岩石抵抗变形的能力越高。

2）变形模量 E_p 是应力与总应变的比值，即

$$E_p = \frac{\sigma}{\varepsilon_p + \varepsilon_e} \qquad (2-9)$$

式中 E_p——变形模量，MPa；

ε_p——岩石的塑性应变。

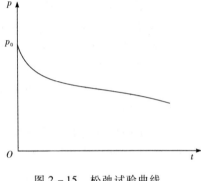

图 2－15 松弛试验曲线

（p_0 为初始载荷）

岩石的弹性模量和变形模量可以从试验曲线上某点的切线的斜率获得，也可从曲线上某点（通常在强度极限的一半处取点）与原点间所作直线的斜率获得。前者称为切线模量，后者称为割线模量。

3）泊松比 μ 是横向应变 ε_d 与纵向应变 ε_1 的比值，即

$$\mu = \frac{\varepsilon_d}{\varepsilon_1} \qquad (2-10)$$

2.3.3.2 岩石的强度

岩石的强度是指岩石试样抵抗外力时保持自身不被破坏时所能承受的极限应力。它是用来表示岩石抗破坏能力大小的重要参数。根据岩石试样所抵抗外力种类的不同，岩石的强度可分为抗压强度、抗拉强度、抗剪强度等。

（1）岩石的抗压强度

岩石的抗压强度一般指岩石的单向抗压强度，其定义为岩石试样抵抗单轴压力时保持自身不被破坏时所能承受的极限应力。可以通过将岩石试件置于压力机上进行轴向加载，直至试件破坏来测定。

一般认为，岩石试件在临破坏前的平均应力状态为

$$R_c = \frac{P_c}{A} \qquad (2-11)$$

式中 R_c——岩石的单向抗压强度，MPa；

P_c——试件破坏时的荷载，N；

　A——试件的横截面积，mm^2。

岩石的单向抗压强度通常采用横断面尺寸分别为 50mm × 50mm （或 70mm × 70mm） 的正方柱状试件或直径 d = 50 mm （或 70mm） 圆柱状试件测定。试件高度为：

正方柱状时，$h = (2 \sim 2.5)\sqrt{A}$　　　　　　　　　　　　　　　　　　　　　　　　　（2 – 12）

圆柱状时，$h = (2 \sim 3)d$　　　　　　　　　　　　　　　　　　　　　　　　　　　　（2 – 13）

式中　A——正方柱状试件的横断面积，mm^2；

　　　d——圆柱状试件横断面直径，mm。

岩石的单向抗压强度试验最简单，同时它又能反映岩石的基本力学特性，因而在工程上的应用最广。

（2）岩石的抗拉强度

岩石试件抵抗增大的单轴拉伸时保持自身不被破坏的极限应力值就是岩石的抗拉强度，以 R_t 表示。即

$$R_t = \frac{P_t}{A}　　　　　　　　　　　（2 – 14）$$

式中　R_t——岩石的抗拉强度，MPa；

　　　P_t——试件被拉断时的拉力，N；

　　　A——试件的横截面积，mm^2。

岩石的抗拉强度比起抗压强度来是很小的。不少岩石的抗拉强度 R_t 小于 20MPa。在实际应用中，当缺乏实际试验资料时，常取岩石的抗拉强度为抗压强度的1/10 ~ 1/50。由于采用直接将岩石试件置于试验机上进行轴向拉伸的方法来测定岩石的抗拉强度在试件制作及试验技术方面都存在一定的困难，所以目前大多数采用间接拉伸法来测定，其中以劈裂法最为常用。

劈裂法是把一个经过加工的圆板状 （或正方形板状） 岩石试件，横置在压力机的承压板上，并在试件与上下承压板之间放置一根硬质钢丝作为垫条，然后加压，使试件受力后，沿直径轴面方向发生裂开破坏，以求其抗拉强度。加置垫条的目的，是为了把所施加的压力变为上下一对线布荷载，并使试件中产生垂直于上下荷载作用的张应力。因此，上下垫条必须严格位于通过试件垂直的对称轴面内。其装置如图 2 – 16 所示。

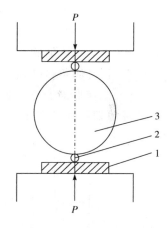

图 2 – 16　劈裂法试验示意图
1—承压板；2—钢丝；3—试件

在这种试验条件下，由弹性理论得知，岩石的抗拉强度由如下公式确定：

$$R_t = \frac{2P}{\pi Dt}　　　　　　　　　　　（2 – 15）$$

式中　R_t——岩石的抗拉强度，MPa；

　　　P——试件破坏时的竖向总压力，N；

　　　D——圆板状试件的直径，mm；

　　　t——试件厚度，mm。

如试件为正方形板状，则可按下式计算：

$$R_t = \frac{2P}{\pi a t} \tag{2-16}$$

式中 a——正方形边长，mm。

（3）岩石的抗剪强度

岩石的抗剪强度有三种：抗剪断强度、抗切强度及弱面抗剪强度（包括摩擦试验）。这三种试验的受力条件不同，见图 2-17。

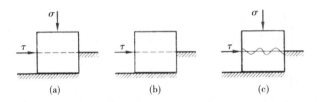

图 2-17 岩石的三种受剪方式示意图

（a）抗剪断试验；（b）抗切试验；（c）弱面抗剪试验

室内的岩石抗剪强度测定，最常用的是测定岩石的抗剪断强度。一般用楔形剪切仪，其主要装置如图 2-18 所示。把岩石试件置于楔形剪切仪中，并放在压力机上进行加压试验，则作用于剪切平面上的法向压力 N 与切向力 Q 可按下式计算：

$$\begin{cases} N = P \ (\cos\alpha + f\sin\alpha) \\ Q = P \ (\sin\alpha - f\cos\alpha) \end{cases} \tag{2-17}$$

式中 P——压力机施加的总压力，kN；

α——试件倾角，（°）；

f——圆柱形滚子与上下盘压板的摩擦系数。

以试件剪切面积 A 除上式，即可得到受剪面上的法向应力和剪应力：

$$\begin{cases} \sigma = \dfrac{N}{A} = \dfrac{P}{A} \ (\cos\alpha + f\sin\alpha) \\ \tau = \dfrac{Q}{A} = \dfrac{P}{A} \ (\sin\alpha - f\cos\alpha) \end{cases} \tag{2-18}$$

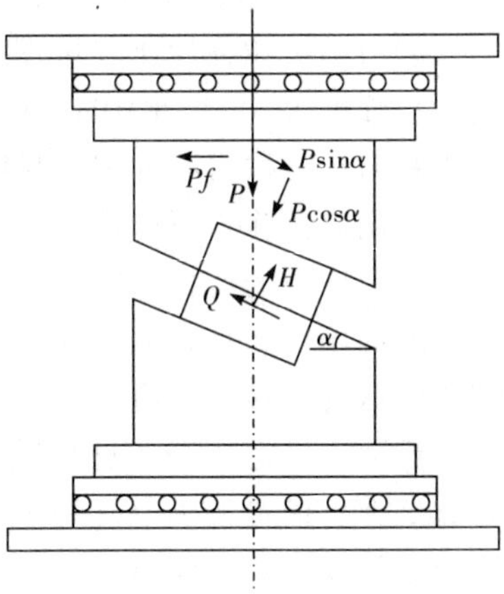

图 2-18 岩石抗剪断试验

以不同的 α 值的夹具进行试验（一般采用 α 为 30°~70°，且以采用较大的角度为好），然后分别按上式求出试件受剪切破坏时受剪面上的法向应力 σ 和剪应力 τ 值，再根据库仑-莫尔强度理论即可求得岩石的抗剪断强度 R_s。

（4）岩石的三轴抗压强度

工程岩体通常都是处于双向或三向应力状态下，单向应力状态比较少见。因此，单轴抗压强度不便于应用。为了研究岩石在三向应力状态下的强度特征，20 世纪初卡曼（Karman）试制出三轴等围压试验机，即 $\sigma_1 > \sigma_2 = \sigma_3$，试验围压通过高压油加荷（最高围压可达 147MPa）；垂直压力的施加与普通单轴压力机相同，压力可达 4.9MN。

岩石三轴抗压强度比单轴及双轴强度更高，岩石的三轴与单轴抗压强度之间的关系可用下式表示：

$$R_c''' = R_c + \frac{1 + \sin\varphi}{1 - \sin\varphi}\sigma_a \qquad (2-19)$$

式中　R_c'''——岩石三轴抗压强度，MPa；

　　　R_c——岩石单轴抗压强度，MPa；

　　　φ——岩石内摩擦角；

　　　σ_a——试验施加的围压，MPa。

三轴应力试验标准的岩石试件为圆柱体，直径 9cm，高 20cm。

卡曼型三轴岩石应力试验机的缺点是围压相等，不能根据实际情况调整 σ_2 及 σ_3。为了克服这一缺点，国内外都在研制不等压的真正三轴应力试验机，葛洲坝工程局设计院试制的真三轴应力试验机，将液压加荷改为刚性加荷，σ_2 及 σ_3 由独立的液压系统控制。三轴应力关系应该是 $\sigma_1 > \sigma_2 > \sigma_3$，通过刚性加荷方式实现真正三轴应力的条件。

（5）岩石强度特征

试验资料表明，同一种岩石，由于受力状态不同，强度值相差悬殊（表 2-7）。各种强度间的统计关系如下：

$$\begin{cases} R_t = \left(\dfrac{1}{5} \sim \dfrac{1}{38} \right) R_c \\ R_s = \left(\dfrac{1}{2} \sim \dfrac{1}{15} \right) R_c \\ R_c''' = R_c + \xi\sigma_a \end{cases} \qquad (2-20)$$

式中　ξ——塑性系数。

此外，岩石在荷载长期作用下的抗破坏能力，要比短时间加载下的抗破坏能力小。对于坚固岩石，前者约为后者的 70%～80%；对于软质与中等坚固岩石，长时强度约为短时强度的 40%～60%。

表 2-7　几种岩石的力学参数

岩石种类	抗压强度（MPa）	抗拉强度（MPa）	弹性模量（GPa）	泊松比	内摩擦角（°）	黏聚力（MPa）
花岗岩	100～250	7～25	50～100	0.2～0.3	45～60	14～50
流纹岩	180～300	15～30	50～100	0.1～0.25	45～60	10～50
安山岩	100～250	10～20	50～120	0.2～0.3	45～50	10～40
辉长岩	180～300	15～35	70～150	0.1～0.2	50～55	10～50
玄武岩	150～300	10～30	60～120	0.1～0.35	48～55	20～60
砂　岩	20～200	4～25	10～100	0.2～0.3	35～50	8～40
页　岩	10～100	2～10	20～80	0.2～0.4	15～30	3～20
石灰岩	50～200	5～20	50～100	0.2～0.35	35～50	10～50
白云岩	80～250	15～25	40～80	0.2～0.35	30～50	20～50
片麻岩	50～200	5～20	10～100	0.2～0.35	30～50	3～5
大理岩	100～250	7～20	10～90	0.2～0.35	35～50	15～30
板　岩	60～200	7～15	20～80	0.2～0.3	45～60	2～20
石英岩	150～350	10～30	60～200	0.1～0.25	50～60	20～60

2.3.4 岩石的工程分类

根据不同的目的、用途采用不同的指标，可对岩石进行不同的分类。例如，为了了解和研究岩石的基本地质特性，可采用岩石的成因分类。在工程建设中，岩石作为工程建筑物的地基及环境，可按坚硬程度、抗风化能力、软化系数等进行分类。岩石坚硬程度可分为极硬岩、硬岩、较软岩、软岩及极软岩五个类别。岩石坚硬程度的定量划分指标宜采用岩石单轴抗压强度 R_c，其与岩石坚硬程度的对应关系见表2－8。

表2－8 岩石按强度分类

岩石类别		R_c（MPa）	代表性岩石
硬质岩	极硬岩	>60	花岗岩、闪长岩、玄武岩、正长岩、辉绿岩、片麻岩、石英岩、硅质灰岩、硅质胶结的砾岩等
	硬岩	60～30	熔结凝灰岩、大理岩、板岩、白云岩、灰岩、钙质胶结的砂岩、结晶颗粒较粗的岩浆岩等
软质岩	较软岩	30～15	千枚岩、砂质泥岩、泥质胶结的砂岩、泥灰岩、页岩、云母片岩、凝灰岩等
	软岩	15～5	泥岩、煤、泥质胶结的砂岩、砾岩等
	极软岩	<5	成岩作用差的岩石

岩石按强度分类是工程分类中最常用的分类，在我国多以岩石抗压强度作为分类指标，不同工程建筑部门分类大同小异。

在岩石工程分类中，除采用单项指标进行分类外，如按岩石强度分类、按透水性分类、按软化性分类、按抗冻性分类等，也可采用两项或多项工程性质指标进行分类。

2.3.5 影响岩石工程地质性质的因素

从以上介绍中可以看出，影响岩石工程地质性质的因素是多方面的，但归纳起来，主要的有两个方面：一是岩石的地质特征，如岩石的矿物成分、结构、构造及成因等；另一个是岩石形成后所受外部因素的影响，如水的作用及风化作用等。现就上述因素对岩石工程地质性质的影响，作一些说明。

2.3.5.1 矿物成分

岩石是由矿物组成的，岩石的矿物成分对岩石的物理力学性质产生直接影响，这是容易理解的。例如辉长岩的相对密度比花岗岩大，这是因为辉长岩的主要矿物成分辉石和角闪石的相对密度比石英和正长石大的缘故。又如石英岩的抗压强度比大理岩要高得多，这是因为石英的强度比方解石高的缘故。两例说明，尽管岩类相同，结构和构造也相同，如果矿物成分不同，岩石的物理力学性质会有明显的差别。但也不能简单地认为，含有高强度矿物的岩石，其强度一定就高。因为岩石受力作用后，内部应力是通过矿物颗粒的直接接触来传递的，如果强度较高的矿物在岩石中互不接触，则应力的传递必然会受中间低强度矿物的影响，岩石不一定就能显示出高的强度。

从工程要求来看，大多数岩石的强度相对来说都是比较高的。所以，在对岩石的工程地质性质进行分析和评价时，更应该注意那些可能降低岩石强度的因素，如花岗岩中的黑云母含量是否过高，石灰岩、砂岩中黏土类矿物的含量是否过高等。黑云母是硅酸盐类矿物中硬度低、解理最发育的矿物之一，它容易遭受风化而剥落，也易于发生次生变化，最后成为强度较低的铁的氧化物和黏土类矿物。石灰岩和砂岩，当黏土类矿物的含量 >20% 时，就会直接降低岩石的强度和稳定性。

2.3.5.2 结构

岩石的结构特征，是影响岩石物理力学性质的一个重要因素。根据岩石的结构特征，可将岩石分为两类：一类是结晶联结的岩石，如大部分的岩浆岩、变质岩和一部分沉积岩；另一类是由胶结物联结的岩石，如沉积岩中的碎屑岩等。

结晶联结是由岩浆或溶液结晶或重结晶形成的。矿物的结晶颗粒靠直接接触产生的力牢固地联结在一起，结合力强，孔隙度小，比胶结联结的岩石具有较高的强度和稳定性。结晶联结的岩石，结晶颗粒的大小对岩石的强度有明显影响。如粗粒花岗岩的抗压强度，一般在 120~140MPa 之间，而细粒花岗岩有的则可达 200~250MPa。又如大理岩的抗压强度一般在 100~120MPa 之间，而最坚固的石灰岩则可达 250MPa。这说明，矿物成分和结构类型相同的岩石，其矿物结晶颗粒的大小对强度的影响是显著的。

胶结联结是矿物碎屑由胶结物联结在一起的。胶结联结的岩石，其强度和稳定性主要决定于胶结物的成分和胶结的形式，同时也受碎屑成分的影响，变化很大。就胶结物的成分来说，硅质胶结的强度和稳定性高，泥质胶结的强度和稳定性低，铁质和钙质胶结的介于两者之间。如泥质胶结的砂岩，其抗压强度一般只有 60~80MPa，钙质胶结的可达 120MPa，而硅质胶结的则可高达 170MPa。

胶结联结的形式，有基底胶结、孔隙和接触胶结三种（图 2-19）。肉眼不易分辨，但对岩石的强度有重要的影响。基底胶结的碎屑物质散布于胶结物中，碎屑颗粒互不接触。所以基底胶结的岩石孔隙度小，强度和稳定性完全取决于胶结物的成分。当胶结物和碎屑的成分相同时（如硅质），经重结晶作用可以转化为结晶联结，强度和稳定性将会随之提高。孔隙胶结的碎屑颗粒互相间直接接触，胶结物充填于碎屑间的孔隙中，所以其强度与碎屑和胶结物的成分都有关系。接触胶结则仅在碎屑的相互接触处有胶结物联结，所以接触胶结的岩石，一般都是孔隙度大、表观密度小、吸水率高、强度低、易透水。

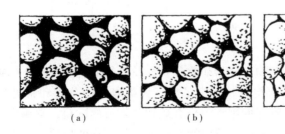

图 2-19 胶结联结的三种形式
（a）基底胶结；（b）孔隙胶结；（c）接触胶结

2.3.5.3 构造

构造对岩石物理力学性质的影响，主要是由矿物成分在岩石中分布的不均匀性和岩石结构的不连续性决定的。前者是指某些岩石所具有的片状构造、板状构造、千枚状构造、片麻构造以及流纹构造等。岩石的这些构造，往往使矿物成分在岩石中的分布极不均匀。一些强度低、易风化矿物，多沿一定方向富集，或成条带状分布，或成局部的聚集体，从而使岩石的物理力学性质在局部发生很大变化。观察和实验证明，岩石受力破坏和岩石遭受风化，首先都是从岩石的这些缺陷中开始发生的。后者是指不同的矿物成分虽然在岩石中的分布是均匀的，但由于存在着层理、裂隙和各种成因的孔隙，致使岩石结构的连续性与整体性受到一定程度的影响，从而使岩石的强度和透水性在不同的方向上发生明显的差异。一般来说，垂直层面的抗压强度大于平行层面的抗压强度，平行层面的透水性大于垂直层面的透水性。假如上述两种情况同时存在，则岩石的强度和稳定性将会明显降低。

2.3.5.4　水

岩石饱水后强度降低，已为大量的实验资料所证实。当岩石受到水的作用时，水就沿着岩石中可见和不可见的孔隙、裂隙侵入，浸湿岩石自由表面上的矿物颗粒，并继续沿着矿物颗粒间的接触面向深部侵入，削弱矿物颗粒间的联结，使岩石的强度受到影响。如石灰岩和砂岩被水饱和后，其极限抗压强度会降低 25%～40% 左右。像花岗岩、闪长岩及石英岩和砂岩等一类强度高的岩石，被水饱和后，其强度也均有一定程度的降低。降低程度在很大程度上取决于岩石的孔隙度。当其他条件相同时，孔隙度大的岩石，被水饱和后其强度降低的幅度也大。

和上述几种影响因素比较起来，水对岩石强度的影响，在一定程度上是可逆的，当岩石干燥后其强度仍然可以得到恢复。但是，如果伴随干湿变化，出现化学溶解、结晶膨胀等作用，使岩石的结构状态发生改变，则岩石强度的降低，就转化成为不可逆的过程了。

2.3.5.5　风化

风化是在温度、水、气体及生物等综合因素影响下，改变岩石状态、性质的风化作用的物理和化学过程。它是自然界最普遍的一种地质现象。

风化作用促使岩石的原有裂隙进一步大，并产生新的风化裂隙，使岩石矿物颗粒间的关联松散和使矿物颗粒沿解理面崩解。风化作用的这种物理过程，能促使岩石的结构、构造和整体性遭到破坏，孔隙度增大，表观密度减小，吸水性和透水性显著增高，强度和稳定性大为降低。随着化学过程的加强，则会引起岩石中的某些矿物发生次生变化，从根本上改变岩石原有的工程地质性质。这些情况在后面有关章节还要作深入的讨论，这里就不多讲了。

学 习 要 求

通过本章的学习，要求掌握矿物、造岩矿物的概念及矿物的主要性质；掌握岩浆岩、沉积岩、变质岩的矿物成分、结构和构造特征；了解三大类岩石的分类和常见岩石的地质特征；正确认识影响岩石工程地质特征的因素；结合矿物和岩石的试验，掌握肉眼鉴定矿物及三大类岩石的方法，能对矿物及岩石的地质特性及特征进行正确的描述。

习 题 与 思 考 题

1. 简述矿物与岩石的关系。
2. 简述主要造岩矿物的鉴定特征。
3. 岩浆岩常见的矿物成分、结构、构造有哪些？
4. 按 SiO_2 的含量不同，岩浆岩可划分为哪四种类型？

5. 组成沉积岩的主要矿物成分有哪几种？沉积岩的结构、构造特征是什么？

6. 说明沉积岩的分类方法和常见沉积岩代表性岩石。

7. 什么是变质作用？变质作用有哪些类型？

8. 变质岩的主要矿物组成、结构、构造特征是什么？

9. 岩石的工程性质表现在哪三个方面？各自用哪些主要指标表示？

10. 试说明影响岩石工程地质性质的主要因素。

11. 简述沉积岩的形成过程。

12. 何谓岩石的蠕变，可分为几个阶段？

13. 何谓岩石的松弛？

14. 解释岩石在单向压缩下的应力与应变曲线的物理含义。

15. 何谓岩石强度？常用哪三个指标表示？其具体含义是什么？

16. 岩石的破坏有几种形式？

17. 简述岩石按强度如何分类。

第3章 地质构造

在前面已经提到，地质构造是地壳运动的产物。由于地壳中存在很大的应力，组成地壳的上部岩层，在地应力的长期作用下就会发生变形、变位，形成构造变动的形迹，如在野外经常遇到的岩层褶曲和断层等。我们把构造变动在岩层和岩体中遗留下来的各种永久性的变形、变位，称为地质构造。

地质构造的规模有大有小。除上面所说的褶曲和断层外，大的如构造带，可以纵横数千公里，小的则如前面讲过的岩石的片理等。尽管规模大小不同，但它们都是地壳运动造成的永久变形和岩石发生相对位移的踪迹，因而它们在形成、发展和空间分布上，都存在有密切的内部联系。在漫长的地质历史过程中，地壳经历了长期复杂的构造运动。在同一区域，往往会有不同规模和不同类型的构造体系形成，它们互相干扰，互相穿插，使区域地质构造显得十分复杂。但大型的复杂的地质构造，总是由一些较小的简单的基本构造形态按一定方式组合成的。本章重点就一些简单和典型的基本构造形态进行讨论。

3.1 岩层及岩层产状

岩层是指由两个平行的或近于平行的界面所限制的、同一岩性组成的层状岩石。岩层的产状是指岩层在地壳中的空间位置。产状用走向、倾向和倾角来表示，称产状要素（图3－1）。

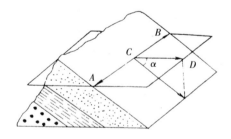

图 3－1 岩层产状要素

AB—走向；*CD*—倾向；α—倾角

3.1.1 岩层的产状三要素

（1）走向

岩层层面与水平面的交线称为走向线，走向线两端所指的空间方位角称为岩层的走向（图3－1中的*AB*）。岩层的走向表示岩层在空间的水平延伸方向。

（2）倾向

垂直走向线顺岩层倾斜面向下引出一条直线叫真倾斜线，真倾斜线在水平面上的投影所指的方位角称为岩层的倾向（图 3 – 1 中的 CD）。岩层的倾向表示岩层在空间的倾斜方向。岩层的走向和倾向相差 90°。

（3）倾角

岩层层面与水平面所夹的锐角称岩层的倾角（图 3 – 1 中的 α 角）。岩层的倾角表示岩层在空间的倾斜角度的大小。

由此可见，用岩层产状的三个要素，可以反映出经过构造变动后的构造形态在空间的位置。

3.1.2　岩层产状的表示方法

（1）方位角表示法

方位角表示法通常只记倾向和倾角，如 210°∠25°，前面是倾向的方位角，后面是倾角，读为倾向 210°、倾角 25°。

（2）象限角表示法

以北或南方向为准（0°），一般记走向、倾角和倾斜象限。例如，N65°W/25°S，读为走向北偏西 65°，倾角 25°大致向南倾斜；N30°E/27°SE，读为走向北偏东 30°，向南东倾斜、倾角 27°。

（3）符号表示法

在地质图上，岩层产状要素用符号表示，常用符号有：

$^{40}\!\perp$ 长线代表走向，短线代表倾向，长短线所示的均为实测方位，度数是倾角；

⊥：岩层水平（0°~5°）；

十：岩层直立，箭头指向较新岩层；

$_{40}\!\curvearrowright$：岩层倒转，箭头指向倒转后的倾向。

3.1.3　岩层产状的测定

（1）岩层走向的测定

测走向时，先将罗盘上平行于刻度盘南北方向的长边贴于层面，然后放平，使圆水准泡居中，这时指北针（或指南针）所指刻度盘的读数，就是岩层走向的方位。走向线两端的延伸方向均是岩层的走向，所以同一岩层的走向有两个数值，相差 180°。

（2）岩层倾向的测定

测倾向时，将罗盘上平行于刻度盘东西方向的短边与走向线平行，同时将罗盘的北端指向岩层的倾斜方向，调整水平，使圆水准泡居中后，这时指北针所指的度数就是岩层倾向的方位。倾向只有一个方向。同一岩层面的倾向与走向相差 90°。

（3）岩层倾角的测定

测倾角时，将罗盘上平行刻度盘南北方向的长边竖直贴在倾斜线上，紧贴层面使长边与岩层走向垂直，转动罗盘背面的倾斜器，使长管水准泡居中后，倾角指示针所指刻度盘读数就是岩层的倾角。

后面将要讲到的褶皱轴面、节理面或裂隙面、断层面等形态的产状意义、表示方法和测定方法，均与岩层相同。

3.2　水平构造与倾斜构造

3.2.1　水平构造

指岩层倾角为0°的岩层。绝对水平的岩层很少见，习惯上将倾角小于5°的岩层都称为水平构造，又称水平岩层。水平岩层一般出现在构造运动轻微的地区或大范围内均匀抬升、下降的地区。一般分布在平原、高原或盆地中部。水平岩层中新岩层总是位于老岩层之上。当岩层受切割时，老岩层出露在河谷低洼区，新岩层出露于高岗上。在同一高程的不同地点，出露的是同一岩层。

3.2.2　倾斜构造

由于地壳运动使原始水平的岩层发生倾斜，岩层层面与水平面之间有一定夹角的岩层，为倾斜构造，亦称倾斜岩层。它常常是褶皱的一翼或断层的一盘，也可以是大区域内的不均匀抬升或下降所形成的。在一定地区内向同一方向倾斜和倾角基本一致的岩层又称单斜构造。倾斜构造的产状可以用岩层层面的走向、倾向和倾角三个产状要素来表示。

一般情况下，倾斜岩层仍然保持顶面在上、底面在下、新岩层在上、老岩层在下的产出状态，称为正常倾斜岩层。当构造运动强烈，使岩层发生倒转，出现底面在上、顶面在下、老岩层在上、新岩层在下的产出状态时，称为倒转倾斜岩层。

岩层的正常与倒转主要依据化石确定，也可依据岩层层面构造特征（如岩层面上的泥裂、波痕、虫迹、雨痕等）或标准地质剖面来确定。

倾斜岩层按倾角的大小又分为缓倾岩层（$\alpha \leqslant 30°$）、陡倾岩层（$30° < \alpha < 60°$）和陡立岩层（$\alpha \geqslant 60°$）。

3.3　褶皱构造

3.3.1　褶曲构造

在构造运动作用下岩层产生的连续弯曲变形形态，称为褶皱构造。褶皱构造的规模差异很大，大型褶皱构造延伸几十公里，小的褶皱构造在手标本上也可见到。

褶皱构造中任何一个单独的弯曲都称为褶曲，褶曲是组成褶皱的基本单元。褶曲有背斜和向斜两种基本形式，见图3－2。

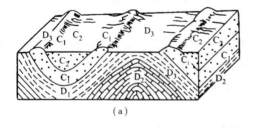
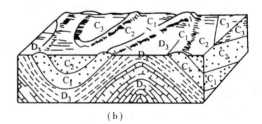

（a）　　　　　　　　　　　　　　　（b）

图3－2　褶曲基本形态

（1）背斜

岩层弯曲向上凸出，核部地层时代老，两翼地层时代新。正常情况下，两翼地层相背倾斜。

（2）向斜

岩层弯曲向下凹陷，核部地层时代新，两翼地层时代老。正常情况下，两翼地层相向倾斜。

3.3.1.1　褶曲要素

为了描述和表示褶曲在空间的形态特征，对褶曲各个组成部分给予一定的名称，称为褶曲要素，见图3－3。褶曲要素有：

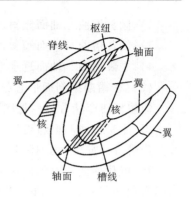

图 3 – 3　褶曲要素

（1）核部　指褶曲中心部位的岩层。

（2）翼部　指褶曲两侧部位的岩层。

（3）轴面　通过核部大致平分褶曲两翼的假想平面。根据褶曲的形态，轴面可以是一个平面，也可以是一个曲面；可以是直立的面，也可以是一个倾斜、平卧或卷曲的面。

（4）轴线　指轴面与水平面或垂直面的交线，代表褶曲在水平面或垂直面上的延伸方向。根据轴面的情况，轴线可以是直线，也可以是曲线。

（5）枢纽　指褶曲中同一岩层面上最大弯曲点的连线。根据褶曲的起伏形态，枢纽可以是直线，也可以是曲线；可以是水平线，也可以是倾斜线。

（6）脊线　背斜横剖面上弯曲的最高点称为顶，背斜中同一岩层面上最高点的连线称为脊线。

（7）槽线　向斜横剖面上弯曲的最低点称为槽，向斜中同一岩层面上最低点的连线称为槽线。

3.3.1.2　褶曲分类

褶曲的形态多种多样，不同形态的褶曲反映了褶曲形成时不同的力学条件及成因。为了更好地描述褶曲在空间的分布，研究其成因，常以褶曲的形态为基础，对褶曲进行分类。下面介绍两种形态分类。

（1）按褶曲横剖面形态分类

即按横剖面上轴面和两翼岩层产状分类，见图3－4。

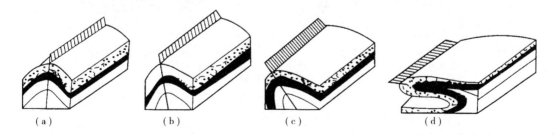

（a）　　　　　　（b）　　　　　　（c）　　　　　　（d）

图 3 – 4　褶曲按横剖面形态分类
（a）直立褶曲；（b）倾斜褶曲；（c）倒转褶曲；（d）平卧褶曲

1）直立褶曲　轴面直立，两翼岩层产状倾向相反，倾角大致相等。

2）倾斜褶曲　轴面倾斜，两翼岩层产状倾向相反，倾角不相等。

3）倒转褶曲　轴面倾斜，两翼岩层产状倾向相同，其中一翼为倒转岩层。

4）平卧褶曲　轴面近水平，两翼岩层产状近水平，其中一翼为倒转岩层。

（2）按褶曲纵剖面形态分类

即按枢纽产状分类，见图3-2。

1）水平褶曲　枢纽近于水平，呈直线状延伸较远，两翼岩层界线基本平行，见图3-2a。若褶曲长宽比大于10:1，在平面上呈长条状，称为线状褶曲。

2）倾伏褶曲　枢纽向一端倾伏，另一端昂起，两翼岩层界线不平行，在倾伏端交汇成封闭弯曲线，见图3-2b。若枢纽两端同时倾伏，则岩层界线呈环状封闭，其长宽比在10:1～3:1时，称为短轴褶曲。其长宽比小于3:1时，背斜称为穹窿构造，向斜称为构造盆地。

3.3.1.3　褶曲的岩层分布判别

岩层受力挤压弯曲后，形成向上隆起的背斜和向下凹陷的向斜，但经地表营力的长期改造，或地壳运动的重新作用，原有的隆起和凹陷在地表面有时可能看不出来。为对褶曲形态做出正确鉴定，此时应主要根据地表面出露岩层的分布特征进行判别。一般来讲，当地表岩层出现对称重复时，则有褶曲存在。如核部岩层老，两翼岩层新，则为背斜；如核部岩层新，两翼岩层老，则为向斜，见图3-2。然后，根据两翼岩层产状和地层界线的分布情况，则可具体判别其横、纵剖面上褶曲形态的具体名称。

3.3.2　褶皱构造的类型

有时，褶曲构造在空间不是呈单个背斜或单个向斜出现，而是以多个连续的背斜和向斜的组合形态出现。按其组合形态的不同可分为：

3.3.2.1　复背斜与复向斜

由一系列连续弯曲的褶曲组成的一个大背斜或大向斜，前者称复背斜，后者称复向斜，见图3-5。复背斜和复向斜一般出现在构造运动作用强烈的地区。

（a）　　　　　　　　　　　　　　　（b）

图3-5　复背斜和复向斜

（a）复背斜；（b）复向斜

3.3.2.2　隔档式与隔槽式

隔档式和隔槽式褶皱由一系列轴线在平面上平行延伸的连续弯曲的褶曲组成。当背斜狭窄，向斜宽缓时，称隔档式；当背斜宽缓，向斜狭窄时，称隔槽式，见图3-6。这两种褶皱多出现在构造运动相对缓和的地区。

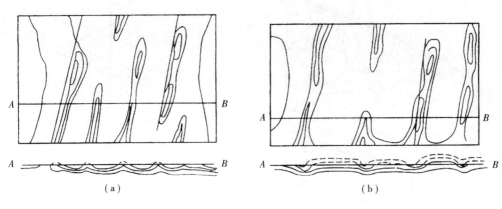

图 3 - 6　隔档式和隔槽式褶皱

（a）隔档式褶皱；（b）隔槽式褶皱

3.4　断裂构造

岩层受构造运动作用，当所受的构造应力超过岩石强度时，岩石的连续完整性遭到破坏，产生断裂，称为断裂构造。按照断裂后两侧岩层沿断裂面有无明显的相对位移，又分节理和断层两种类型。

3.4.1　节理

节理是指岩层受力断开后，裂面两侧岩层沿断裂面没有明显的相对位移时的断裂构造。节理的断裂面称为节理面。节理分布普遍，几乎所有岩层中都有节理发育。节理的延伸范围变化较大，由几厘米到几十米不等。节理面在空间的状态称为节理产状，其定义和测量方法与岩层面产状类似。节理常把岩层分割成形状不同、大小不等的岩块，小块岩石的强度与包含节理的岩体的强度明显不同。岩石边坡失稳和隧道洞顶坍塌往往与节理有关。

3.4.1.1　节理分类

节理可按成因、力学性质、与岩层产状的关系和张开程度等分类。

（1）按成因分类

节理按成因可分为原生节理、构造节理和表生节理；也有人将其分为原生节理和次生节理，次生节理再分为构造节理和非构造节理。

1）原生节理　指岩石形成过程中形成的节理。如玄武岩在冷却凝固时体积收缩形成的柱状节理，见图 3 - 7。

2）构造节理　指由构造运动产生的构造应力形成的节理。构造节理常常成组出现，可将其中一个方向的一组平行破裂面

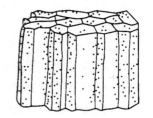

图 3 - 7　玄武岩柱状节理

称为一组节理。同一期构造应力形成的各组节理有成因上的联系，并按一定规律组合，见图 3 - 8。不同时期的节理对应错开，见图 3 - 9。

3）表生节理　由卸荷、风化、爆破等作用形成的节理，分别称为卸荷节理、风化节理、爆破节理等。常称这种节理为裂隙，属非构造次生节理。表生节理一般分布在地表浅层，大多无一定方向性。

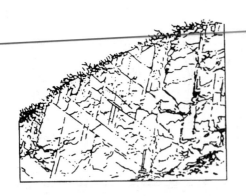

图 3 - 8　山东诸城白垩系砂岩中的
两组共轭剪节理

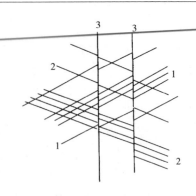

图 3 - 9　不同时期的节理
对应错开

（2）按力学性质分类

1）剪节理　一般为构造节理，由构造应力形成的剪切破裂面组成。一般与主应力成（$45° - \phi/2$）角度相交，其中 ϕ 为岩石内摩擦角。剪节理一般成对出现，相互交切为 X 状，见图 3 - 10。剪节理面多平直，常呈密闭状态，或张开度很小，在砾岩中可以切穿砾石，见图 3 - 10。

2）张节理　可以是构造节理，也可以是表生节理、原生节理等，由张应力作用形成。张节理张开度较大，透水性好，节理面粗糙不平，在砾岩中常绕开砾石，见图 3 - 10。

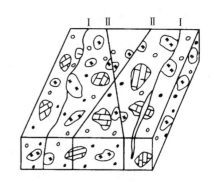

图 3 - 10　砾岩中的张节理和剪节理
Ⅰ—张节理；Ⅱ—剪节理

（3）按与岩层产状的关系分类

1）走向节理　节理走向与岩层走向平行。

2）倾向节理　节理走向与岩层走向垂直。

3）斜交节理　节理走向与岩层走向斜交。上述分类见图 3 - 11。

（4）按张开程度分类

1）宽张节理　节理缝宽度大于 5 mm。

2）张开节理　节理缝宽度为 3~5 mm。

3）微张节理　节理缝宽度为 1~3 mm。

4）闭合节理　节理缝宽度小于 1mm。

3.4.1.2　节理发育程度分级

按节理的组数、密度、长度、张开度及充填情况，将节理发育情况分级，见表 3 - 1。

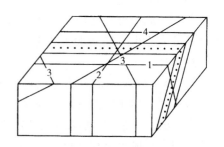

图 3 - 11　节理与岩层产状关系分类
1—走向节理；2—倾向节理；
3—斜交节理；4—岩层走向

表 3 - 1　节理发育程度分级

发育程度等级	基　本　特　征
节理不发育	节理 1~2 组，规则，为构造型，间距在 1m 以上，多为密闭节理，岩体切割成大块状
节理较发育	节理 2~3 组，呈 X 形，较规则，以构造型为主，多数间距大于 0.4m，多为密闭节理，部分为微张节理，少有充填物。岩体切割呈大块状
节理发育	节理 3 组以上，不规则，呈 X 形或米字形，以构造型或风化型为主，多数间距小于 0.4m，大部分为张开节理，部分有充填物。岩体切割成块石状
节理很发育	节理 3 组以上，杂乱，以风化和构造型为主，多数间距小于 0.2m，以张开节理为主，有个别宽张节理，一般均有充填物。岩体切割成碎裂状

3.4.1.3　节理的调查内容

节理是广泛发育的一种地质构造，工程地质勘察应对其进行调查，应包括以下内容：

（1）节理的成因类型、力学性质。

（2）节理的组数、密度和产状　节理的密度一般采用线密度或体积节理数表示。线密度以"条/m"为单位计算。体积节理数（J_v）用单位体积内的节理数表示。

（3）节理的张开度、长度和节理面壁的粗糙度　粗糙度可按图 3 - 12 判定。

（4）节理的充填物质及厚度、含水情况。

（5）节理发育程度分级。

此外，对节理十分发育的岩层，在野外许多岩体露头上可以观察到数十条以至数百条节理。它们的产状多变，为了确定它们的主导方向，必须对每个露头上的节理产状逐条进行测量统计，编制该地区节理玫瑰花图、极点图或等密度图，由图上确定节理的密集程度及主导方向。一般在 1m² 露头上进行测量统计。

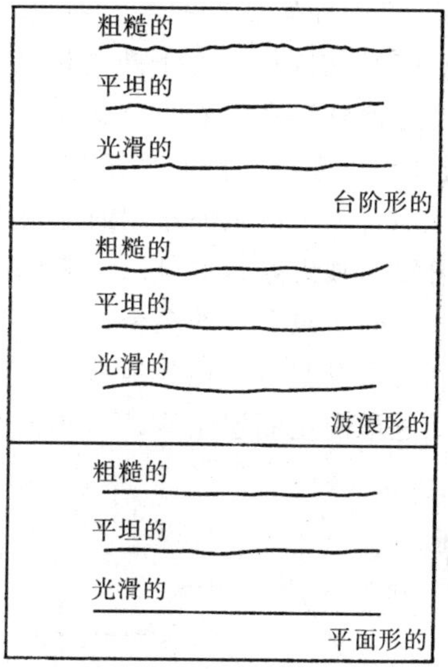

图 3 - 12　标准粗糙度断面

3.4.2　断层

断层是指岩层受力断开后，断裂面两侧岩层沿断裂面有明显相对位移时的断裂构造。断层广泛发育，规模相差很大。大的断层延伸数百公里甚至上千公里，小的断层在手标本上就能见到。有的断层切穿了地壳岩石圈，有的则发育在地表浅层。断层是一种重要的地质构造，对工程建筑的稳定性起着重要作用。地震与活动性断层有关，滑坡、隧道中大多数的坍方、涌水均与断层有关。

3.4.2.1　断层要素

为阐明断层的空间分布状态和断层两侧岩层的运动特征，给断层各组成部分赋予一定名称，称为断层要素，见图 3 - 13。

（1）断层面

指断层中两侧岩层沿其运动的破裂面。它可以是一个平面，也可以是一个曲面。断层面的产状用走向、倾向、倾角表示，其测量方法同岩层产状。有的断层面是由一定宽度的破碎带组成，称为断层破碎带。

（2）断层线

断层线是断层面与地平面或垂直面的交线，代表断层面在地面或垂直面上的延伸方向。它可以是直线，也可以是曲线。

（3）断盘

断层两侧相对位移的岩层称为断盘。当断层面倾斜时，位于断层面上方的称为上盘，位于断层面下方的称为下盘。

（4）断距

断距指岩层中同一点被断层断开后的位移量。

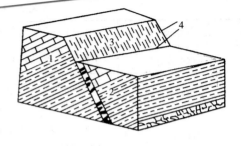

图 3 - 13　断层要素
1、2—断盘（1 为下盘，2 为上盘）；
3—断层面；4—断层线

其沿断层面移动的直线距离称为总断距，其水平分量称为水平断距，其垂直分量称为垂直断距。

3.4.2.2　断层常见分类

（1）按断层上、下两盘相对运动方向分类

这种分类是主要的分类方法。

1）正断层　指上盘相对向下滑动，下盘相对向上滑动的断层，见图 3 - 14。正断层一般受地壳水平拉张力作用或受重力作用而形成，断层面多陡直，倾角大多在 45°以上。正断层可以单独出露，也可以呈多个连续组合形式出露，如地堑、地垒和阶梯状断层，见图 3 - 15。走向大致平行的多个正断层，当中间地层为共同的下降盘时，称为地堑；当中间地层为共同的上升盘时，称为地垒。组成地堑或地垒两侧的正断层，可以单条产出，也可以由多条产状近似的正断层组成，形成依次向下断落的阶梯状断层。

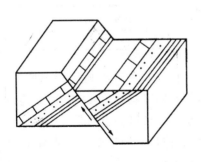

图 3 - 14　正断层

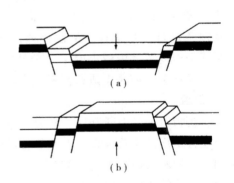

图 3 - 15　地堑和地垒
（a）地堑；（b）地垒

2）逆断层　指上盘相对向上滑动，下盘相对向下滑动的断层，见图 3 - 16。逆断层主要受地壳水平挤压应力形成，常与褶皱伴生。按断层面倾角，可将逆断层划分为逆冲断层、逆掩断层和辗掩断层。

①逆冲断层　指断层面倾角大于 45°的逆断层。

②逆掩断层　指断层面倾角在 25°~45°的逆断层。常由倒转褶曲进一步发展而成。

③辗掩断层　指断层面倾角小于 25°的逆断层。一般规模巨大，常有时代老的地层被推

覆到时代新的地层之上，形成推覆构造，见图 3-17。

　　当一系列逆断层大致平行排列，在横剖面上看，各断层的上盘依次上冲时，其组合形式称为迭瓦式断层，见图 3-18。

　　3）平移断层　指断层两盘主要在水平方向上相对错动的断层，见图 3-19。

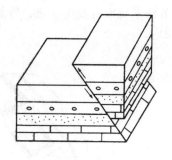

图 3-16　逆断层

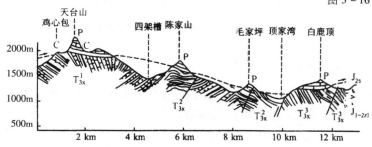

图 3-17　四川彭县逆冲推覆构造

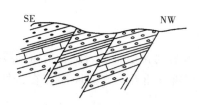

图 3-18　迭瓦式逆断层

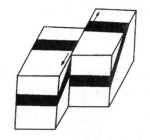

图 3-19　平移断层

　　平移断层主要由地壳水平剪切作用形成，断层面常陡立，断层面上可见水平的擦痕。

　　（2）按断层面产状与岩层产状的关系分类

　　1）走向断层　断层走向与岩层走向一致的断层，见图 3-20 中的 F_1 断层。

　　2）倾向断层　断层走向与岩层倾向一致的断层，见图 3-20 中的 F_2 断层。

　　3）斜向断层　断层走向与岩层走向斜交的断层，见图 3-20 中的 F_3 断层。

　　（3）按断层面走向与褶曲轴走向的关系分类

　　1）纵断层　断层走向与褶曲轴走向平行的断层。

　　2）横断层　断层走向与褶曲轴走向垂直的断层。

　　3）斜断层　断层走向与褶曲轴走向斜交的断层。

　　当断层面切割褶曲轴时，在断层上、下盘同一地层出露

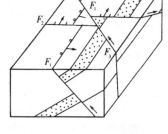

图 3-20　断层引起的构造
不连续现象

F_1—走向断层；F_2—倾向断层；
F_3—斜向断层

界线的宽窄常发生变化，背斜上升盘核部地层变宽，向斜上升盘核部地层变窄，见图3－21。

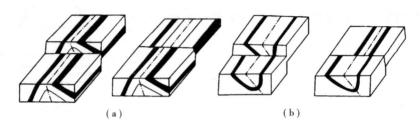

（a）　　　　　　　　　　　　　　　（b）

图3－21　褶曲被横断层错断引起的效应

（4）按断层力学性质分类

1）压性断层　由压应力作用形成，其走向垂直于主压应力方向，多呈逆断层形式，断面为舒缓波状，断裂带宽大，常有断层角砾岩。

2）张性断层　在张应力作用下形成，其走向垂直于张应力方向，常为正断层形式，断层面粗糙，多呈锯齿状。

3）扭性断层　在切应力作用下形成，与主压应力方向交角小于45°，常成对出现。断层面平直光滑，常有大量擦痕。

3.4.2.3　断层存在的判别

（1）构造线标志

同一岩层分界线、不整合接触界面、侵入岩体与围岩的接触带、岩脉、褶曲轴线、早期断层线等，在平面或剖面上出现了不连续，即突然中断或错开，则有断层存在，见图3－20。

（2）岩层分布标志

一套顺序排列的岩层，由于走向断层的影响，常造成部分地层的重复或缺失现象，即断层使岩层发生错动，经剥蚀夷平作用使两盘地层处于同一水平面时，会使原来顺序排列的地层出现部分重复或缺失。通常有六种情况造成的地层重复和缺失，见表3－2和图3－22。

表3－2　走向断层造成的地层重复和缺失

断层性质	断层倾斜与地层倾斜的关系		
	两者倾向相反	两者倾向相同	
		断层倾角大于岩层倾角	断层倾角小于岩层倾角
正断层 逆断层	重复（图3－22a） 缺失（图3－22d）	缺失（图3－22b） 重复（图3－22e）	重复（图3－22c） 缺失（图3－22f）
断层两盘相对动向	下降盘出现新地层	下降盘出现新地层	上升盘出现新地层

（3）断层的伴生现象

当断层通过时，在断层面（带）及其附近常形成一些构造伴生现象，也可作为断层存在的标志。

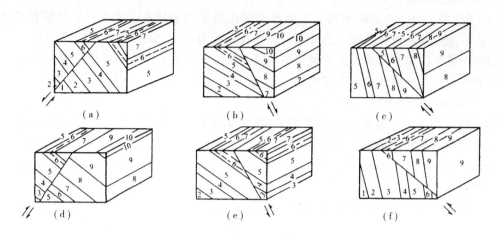

图 3 - 22　走向断层造成的地层重复和缺失

1）擦痕、阶步和摩擦镜面　断层上、下盘沿断层面作相对运动时，因摩擦作用，在断层面上形成一些刻痕、小阶梯或磨光的平面，分别称为擦痕、阶步和摩擦镜面，见图 3 - 23。

2）构造岩（断层岩）　因地应力沿断层面集中释放，常造成断层面处岩体十分破碎，形成一个破碎带，称断层破碎带。破碎带宽几十厘米至几百米不等，破碎带内碎裂的岩、土体经胶结后称构造岩。构造岩中碎块颗粒直径大于 2mm 时称断层角砾岩；当碎块颗粒直径为 0.01～2mm 时称碎裂岩；当碎块颗粒直径更小时称糜棱岩；当颗粒均研磨成泥状时称断层泥。

3）牵引现象　断层运动时，断层面附近的岩层受断层面上摩擦阻力的影响，在断层面附近形成弯曲现象，称为断层牵引现象，其弯曲方向一般为本盘运动方向，见图 3 - 24。

图 3 - 23　擦痕与阶步　　　　　　图 3 - 24　牵引现象

（4）地貌标志

在断层通过地区，沿断层线常形成一些特殊地貌现象。

1）断层崖和断层三角面　在断层两盘的相对运动中，上升盘常常形成陡崖，称为断层崖，如峨眉山金顶舍身崖、昆明滇池西山龙门陡崖。当断层崖受到与崖面垂直方向的地表流水侵蚀切割，使原崖面形成一排三角形陡壁时，称为断层三角面。

2）断层湖、断层泉　沿断层带常形成一些串珠状分布的断陷盆地、洼地、湖泊、泉水等，可指示断层延伸方向。

　　3）错断的山脊、急转的河流　正常延伸的山脊突然被错断，或山脊突然断陷成盆地、平原，正常流经的河流突然产生急转弯，一些深切的河谷，均可指示断层延伸的方向。

　　判断一条断层是否存在，主要是依据地层的重复、缺失和构造不连续这两个标志。其他标志只能作为辅证，不能依此下定论。

3.4.2.4　断层运动方向的判别

　　判别断层性质，首先要确定断层面的产状，从而确定出断层的上、下盘，再确定上、下盘的运动方向，进而确定断层的性质。断层上、下盘运动方向，可由以下几点判别：

　　（1）地层时代　在断层线两侧，通常上升盘出露地层较老，下降盘出露地层较新。地层倒转时相反。

　　（2）地层界线　当断层横截褶曲时，背斜上升盘核部地层变宽，向斜上升盘核部地层变窄。

　　（3）断层伴生现象　刻蚀的擦痕凹槽较浅的一端、阶步陡坎方向，均指示对盘运动方向。牵引现象弯曲方向则指示本盘运动方向。

　　（4）符号识别　在地质图上，断层一般用粗红线醒目地标示出来，断层性质用相应符号表示，见图3-25。正断层和逆断层符号中，箭头所指为断层面倾向，角度为断层面的倾角，短齿所指方向为上盘运动方向。平移断层符号中箭头所指方向为本盘运动方向。

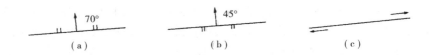

图3-25　断层符号

（a）正断层；（b）逆断层；（c）平移断层

3.5　地质构造对工程建筑物稳定性的影响

　　地质构造对工程建筑物的稳定有很大的影响，由于工程位置选择不当，误将工程建筑物设置在地质构造不利的部位，引起建筑物失稳破坏的实例时有发生，对此必须有充分认识。下面分别就边坡、隧道和桥基三种建筑物与地质构造的关系作一简要说明。

　　岩层产状与岩石路堑边坡坡向间的关系控制着边坡的稳定性。当岩层倾向与边坡坡向一致，岩层倾角等于或大于边坡坡角时，边坡一般是稳定的。若坡角大于岩层倾角，则岩层因失去支撑而有滑动的趋势产生；此时如果岩层层间结合较弱或有软弱夹层时，易发生滑动，如辽宁铁西滑坡就是因坡脚采石，引起沿黑色页岩软化夹层滑动的。当岩层倾向与边坡坡向相反时，若岩层完整、层间结合好，边坡是稳定的；若岩层内有倾向坡外的节理，层间结合差，岩层倾角又很陡，岩层多成细高柱状，容易发生倾倒破坏。开挖在水平岩层或直立岩层中的路堑边坡，一般是稳定的，见图3-26。

　　隧道位置与地质构造的关系密切，穿越水平岩层的隧道，应选择在岩性坚硬、厚层完整的岩层中，如石灰岩或砂岩。在软、硬相间的情况下，隧道拱部应当尽量设置在硬岩中，设置在软岩中有可能发生坍塌。当隧道垂直穿越岩层时，在软、硬岩相间的不同岩层中，由于

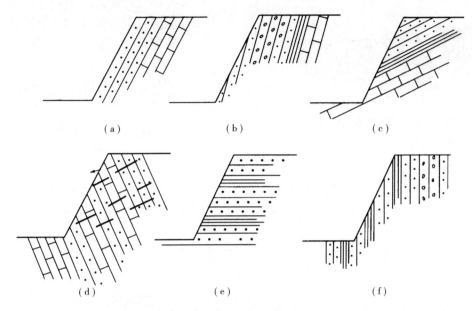

图 3 - 26　岩层产状与边坡稳定性关系

（a）、（b）稳定的；（c）易滑动的；（d）倾倒；（e）、（f）稳定的

软岩层间结合差，在软岩部位，隧道拱顶常发生顺层坍方。当隧道轴线顺岩层走向通过时，倾向洞内的一侧岩层易发生顺层坍滑，边墙承受偏压，见图 3 - 27。

　　图 3 - 27a 为水平岩层，隧道位于同一岩层中；图 3 - 27b 为水平的软、硬相间岩层，隧道拱顶位于软岩中，易坍方；图 3 - 27c 为垂直走向穿越岩层，隧道穿过软岩时易发生顺层坍方；图 3 - 27d 为倾斜岩层，隧道顶部右上方岩层倾向洞内侧，岩层易顺层滑动，且受到偏压。

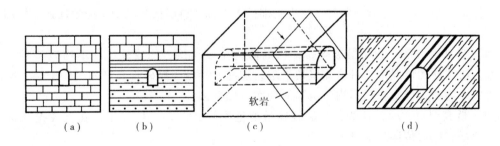

图 3 - 27　隧道位置与岩层产状关系

　　一般情况下，应当避免将隧道设置在褶曲的轴部，该处岩层弯曲，节理发育，地下水常常由此渗入地下，容易诱发坍方，见图 3 - 28。向斜轴部常为聚水构造，开挖隧洞常遇涌水。通常尽量将隧道位置选在褶曲翼部或横穿褶曲轴。垂直穿越背斜的隧道，其两端的拱顶压力大，中部岩层压力小；隧道横穿向斜时，情况则相反，见图 3 - 29。

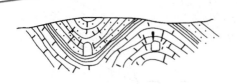

图 3 - 28 隧道沿褶曲轴通过

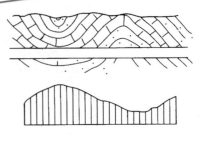

图 3 - 29 隧道横穿褶曲轴时岩层
压力分布情况

断层带岩层破碎，常夹有许多断层泥，应尽量避免将工程建筑直接放在断层上或断层破碎带附近。如京原线 10 号大桥位于几条断层交叉点，桥位选择极困难，多次改变设计方案，桥跨由 16m 改为 23m，又改为 43m，最后以 33.7m 跨越断层带，见图 3 - 30。

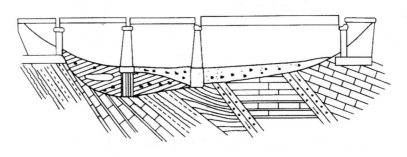

图 3 - 30 桥梁墩台避开断层破碎带

对于不活动的断层，墩台必须设在断层上时，应根据具体情况采用相应的处理措施：

（1）桥高在 30m 以下，断层破碎带通过桥基中部，宽度在 0.2m 以上，又有断层泥等充填物时，应沿断层带挖除充填物，灌注混凝土或嵌补钢筋网，以增加基础强度及稳定性。

（2）断层带宽度不足 0.2m，两盘均为坚硬岩石时，一般可以不作处理。

（3）断层带分布于基础一角时，应将基础扩大加深，再以钢筋混凝土补角加强，增加其整体性。

（4）当基底大部分为断层破碎带，仅局部为坚硬岩层，构成软、硬不均地基时，在墩台位置无法调整的情况下，可炸除坚硬岩层，加深并换填与破碎带强度相当的土层，扩大基础，使应力均衡，以防止因不均匀沉陷而使墩台倾斜破坏。

（5）桥高超过 30m，且基底断层破碎带的范围较大时，一般采用钻孔桩或挖孔桩嵌入下盘，使基底应力传递到下盘坚硬岩层上。

3.6 地质图

3.6.1 地质图

地质图是指以一定的符号、颜色和花纹将某一地区各种地质体和地质现象（如各种地层、岩体、构造等的产状、分布、形成时代及相互关系）按一定比例尺综合概括地投影到地形图上的一种图件。除了综合表示各基本地质现象的地质图外，还有着重表示某一方面地质现象的专门地质图件，如反映第四纪地层的成因类型、岩性和生成时代以及地貌成因类型和形状特征的地貌及第四纪地质图；反映地下水的类型、埋藏深度和含水层厚度、渗流方向等的水文地质图以及综合表示各种工程地质条件的工程地质图等。

3.6.2 地质图的规格

一幅正规的地质图应该有图名、比例尺、方位、图例和责任表（包括编图单位、负责人员、编图日期及资料来源等），在图的左侧为综合地层柱状图，有时还在图的下方附切剖面图。

比例尺的大小反映图的精度，比例尺越大，图的精度越高，对地质条件的反映越详细。比例尺的大小取决于地质条件的复杂程度和建筑工程的类型、规模及设计阶段。

图例一般自上而下或自左而右按地层（上新下老或左新右老）、岩石、构造顺序排列，所用的岩性图例、地质符号、地层代号及颜色都有统一规定。如岩层产状的符号为"⎯⎰"；向斜、背斜的符号分别为"⤬"、"⤬"；正断层、逆断层、平移断层的符号则分别为"⫫"、"⫫"、"⫽"等。

3.6.3 地质条件在地质图上的反映

（1）不同产状岩层界线的分布特征

1）水平岩层　岩层界线与地形等高线平行或重合，见图3－31。

2）倾斜岩层　倾斜岩层的分界线在地质图上是一条

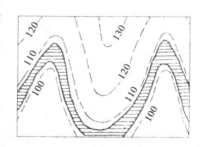

与地形等高线相交的"V"字形曲线。当岩层倾向与地面倾斜的方向相反时，在山脊处"V"字形的尖端指向山麓，在沟谷处"V"字形的尖端指向沟谷上游，但岩层界线的弯曲程度比地形等高线的弯曲程度要小，见图3－32a；当岩层倾向与地形坡向一致时，若岩层倾角大于地形坡角，则岩层分界线的弯曲方向和地形等高线的弯曲方向相反，见图3－32b；当岩层倾向与地形坡向一致时，若岩层倾角小于地形坡角，则岩层分界线弯曲方向和等高线相同，但岩层界线的弯曲度大于地形等高线的弯曲度，见图3－32c。

图3－31　水平岩层在地质图上的特征

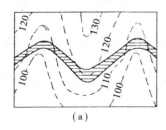 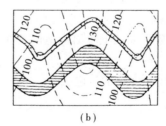 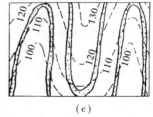

|（a）|（b）|（c）|

图3－32　倾斜岩层在地质图上的分布特征

（a）岩层倾向与坡向相反；（b）岩层倾向与坡向相同，倾角＞坡角；

（c）岩层倾向与坡向相同，倾角＜坡角

3）直立岩层　岩层界线不受地形等高线影响，沿走向呈直线延伸。

（2）褶皱

一般根据图例符号识别褶皱。若没有图例符号，则需根据岩层的新、老对称分布关系确定。

（3）断层

一般也是根据图例符号识别断层。若无图例符号，则根据岩层分布重复、缺失、中断、宽窄变化或错动等现象识别。

（4）地层接触关系

整合和平行不整合在地质图上的表现是相邻岩层的界线弯曲特征一致，只是前者相邻岩层时代连续，而后者则不连续。角度不整合在地质图上的特征是新岩层的分界线遮断了老岩层的分界线。侵入接触使沉积岩层界线在侵入体出露处中断，但在侵入体两侧无错动；沉积接触表现出侵入体被沉积岩层覆盖中断。

3.6.4　地质剖面图

正规地质图常附有一幅或数幅切过图区主要构造的剖面图，置于图的下方。在地质图上标注切图位置。剖面图所用地层符号、色谱应与地质图一致，见图 3 - 35。

3.6.5　综合地层柱状图

综合地层柱状图是按工作区所有涉及的地层的新老叠置关系恢复成原始水平状态切出的一个具有代表性的柱形。在柱状图中表示出各地层单位、岩性、厚度、时代和地层间的接触关系等。地层柱状图可以附在地质图的左边，也可以单独成一幅图。比例尺可据反映地层详细程度的要求和地层总厚度而定，见图 3 - 33。

3.6.6　地质图的阅读和分析

地质图是综合勘察工作的成果在地形图上的反映。按一定比例尺，用符号、颜色、线条将地貌、地层（及岩性）、地质构造等投影在图上，土木工程人员可以分析已有的地质图件，结合工程的条件和设计阶段的需要进行初步的工作。

3.6.6.1　地质图的基本内容

地质图应包括地质平面图、地质剖面图和综合地层柱状图。

（1）地质平面图　用各种图例表明在野外得到的各种地质的资料，如地貌、地层（时代、岩性）、地质构造、自然地质作用、水文地质等条件。

（2）地质剖面图　地质剖面图是反映深部的地层和地质构造的图件。

剖面图一方面要反映主要的地质构造，以便更好地认识其地质构造形态；另一方面要结合建筑物的轴线了解深部的构造。

（3）综合地层柱状图　在地质平面图上出露的地层按新老顺序表示在柱状图上（图 3 - 33）。

柱状图表明地层的厚度、时代、地层的接触关系、岩性等，有重要意义的夹层应特别标明。

3.6.6.2　读地质图的步骤和方法

（1）比例尺　各类地质图有一定的精度，从比例尺大小可以看到，比例尺越大，内容越详细，地质现象表达也很清楚，如 1:5000 或 1:2000 甚至更大，1:20 万至 1:5 万。

（2）图例　平面图、剖面图和柱状图上的地层图例（符号、颜色、线条等）都是一致的，此外还有构造的图例（产状、褶曲、断裂）、地貌（山川、阶地、盆地）、自然地质作用的图例（滑坡、岩溶）。

（3）地貌　可以了解本区的地势起伏、地貌形态特征、山川形势等，可结合分析第四纪地层的分布。

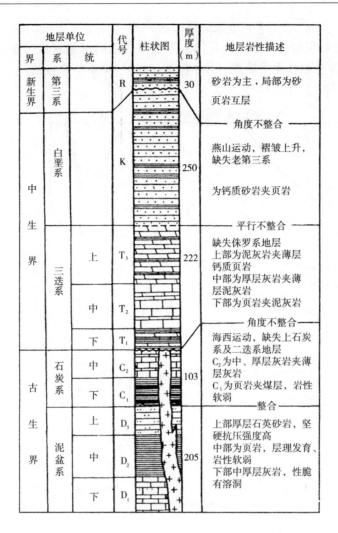

图 3-33　黑山寨地区综合地层柱状图

（4）地层分布和岩性　区内出现的地层时代、岩性、产状、岩性特征以及与地形的关系。

（5）构造类型　如断层、褶皱的类型、规模、分布和性质，本区主要的构造线走向以及与地形的关系。

（6）物理地质现象　物理地质现象与地形、岩性、地质构造和地下水的关系。

（7）评价　根据图内出现的地质条件，可对建筑场地进行初步评价，并可提出进一步勘察工作的意见。有经验的土木工程师可以从阅读、分析地质图工作中预计到将来可能出现的问题，并根据地质条件进行合理的选址和设计。

但是，对大中型工程还需作各设计阶段的工程地质勘察、试验工作，以提供所需资料。

3.6.6.3　阅读地质图

以下以黑山寨地区地质图（图 3-34、图 3-35）为例，介绍阅读地质图的方法。

（1）本图是 1.2km^2 的 1∶10000 大比例尺地质图。

（2）从图例的地层时代可知主要是古生界至中生界的沉积岩层分布，并有花岗岩（γ）出露。在 C_2 之后曾有两次上升隆起（$K-T_3$ 及 T_1-C_2 间不整合接触）。

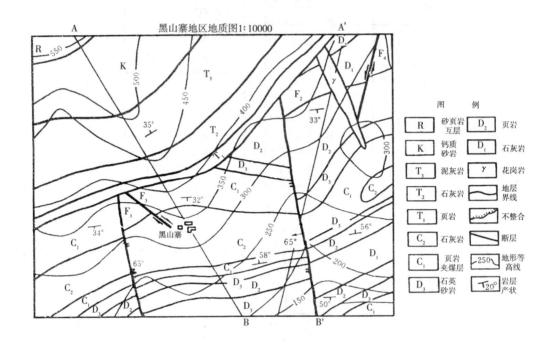

图 3-34　黑山寨地区地质图

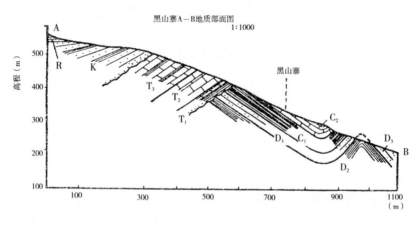

图 3-35　黑山寨地区地质剖面图

（3）本区地势西北高（550m 以上），东边为高 300m 的残丘，且有河谷分布。

（4）区内出现两条大的正断层（F_1、F_2）和黑山寨向斜构造，并有两个褶皱构造。区内西北部出露单斜构造，地层走向 NE63°，倾向 NW34°。

由断裂、褶皱表明，在 T_1 之前受到同一次构造运动，T_1 之后未出现断裂构造。T_1 与

D、C 地层呈角度不整合接触。

（5）地质发展简史在 D 至 C_2 期间，地壳处于缓慢升降运动，本区处于沉积平面以下接受沉积。C_2 期后，地壳剧烈变动，地层产生褶皱、断裂，并伴有岩浆活动，地壳随后上升，形成陆地，受到剥蚀。至 T_1 又被海侵，接受海相沉积，至 T_3 后期地壳大面积上升，再次形成陆地。J 期间，地壳暂处宁静，受风化剥蚀，至 K 期又缓慢下降，处于浅海环境，形成钙质砂岩；在 K 后期，地壳再次变动，东南部受到大幅度抬升，使中生界地层发生倾斜；中生代后期至今地壳无剧烈构造变动。

3.7 活断层

活断层或称活动断裂，是指现今仍在活动或者近期有过活动，不久的将来还可能活动的断层。其中后一种也叫潜在活断层。活断层可使岩层产生错动位移或发生地震，对工程建筑造成很大的甚至无法抗拒的危害。

定义中的"近期"有不同的标准，有的行业规范定为晚更新世（约 12 万年）以来。在国家标准《岩土工程勘察规范》（GB 50021—94）中将在全新世地质时期（一万年）内有过地震活动或近期正在活动，在将来（今后一百年）可能继续活动的断裂称为全新活动断裂。并将全新活动断裂中，近期（近五百年）发生过地震，且震级 M≥5 级的断裂，或在未来一百年内预测可能发生 M≥5 级的断裂称为发震断裂。

活断层运动引起的地震或错动不是经常发生的，其复发间隔有时长达几百，甚至上千年；而很多工程的使用期或寿期仅 50～100 年。所以，有些活断层对工程设施不一定有实际的影响。为了更好地评价对工程有影响的活断层，有必要划分出工程活断层。其定义是：在工程使用期或寿期内（一般为 50～100 年），可能影响和危害工程安全的活断层叫工程活断层。和活断层一样，目前对工程活断层的划分标准认识尚不一致。

3.7.1 活断层的分类

活断层按两盘错动方向分为走向滑动型断层（平移断层）和倾向滑动型断层（逆断层及正断层）。走向滑动型断层最常见，其特点是断层面陡倾或直立，平直延伸，部分规模很大，断层中常蓄积有较高的能量，引发高震级强烈地震。倾向滑动型断层以逆断层更为常见，多数是受水平挤压形成，断层倾角较缓，错动时由于上盘为主动盘，故上盘地表变形开裂较严重，岩体较下盘破碎，对建筑物危害较大。倾向滑动型的正断层的上盘也为主动盘，故上盘岩体也较破碎。

活断层按其活动性质分为蠕变型活断层和突发型活断层。蠕变型活断层是只有长期缓慢的相对位移变形，不发生地震或只有少数微弱地震的活断层。如美国圣·安德烈斯断层南部加利福尼亚地段，几十年来平均位移速率为 10mm/a，没有较强的地震活动。突发型活断层错动位移是突然发生的，并同时伴发较强烈的地震。又分为两种情况，一种是断层错动引发地震的发震断层，另一种情况是因地震引起老断层错动或产生新的断层。如：1976 年唐山地震时，形成一条长 8km 的地表错断，NE30°的方向穿过市区，最大水平断距达 1.63m，垂直断距 0.7m，错开了楼房、道路等一切建筑，见图 3 - 36。

3.7.2 活断层的特征

（1）继承性

活断层绝大多数都是沿已有的老断层发生新的错动位移，这叫做活断层的继承性。尤其是区域性的深大断裂更为多见。新活动的部位通常只是沿老断裂的某个段落发生，或是某些段落活动强烈，另一些段落则不强烈。活动方式和方向相同也是继承性的一个显著特点。形成时代越新的断层，其继承性也越强，如晚更新世以来的构造运动引起断裂活动持续至今。

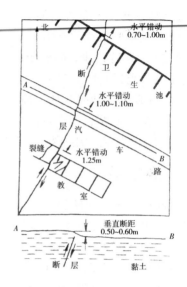

图 3 - 36　唐山地震某地地面断层错位

（2）活动方式与活动速率的相关性

活断层按其活动方式可以分为蠕滑活断层（也称蠕变型活断层）和黏滑活断层（也称突发型活断层）两种形式，活动方式不同，其活断层的错动速率有显著差异。蠕滑是一个连续的滑动过程，一般只发生长期缓慢的相对位移变形，不发生地震或仅伴有少数微弱地震，其活动速率大多相当缓慢，通常在年均不足1mm 至数十毫米之间。黏滑则是断层发生快速错动，并同时伴发较强烈的地震，其活动速率较快，可达0.5 ~ 1m/s。

有时在同一条活断层的不同区段也可以有不同的活动方式，例如黏滑运动的活断层有时也会伴有小的蠕动，而大部分地段以蠕动为主的活断层，在其端部也会出现黏滑，而且同一条活断层的变形速率也不均匀，如发震断层临震前速率可成倍剧增，而震后又趋缓，这一断层变形速率变化特征对地震预测有很大意义。根据断层滑动速率，可将活断层分为活动强度不同的级别。《岩土工程勘察规范》对全新活动断裂的分级见表 3 - 3。

表 3 - 3　全新活动断裂分级

分　级	指　标	活　动　性	平均活动速率 v（mm/a）	历史地震及古地震（震级 M）
Ⅰ	强烈全新活动断裂	中或晚更新世以来有活动，全新世以来活动强烈	$v > 1$	$M \geqslant 7$
Ⅱ	中等全新活动断裂	中或晚更新世以来有活动，全新世以来活动较强烈	$1 \geqslant v \geqslant 0.1$	$7 > M \geqslant 6$
Ⅲ	微弱全新活动断裂	全新世以来有微弱活动	$v < 0.1$	$M < 6$

（3）重复活动的周期性

和其他构造运动一样，活断层运动也是间断性的，从一次活动到下次活动，往往要间隔较长的平静期。活动 - 平静 - 再活动，这种重复周期就是一般说的断层活动周期。活断层错动时，常常伴随有地震发生。地震活动有分期分幕现象，我国上千年来的地震记录所反映出的强震活动期、幕，实际就是断层的活动期、幕。所以，活断层上的大地震重复间隔，就代表了该断层的活动周期。表 3 - 4 列出了我国部分活断层的大震重复周期，主要是用古地震法获得的。

表 3 – 4　我国部分活动断裂的强震重复周期

活动断裂名称	最近一次地震名称（年）	重复周期	震　级	参考文献
新疆喀什河断裂	新疆尼勒克地震（1812）	2000～2500 年	8.0	冯先岳（1987）
新疆二台断裂	新疆富蕴地震（1931）	约 3150 年	8.0	戈澎漠等（1986）
山西霍山山前断裂	山西洪洞地震（1303）	5000 年左右	8.0	孟宪梁等（1985）
宁夏海原南西华山北麓断裂	海原地震（1920）	约 1600 年	8.5	程绍平等（1984）
河北唐山	唐山地震（1976）	约 7500 年	7.8	王挺梅等（1984）
云南红河断裂北段		150±50 年	6～7	虢顺民等（1984）
四川鲜水河断裂	四川炉霍地震（1973）	约 50 年	7.9	
郯庐断裂中南段	郯城地震（1668）	3500 年	8.5	林伟凡等（1987）

3.7.3　活断层的识别标志

（1）地貌标志

通过地貌标志研究和识别活断层是一种比较成熟和易行的方法。地貌方面的标志有：①地形变化差异大，如"山从平地起"；山口峡谷多、深且狭长；新的断层崖和三角面山的连续出现，且比较显著，并有山崩和滑坡发生。②断层形成的陡坎山山脚，常有狭长洼地和沼泽。③断层形成的陡坎山前的第四系堆积物厚度大，山前洪积扇特别高或特别低，与山体不相对称，在峡谷出口处的洪积扇呈叠置式、线性排列。④沿断裂带有串珠泉出露，若为温泉，则水温和矿化度较高。⑤断裂带有植物突然干枯死亡或生长特别罕见植物。⑥第四纪火山锥、熔岩呈线性分布。⑦建（构）筑物、公路等工程地基发生倾斜和错开现象。

（2）地质标志

在地质方面的标志有：①第四系堆积物中常见到小褶皱和小断层或被第四系以前的岩层所冲断。②沿断层可见河谷、阶地等地貌单元同时发生水平或垂直位移错断。③沿断层带的断层泥及破碎带多未胶结，断层崖壁可见擦痕和错碎岩粉。④第四系（或近代）地层错动、断裂、褶皱、变形。

（3）地震活动标志

活断层中一个重要标志就是地震活动。在世界许多地区对活断层的辨认，最初是从地震断层开始的。地震活动方面的标志有：①在断层带附近有现代地震、地面位移和地形变位及微震发生。②沿断层带有历史地震和现代地震震中分布，震中多呈有规律的线状分布。

（4）水文与水文地质标志

在活断层附近，由于断层的错断、位移，常常直接控制了水系的成长发育。特别是断层的水平错动，对水系的改造更是迅速而明显。断层活动使断层两侧水系作规律性变迁，如水系平面形态、切割深度、冲刷势态等；另一方面又直接控制着地下水的出露。具体表现为水系呈直线状、格子状展布；水系错开呈折线状；泉、地热异常带、湖泊和山间盆地成线状（或串珠状）分布。

（5）地球化学和地球物理标志

在地球化学方面，最突出的是活断层上断层气和放射性异常。活断层在活动过程中，释放出各种气体，如 CO_2、H_2、He、Ne、Ar、Rn、Hg、As、Sb、Bi、B 等。通过断层气测量，可以鉴别活断层。在活断层附近，氡气常表现出高浓度异常，因此可利用 α 径迹法调查活断层。此外，沿活断层还会出现 γ 射线强度异常。因此，可利用 γ 射线测量去调查海底活断层。

　　活断层的地球物理标志主要是重力、磁力和地温异常。在覆盖层很厚的平原地区和海洋地区，利用重力、磁力和地温异常研究活断层，是行之有效的方法。

3.7.4　活断层对工程建筑的影响

　　活断层对工程的危害主要是错动变形和引起地震两方面。

　　蠕变型的活断层，相对位移速率不大时，一般对工程建筑影响不大。当变形速率较大时，会造成地表裂缝和位移，可能导致建筑地基不均匀沉陷，使建筑物拉裂破坏。对于海岸附近的工业民用建筑及道路工程，若断层靠陆地一侧长期下沉，且变形速率较大时，由于海水位相对升高，有可能遭受波浪及风暴潮等的危害。

　　突发型活断层快速错动时，常伴发较强烈的地震，地震再对工程建筑产生各种各样的破坏作用；另一方面，因地震引起老断层错动或产生新的断层，断层错动的距离通常较大，多在几十厘米至几百厘米之间，可错断道路、楼房等一切建筑，这种危害是不可抗拒的。因此在工程建筑地区有突发型活断层存在时，任何建筑原则上都应避免跨越活断层以及与其有构造活动联系的分支断层，应将工程建筑物选择在无断层穿过的位置。

学 习 要 求

　　本章是本课程的重点章节之一，通过本章的学习，要掌握岩层产状及产状要素的含义；掌握岩层产状的测定和表示方法；掌握地壳运动、地质构造的概念；熟悉各种常见地质构造的含义、组成要素、分类及其特征，正确认识、研究和学习这些地质构造对工程建设的重要意义；理解活断层的含义及特征；了解地质图的含义及类型；掌握褶皱、断层、地层接触关系等在地质图上的表示方法及特征，能阅读、分析一般地质图。

习 题 与 思 考 题

1. 什么是地壳运动及地质构造？两者的关系如何？
2. 什么是岩层的产状？产状三要素是什么？岩层产状是如何测定和表示的？
3. 什么是褶皱构造？什么叫褶曲？褶曲要素及基本形态有哪些？
4. 如何识别褶曲并判断其类型？
5. 如何区分张节理和剪节理？
6. 什么叫断层？断层由哪几部分组成？断层的基本类型有哪些？在野外如何识别断层？
7. 什么是活断层？它有哪些特征？
8. 试说明研究和学习各种地质构造有何工程意义。
9. 什么是地质图？地质图的基本类型有哪些？
10. 怎样阅读地质图？
11. 试述节理的工程地质勘察调查主要包含哪些内容。
12. 试述褶皱构造对工程建筑有哪些不利影响。
13. 断层对工程建筑有哪些不利影响？
14. 活断层对工程建筑有哪些不利影响？

第4章 外力地质作用对工程的影响

由太阳辐射能、生物能和日月引力能所引起的地质作用,主要是在地壳表面进行,称为外力地质作用,简称外力作用。外力地质作用可分风化作用、剥蚀作用、搬运作用、沉积作用以及固结成岩作用。其中剥蚀、搬运与沉积作用,按动力性质可分为风力作用、地表流水作用、地下水作用、湖海作用以及冰川作用等。外力地质作用与人类工程活动有密切关系,是工程地质研究的主要对象。本章主要介绍具有普遍意义的风化作用和地表流水的地质作用,以及地下水类型及对工程的影响。

4.1 风化作用

地壳表层的岩石,在太阳辐射、大气、水和生物等风化营力的作用下,发生物理和化学的变化,使岩石崩解破碎以致逐渐分解的作用,称为风化作用。风化作用是最普遍的一种外力作用,在大陆的各种地理环境中,都有风化作用在进行。风化作用在地表最显著,随着深度的增加,其影响就逐渐减弱以致消失。

风化作用使坚硬致密的岩石松散破坏,改变了岩石原有的矿物组成和化学成分,使岩石的强度和稳定性大为降低,对工程建筑条件造成不良的影响。此外,如滑坡、崩塌、碎落、岩堆及泥石流等不良地质现象,大部分都是在风化作用的基础上逐渐形成和发展起来的。所以了解风化作用,认识风化现象,分析岩石风化程度,对评价工程建筑条件是必不可少的。

风化作用按其占优势的营力及岩石变化的性质,可分为物理风化、化学风化及生物风化三个密切联系的类型。

4.1.1 风化作用的类型

4.1.1.1 物理风化作用

在地表或接近地表条件下,岩石、矿物在原地发生机械破碎而不改变其化学成分的过程叫物理风化作用。引起物理风化作用的主要因素是岩石释重和温度的变化。此外,岩石裂隙中水的冻结与融化、盐类的结晶与潮解等,也能促使岩石发生物理风化作用。

(1)岩石释重

无论是岩浆岩、变质岩还是沉积岩,在其形成以后,都可以因为上覆巨厚的岩层而承受巨大的静压力。一旦上覆岩层遭受剥蚀而卸荷时,岩石释重,随之产生向上或向外的膨胀力作用,形成一系列与地表平行的节理。处于地下深处承受巨大静压力的岩石,其潜在的膨胀力是十分惊人的。在一些矿山,当岩石初次露在工作面时,膨胀是如此迅速,以致碎片炸裂飞出。岩石释重所形成的节理,为水和空气的活动提供了通路,使它们的风化作用更有效。

(2)温度变化

白天岩石在阳光照射下,表层首先升温,由于岩石是热的不良导体,热向岩石内部传递很慢，遂使岩石内外之间出现温差，各部分膨胀不同，形成与表面平行的风化裂隙。到了夜晚，白天吸收的太阳辐射热继续以缓慢速度向岩石内部传递，内部仍在缓慢地升温膨胀，而岩石表面却迅速散热降温、体积收缩，于是形成与表面垂直的径向裂隙。久而久之，这些风化裂隙日益扩大、增多，导致岩石层层剥落，最后崩解成碎块。

不同矿物有不同的体胀系数，在常温常压下，石英体胀系数的平均值为 31×10^{-6}，普通角闪石为 28.4×10^{-6}，长石为 17×10^{-6}。当温度反复变化时，复矿岩中不同的矿物有不同的膨胀与收缩，本来联结在一起的矿物颗粒就会彼此分离，使完整的岩石破裂松散。即使是单矿岩，由于晶体的非均匀性，晶体在各个方向上的线胀系数也不相同，受冷受热时也会造成收缩与膨胀的不一致，从而导致晶体的破裂。

温度变化的速度和幅度，特别是变化速度，对物理风化作用的强度起着重要的影响。温度变化速度愈快，收缩与膨胀交替愈快，岩石破裂愈迅速，因而温度日变化对物理风化的影响最大，年变化影响较小。在昼夜变化剧烈的干旱沙漠地区，昼夜温差可达 $50 \sim 60℃$。由于岩石热容量远小于水，因此在缺少植被和水的沙漠地区，地表岩石温度日变化就远大于气温的日变化。所以在这些地区物理风化作用最为强烈。这种由于温度变化而产生的风化作用又称为温差风化作用。

（3）水的冻结与融化

在一些高寒地带，如雨水或融雪水侵入岩石裂隙，当岩石温度低到 0℃ 以下时，液态的水就变为固态的冰，体积膨胀约 9%，这对裂隙将产生很大的膨胀压力，它使原有裂隙进一步扩大，同时产生更多的新裂隙。当温度升高至冰点以上时，冰又融化成水，体积减小，扩大的空隙中又有水渗入。年复一年，就会使岩体逐渐崩解成碎块。这种物理风化作用又称为冰劈作用或冰冻风化作用。冰冻风化作用主要发生在严寒的高纬度地区和低纬度的高寒山岳地区。

（4）可溶盐的结晶与潮解

在干旱及半干旱气候区，广泛地分布着各种可溶盐类。有些盐类具有很大的吸湿性，能从空气中吸收大量的水分而潮解，最后成为溶液。温度升高，水分蒸发，盐分又结晶析出，体积显著增大。由于可溶盐溶液在岩石的孔隙和裂隙中结晶时的撑裂作用，使裂隙逐渐扩大，导致岩石松散破坏。可溶盐的结晶撑裂作用，在干旱的内陆盆地是十分引人注目的。盐类结晶对岩石所起的物理破坏作用，主要决定于可溶盐的性质，同时与岩石孔隙度的大小和构造特征有很大的关系。

可以看出，物理风化的结果，首先是岩石的整体性遭到破坏，随着风化程度的增加，逐渐成为岩石碎屑和松散的矿物颗粒。由于碎屑逐渐变细，使热力方面的矛盾逐渐缓和，因而物理风化随之相对削弱，但同时随着碎屑与大气、水、生物等营力接触的自由表面不断增大，使风化作用的性质发生相应地转化，在一定的条件下，化学作用将在风化过程中起主要作用。

4.1.1.2 化学风化作用

在地表或接近地表条件下，岩石、矿物在原地发生化学变化并可产生新矿物的过程叫化学风化作用。引起化学风化作用的主要因素是水和氧。自然界的水，不论是雨水、地面水或地下水，都溶解有多种气体（如 O_2、CO_2 等）和化合物（如酸、碱、盐等），因此自然界的水都是水溶液。水溶液可通过溶解、水化、水解、碳酸化等方式促使岩石化学风化。氧的作用方式是氧化作用。

（1）溶解作用

水直接溶解岩石中矿物的作用称为溶解作用。溶解作用的结果，使岩石中的易溶物质被逐渐溶解而随水流失，难溶的物质则残留于原地。岩石由于可溶物质的被溶解导致孔隙增加，削弱了颗粒间的结合力从而降低岩石的坚实程度，更易遭受物理风化作用而破碎。最容易溶解的矿物是卤化盐类（岩盐，钾盐），其次是硫酸盐类（石膏，硬石膏），再次是碳酸盐类（石灰岩，白云岩）。其他岩石虽然也溶解于水，但溶解的程度低得多。岩石在水里的溶解作用一般进行得十分缓慢，但是当水的温度升高以及压力增大时，水的溶解作用就比较活跃。特别是当水中含有侵蚀性的 CO_2 而发生碳酸化作用时，水的溶解作用就会显著增强，如在石灰岩分布地区，由于这种溶解作用经常会产生溶洞、溶穴等岩溶现象。

（2）水化作用

有些矿物与水接触后和水发生化学反应，吸收一定量的水到矿物中形成含水矿物，这种作用称为水化作用。如硬石膏经过水化作用变为石膏就是很好的例子。

$$CaSO_4 + 2H_2O \Longrightarrow CaSO_4 \cdot 2H_2O$$
硬石膏　　　　　　　　石膏

水化作用的结果产生了含水矿物。含水矿物的硬度一般低于无水矿物，同时由于在水化过程中结合了一定数量的水分子进入物质的成分之中，改变了原有矿物的成分，引起体积膨胀，对岩石也具有一定的破坏作用。

若岩层中含有硬石膏层时，当石膏发生水化作用而体积膨胀，对围岩会产生很大的压力，促使岩层破碎。在隧道施工中，这种压力甚至能引起支撑倾斜，衬砌开裂，应当引起足够的注意。

（3）水解作用

某些矿物溶于水后，出现离解现象，其离解产物可与水中的 H^+ 和 OH^- 离子发生化学反应，形成新的矿物，这种作用称为水解作用。例如正长石经水解作用后，开始形成的 K^+ 与水中 OH^- 离子结合，形成 KOH 随水流失，析出一部分 SiO_2 可呈胶体溶液随水流失，或形成蛋白石（$SiO_2 \cdot nH_2O$）残留于原地；其余部分可形成难溶于水的高岭石而残留于原地。

$$4K(AlSi_3O_8) + 6H_2O \Longrightarrow 4KOH + 8SiO_2 + Al_4(Si_4O_{10})(OH)_8$$
正长石　　　　　　　　　　　　　　　高岭石

（4）碳酸化作用

当水中溶有 CO_2 时，水溶液中除 H^+ 和 OH^- 离子外，还有 CO_3^{2-} 和 HCO_3^- 离子，碱金属及碱土金属与之相遇会形成碳酸盐，这种作用称为碳酸化作用。硅酸盐矿物经碳酸化作用，其中碱金属变成碳酸盐随水流失，如花岗岩中的正长石受到长期碳酸化作用时，则发生如下反应：

$$4K(AlSi_3O_8) + 4H_2O + 2CO_2 \Longrightarrow 2K_2CO_3 + 8SiO_2 + Al_4(Si_4O_{10})(OH)_8$$
正长石　　　　　　　　　　　　　　　高岭石

（5）氧化作用

矿物中的低价元素与大气中的游离氧化合变为高价元素的作用，称为氧化作用。氧化作用是地表极为普遍的一种自然现象。在湿润的情况下，氧化作用更为强烈。自然界中，有机化合物、低价氧化物、硫化物最容易遭受氧化作用。尤其是低价铁常被氧化成高价铁。例如常见的黄铁矿(FeS_2)在含有游离氧的水中，经氧化作用形成褐铁矿（$Fe_2O_3 \cdot nH_2O$），同时产生对岩石腐蚀性极强的硫酸，可使岩石中的某些矿物分解形成洞穴和斑点，致使岩石破坏。

4.1.1.3 生物风化作用

岩石在动、植物及微生物影响下发生的破坏作用称为生物风化作用。生物风化作用主要发生在岩石的表层和土中。生物风化作用有物理的和化学的两种方式。

（1）生物物理风化作用

生物物理风化作用是生物的活动对岩石产生机械破坏的作用。例如，穴居动物蚂蚁、蚯蚓等钻洞挖土，可不停地对岩石产生机械破坏，使岩石破碎，土粒变细；生长在岩石裂隙中的植物，其根部生长撑裂岩石，不断地使岩石裂隙扩大、加深，使岩石破碎。

（2）生物化学风化作用

生物化学风化作用是生物的新陈代谢及死亡后遗体腐烂分解而产生的物质与岩石发生化学反应，促使岩石破坏的作用。例如，植物和细菌在新陈代谢过程中，通过分泌有机酸、碳酸、硝酸和氢氧化铵等溶液腐蚀岩石；动、植物死后遗体腐烂可分解出有机酸和气体（CO_2、H_2S 等），溶于水后可对岩石腐蚀破坏；遗体在还原环境中，可形成含钾盐、磷盐、氮的化合物和各种碳水化合物的腐殖质。腐殖质的存在可促进岩石物质的分解。

岩石、矿物经过物理、化学风化作用以后，再经过生物的化学风化作用，就不再是单纯的无机组成的松散物质，因为它还具有植物生长必不可少的腐殖质。这种具有腐殖质、矿物质、水和空气的松散物质叫土壤。不同地区的土壤具有不同的结构及物理、化学性质，据此全世界可以划分出许多土壤类型，而每一种土壤类型都是在其特有的气候条件下形成的。例如，在热带气候下，强烈的化学风化和生物风化作用，使易溶性物质流失殆尽，形成富含铁、铝的红壤。

4.1.2 影响风化作用的因素

4.1.2.1 气候因素

气候对风化的影响主要是通过温度和雨量变化以及生物繁殖状况来实现的。在昼夜温差或寒暑变化幅度较大的地区，有利于物理风化作用的进行。特别是温度变化的频率，比温度变化的幅度更为重要，因此昼夜温差大的地区，对岩石的破坏作用也大。炎夏的暴雨对岩石的破坏更剧烈。温度的高低，不仅影响热胀冷缩和水的物态，而且对矿物在水中的溶解度、生物的新陈代谢、各种水溶液的浓度和化学反应的速度等都有很大的影响。各地区降雨量的大小，在化学风化中有着非常重要的地位。雨水少的地区，某些易溶矿物也不能完全溶解，并且溶液容易达到饱和，发生沉淀和结晶，从而限制了元素迁移的可能性；而多雨地区就有利于各种化学风化作用的进行。化学风化的速度在很大程度上取决于淋溶的水量，而且雨水多又有利于生物的繁殖，从而也加速了生物风化。因此，气候基本上决定了风化作用的主要类型及其发育的程度。

4.1.2.2 地形因素

在不同的地形条件（高度、坡度和切割程度）下，风化作用也有明显的差异，它影响着风化的强度、深度和保存风化物的厚度及分布情况。

在地形高差很大的山区，风化的深度和强度一般大于平缓的地区；但因斜坡上岩石破碎后很容易被剥落、冲刷而移离原地，所以风化层一般都很薄，颗粒较粗，黏粒很少。

在平原或低缓的丘陵地区，由于坡度缓，地表水和地下水流动都比较慢，风化层容易被保存下来，特别是平缓低凹的地区风化层更厚。

一般说来，在宽平的分水岭地区，潜水面离地表较河谷地区深，风化层厚度往往比河谷地区的厚。强烈的剥蚀区和强烈的堆积区，都不利于化学风化作用的进行。沟谷密集的侵蚀切割地区，地表水和地下水循环条件虽好，风化作用也强烈，但因剥蚀强烈，所以风化层厚度不大。山地向阳坡的昼夜温差较阴坡大，故风化作用较强烈，风化层厚度也较厚。

4.1.2.3　地质因素

岩石的矿物组成、结构和构造都直接影响风化的速度、深度和风化阶段。

岩石的抗风化能力，主要是由组成岩石的矿物成分决定的，造岩矿物对化学风化的抵抗能力是不同的，也就是说，它们在地表环境下的稳定性是有差异的。其相对稳定性见表 4 - 1。

从岩石的结构上看，粗粒的岩石比细粒的容易风化，多种矿物组成的岩石比单一矿物岩石容易风化，粒度相差大的和有斑晶的都比均粒的岩石容易风化。

就岩石的构造而言，断裂破碎带的裂隙、节理、层理与页理等都是便于风化营力侵入岩石内部的通道。所以，这些不连续面（也可以称为岩石的软弱面）在岩石中的密度越大，岩石遭受风化就越强烈。

表 4 - 1　化学风化时造岩矿物的相对稳定性

相对稳定性	造 岩 矿 物
极稳定	石英
稳　定	白云母、正长石、微斜长石、酸性斜长石
不大稳定	普通角闪石、辉石类
不稳定	基性斜长石、碱性角闪石、黑云母、普通辉石、橄榄石、海绿石、方解石、白云石、石膏

4.1.3　岩石风化的勘察评价与防治

4.1.3.1　风化作用的工程意义

岩石受风化作用后，改变了物理化学性质，其变化的情况随着风化程度的轻重而不同。如岩石的裂隙度、孔隙度、透水性、亲水性、胀缩性和可塑性等都随风化程度加深而增加，岩石的抗压和抗剪强度等都随风化程度加深而降低，风化壳成分的不均匀性、产状和厚度的不规则性都随风化程度的加深而增大。所以，岩石风化程度愈深的地区，工程建筑物的地基承载力愈低，岩石的边坡愈不稳定。风化程度对工程设计和施工都有直接影响，如矿山建设、场址选择、水库坝基、大桥桥基和铁路路基等地基开挖深度、浇灌基础应到达的深度和厚度、边坡开挖的坡度以及防护或加固的方法等，都将随岩石风化程度的不同而异。因此，工程建设前必须对岩石的风化程度、速度、深度和分布情况进行调查和研究。

4.1.3.2　岩石风化的勘察与评价

岩石风化的调查内容主要有：

（1）查明风化程度，确定风化层的工程性质，以便考虑建筑物的结构和施工的方法。在野外一般根据岩石的颜色、结构和破碎程度等宏观地质特征和强度，将风化层分为 5 个带（表 4 - 2）。

表 4 – 2　岩石风化程度的划分

按风化程度分带	鉴 定 标 准				
	岩矿颜色	岩石结构	破碎程度	岩石强度	锤击声
全风化带	岩矿全部变色，黑云母不仅变色，并变为蛭石	结构全被破坏，矿物晶体间失去胶结联系。大部分矿物变异，如长石变为高岭土、叶蜡石、绢云母，角闪石绿泥石化，石英散成砂粒等	用手可压碎成砂或土状	很低	击土声
强风化带	岩石及大部分矿物变色，如黑云母成棕红色	结构大部分被破坏，矿物变质形成次生矿物，如斜长石风化成高岭土等	松散破碎，完整性差	单块为新鲜岩石的 1/3 或更小	发哑声
弱风化带	部分易风化矿物如长石、黄铁矿、橄榄石变色，黑云母成黄褐色，无弹性	结构部分被破坏，沿裂隙面部分矿物变质，可能形成风化夹层	风化裂隙发育，完整性较差	单块为新鲜岩石的 1/3 ~ 2/3	发哑声
微风化带	稍比新鲜岩石暗淡，只沿节理面附近部分矿物变色	结构未变，沿节理面稍有风化现象或有水锈	有少量风化裂隙，但不易和新鲜岩石区别	比新鲜岩石略低，不易区别	发清脆声
新鲜岩石	岩石无风化现象				

在野外工作基础上，还需对风化岩进行矿物组分、化学成分分析或声波测试等进一步研究，以便准确划分风化带。

（2）查明风化厚度和分布，以便选择最适当的建筑地点，合理地确定风化层的清基和刷方的土石方量，确定加固处理的有效措施。

（3）查明风化速度和引起风化的主要因素，对那些直接影响工程质量和风化速度快的岩层，必须制定预防风化的正确措施。

（4）对风化层的划分，特别是黏土的含量和成分（蒙脱石、高岭石、水云母等）进行必要分析，因为它直接影响地基的稳定性。

4.1.3.3　岩石风化的防治

岩石风化的防治方法主要有：

（1）挖除法　适用于风化层较薄的情况，当厚度较大时通常只将严重影响建筑物稳定的部分剥除。

（2）抹面法　用使水和空气不能透过的材料如沥青、水泥、黏土层等覆盖岩层。

（3）胶结灌浆法　用水泥、黏土等浆液灌入岩层或裂隙中，以加强岩层的强度，降低其透水性。

（4）排水法　为了减少具有侵蚀性的地表水和地下水对岩石中可溶性矿物的溶解，适当做一些排水工程。

只有在进行详细调查研究以后，才能提出切合实际的防止岩石风化的处理措施。

4.2　地表水地质作用

在大陆上有两种地表流水：一种是时有时无的，如雨水、融雪水及山洪急流，它们只在降雨或积雪融化时产生，称为暂时流水；另一种是终年流动不息的，如河水、江水，称为长期流水。不论长期流水或暂时流水，在流动过程中都要与地表的土石发生相互作用，产生侵蚀、搬运和堆积作用，形成各种地貌和不同的松散沉积层。因此，地表水地质作用可分为暂时性流水地质作用和经常性流水地质作用。本节将讨论暂时性流水和经常性流水地质作用。

4.2.1　暂时性流水的地质作用

4.2.1.1　雨蚀作用

就整个山坡来说，山坡上部经雨滴的多次冲击，物质遭受侵蚀，山坡下部不断有激溅下落的泥沙堆积，使山坡变缓，这种地质作用称为雨蚀作用。雨蚀作用可分为机械作用（降雨时雨滴以加速度冲击地面）和化学作用（雨水的化学溶蚀作用）。

降落在斜坡上的雨水和冰雪融水，呈片状或网状沿坡面漫流。由于水层薄，流速小，水流分散，所以能比较均匀地冲刷斜坡上的松散物质（主要是土壤和岩石风化的产物）。如我国西北半干旱的黄土高原地区，由于降水强度较大，且植物覆盖率低，土质松散，造成水土大量流失。

雨蚀作用的强度取决于：

（1）降雨量和降雨速度　降雨越多、越猛烈，作用越强。

（2）斜坡坡度与性质　斜坡性质包括组成斜坡的岩石或土壤的粒径大小、固结程度、透水性能和植被覆盖情况。此外，风向也有一定的关系。

4.2.1.2　片流的地质作用

片流的地质作用也称为洗刷作用，即片流沿整个斜坡把细小的松散颗粒冲洗至斜坡下部。洗刷作用强度与气候、地形及地面岩性和植被有关。降水量越大、越猛烈，洗刷作用强度越大；坡度在 40°左右的山坡洗刷作用强度最大，坡度过大、过小洗刷作用都减弱；山坡为松散物质，无粘结性，有利于片流的洗刷作用；植被茂盛的山坡几乎不产生洗刷作用。片流侵蚀将斜坡上的松散物质向下搬运，由于水流时间短、动能小，所以搬运的距离一般不远。被搬运的物质，一部分直接或间接流入江河，成为江河泥沙的主要来源；一部分在缓坡或坡脚处堆积下来，形成坡积物。

由重力作用所形成的崩塌产物堆积在陡坡下，称为崩积物。体积大或密度大的滚得远，体积小或密度小的滚得近，因而在陡坡的坡麓形成上部细粒、下部粗粒的半圆锥体地形，称为岩堆。

4.2.1.3　洪流的地质作用

洪流的地质作用也称为冲刷作用，即洪流以巨大的机械力猛烈冲刷沟底及沟壁岩石。冲刷作用的强度与气候、地形及地面岩性和植被有关。缺少植被保护、土质松散而降雨又集中的山坡，冲刷作用强烈易形成冲沟。洪流一旦流出沟口，坡度减小水流散开，动力很快减小，沉积形成洪积扇。冲刷作用的结果是形成洪积物以及洪积扇的地貌形态，广泛分布于山间盆地的周缘和山前倾斜平原地带，有时会形成泥石流。

4.2.2　经常性流水的地质作用

最常见的经常性流水是河流。河水通过侵蚀、搬运和堆积作用形成河床，并使河床的形态不断发生变化，河床形态的变化反过来又影响着河水的流速场，从而促使河床发生新的变化，两者互相作用，互相影响。河流的侵蚀、搬运和堆积作用，可以认为是河水与河床动平衡不断发展的结果。随着大型水利、水电事业的飞速发展，人类的工程活动正在大规模地影响着河流地质作用的自然过程。

在一定的地质条件下，河流地质作用的能量，与河水的动能有关。河水的动能与流量和流速平方的乘积成正比。河流在洪水期侵蚀、搬运和堆积作用之所以特别强烈，就是因为河流的流量、流速显著增大，河水动能显著增强的缘故。由于河流的长期作用，形成了河床、河漫滩、河流阶地和河谷等各种河流地貌，同时也形成了第四纪陆相堆积物的另一个成因类型，即冲积层。

4.2.2.1 河流的侵蚀、搬运与沉积作用

（1）侵蚀作用

河水在流动的过程中不断加深和拓宽河床的作用称为河流的侵蚀作用。按其作用的方式，可分为化学溶蚀和机械侵蚀两种。

河流的侵蚀作用，按照河床不断加深和拓宽的发展过程，可分为下蚀作用和侧蚀作用。下蚀和侧蚀是河流侵蚀统一过程中互相制约和互相影响的两个方面，不过在河流的不同发展阶段，或同一条河流的不同部分，由于河水动力条件的差异，不仅下蚀和侧蚀所显示的优势会有明显的区别，而且河流的侵蚀和沉积优势也会有显著的差别。

1）下蚀作用

河水在流动过程中使河床逐渐下切加深的作用，称为河流的下蚀作用。河水夹带固体物质对河床的机械破坏，是使河流下蚀的主要因素。其作用强度取决于河水的流速和流量，同时，也与河床的岩性和地质构造有密切的关系。很明显，河水的流速和流量大时，则下蚀作用的能量大，如果组成河床的岩石坚硬且无构造破坏现象，则会抑制河水对河床的下切的速度。反之，如岩性松软或受到构造作用的破坏，则下蚀易于进行，河床下切过程加快。

下蚀作用使河床不断加深，切割成槽形凹地，形成河谷。在山区河流下蚀作用强烈，可形成深而窄的峡谷。金沙江虎跳峡，谷深达 3000m。长江三峡，谷深达 1500m。滇西北的金沙江河谷，平均每千年下蚀 60cm。北美科罗拉多河谷，平均每千年下蚀 40cm。

2）侧蚀作用

河水在流动过程中，一方面不断刷深河床，同时也不断地冲刷河床两岸，这种使河床不断加宽的作用，称为河流的侧蚀作用。河水在运动过程中横向环流的作用，是促使河流产生侧蚀的经常性因素。此外，如河水受支流或支沟排泄的洪积物以及其他重力堆积物的障碍顶托，致使主流流向发生改变，引起对河床两岸产生局部冲刷，这也是一种在特殊条件下产生的河流侧蚀现象。在天然河道上能形成横向环流的地方很多，但在河湾部分最为显著（图 4－1a）。当运动的河水进入河湾后，由于受离心力的作用，表层流束以很大的流速冲向凹岸，产生强烈冲刷，使凹岸岸壁不断坍塌后退，并将冲刷下来的碎屑物质由底层流束带向凸岸堆积下来（图 4－1b）。由于横向环流的作用，使凹岸不断受到强烈冲刷，凸岸不断发生堆积，结果使河湾的曲率增大，并受纵向流的影响，使河湾逐渐向下游移动，因而导致河床发生平面摆动。这样天长日久，整个河床就被河水的侧蚀作用逐渐地拓宽。

由于河流侧蚀的不断发展，致使河流一个河湾接着一个河湾，并使河湾的曲率越来越大，河流的长度越来越长，结果使河床的比降逐渐减小，流速不断降低，侵蚀能量逐渐削

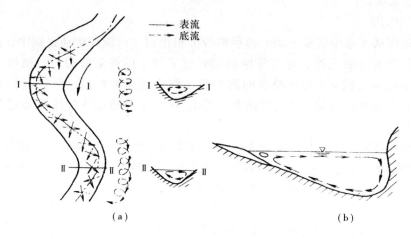

图 4-1　横向环流示意图

（a）河流横向环流；（b）河曲处横向环流断面图

弱，直至常水位时已无能量继续发生侧蚀为止。这时河流所特有的平面形态，称为蛇曲（图 4-2b）。有些处于蛇曲形态的河湾，彼此之间十分靠近，一旦流量增大，会截弯取直，流入新开拓的局部河道，而残留的原河湾的两端因逐渐淤塞而与原河道隔离，形成状似牛轭的静水湖泊，称为牛轭湖（图 4-2c）。

　　下蚀和侧蚀是河流侵蚀作用的两个密切联系的方面，在河流下蚀与侧蚀的共同作用下，使河床不断地加深和拓宽。由于各地河床的纵坡、岩性、构造等不同，两种作用的强度也就不同，或以下蚀为主，或以侧蚀为主。一般在河流的中下游、平原区河流或处于老年期的河流，由于河湾增多，纵坡变小，流速降低，横向环流的作用相对增强，从这个意义上来说，以侧蚀作用为主；在河流的上游，由于河床纵坡大、流速大、纵流占主导地位，从总体上来说，以下蚀作用为主。

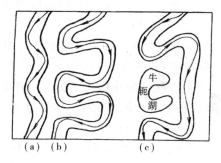

图 4-2　蛇曲的发展与牛轭湖的形成

（a）弯曲河道；（b）蛇曲；（c）牛轭湖

　　（2）搬运作用

　　河流在流动过程中夹带沿途冲刷侵蚀下来的物质（泥沙、石块等）离开原地的移动作用，称为搬运作用。河流的侵蚀和堆积作用，在一定意义上都是通过搬运过程来进行的。河水搬运能量的大小，决定于河水的流量和流速，在一定的流量条件下，流速是影响搬运能量的主要因素。河流搬运物的粒径与水流流速的平方成正比。

　　河流搬运的物质，主要来自谷坡洗刷、崩落、滑塌下来的产物和冲沟内洪流冲刷出来的产物，其次是河流侵蚀河床的产物。

　　河流的搬运作用有浮运、推移和溶运三种形式。一些颗粒细和相对密度小的物质悬浮于水中随水搬运。如我国黄河中的大量黄土物质就是主要通过悬浮的方式进行搬运的。比较粗大的砂粒、砾石等，主要受河水冲动，沿河底推移前进。在河水中还有大量处于溶液状态的被溶解物质随水流走。

（3）沉积作用

河流搬运物从河水中沉积下来的过程称为沉积作用。河流在运动过程中，能量不断受到损失，当河水夹带的泥沙、砾石等搬运物超过了河水的搬运能力时，被搬运的物质便在重力作用下逐渐沉积下来形成松散的沉积层，称为河流冲积层。河流沉积物几乎全部是泥沙、砾石等机械碎屑物，而化学溶解的物质多在进入湖盆或海洋等特定的环境后才开始发生沉积。

河流的沉积特征，在一定的流量条件下主要受河水的流速和搬运物重量的影响，所以一般都具有明显的分选性。粗大的碎屑先沉积，细小的碎屑能搬运比较远的距离再沉积。由于河流的流量、流速及搬运物质补给的动态变化，因而在冲积层中一般存在具有明显结构特征的层理。从总的情况看，河流上游的沉积物比较粗大，向河流的下游沉积物的粒径逐渐变小，流速较大的河床部分沉积物的粒径比较粗大，在河床外围沉积物的粒径逐渐变小。

4.2.2.2　冲积层

在河谷内由河流的沉积作用所形成的堆积物，称为冲积物或冲积层。冲积物的特点是：具有良好的磨圆度和分选性，它是第四纪陆相沉积物中的一个主要成因类型。冲积物按其沉积环境的不同，可分为河床相、河漫滩相、牛轭湖相、蚀余堆积相与河口三角洲相。

（1）冲积物按沉积环境的分类

1）河床相冲积物　在河床范围内形成的沉积物，主要为推移质，多由砂、砾、卵石组成，一般具有明显的斜层理。

2）河漫滩相冲积物　在河漫滩范围内形成的沉积物，主要为悬浮质，多由亚砂土、亚黏土组成。

3）牛轭湖相冲积物　在牛轭湖范围内形成的沉积物，主要为静水沉积，一般多由富含有机质的淤泥和泥炭组成，天然含水量很大，抗压、抗剪强度小，容易发生压缩变形。

4）蚀余堆积相冲积物　常见于山区河流中，多为巨砾和大块石，可能来自河谷山坡的崩落岩块，也可能是河底的残余岩块。

5）河口三角洲相冲积物　是在河流入海（湖）口范围内形成的沉积物，三角洲冲积层分水上和水下两部分。水上部分主要由河床和河漫滩冲积物组成，以黏土和细砂为主，一般呈层状或透镜体，含水量高，结构疏松，强度和稳定性差。水下部分主要由河流冲积物和海（湖）淤积物混合组成，呈倾斜产状。

（2）冲积层按河谷地貌形态分类

1）山区河谷冲积层

山区河谷，由于不同河段的岩性和地质构造不同，常是峡谷（V形谷）和宽谷（箱形谷）交替出现，也由于发展阶段的不同，而有峡谷和宽谷的区分。

图4-3　山区河谷河床冲积层

在峡谷中，谷底几乎全为河床所占据，冲积物只能在河床中形成。这种冲积物的主要类型是河床相，由漂石、卵石、砾石及砂等粗碎屑物质组成（图4-3）。冲积层结构比较复杂，常有透镜体及不规则的夹层，厚度很薄，甚至河床基岩裸露，没有冲积层。

在宽谷中，出现沿岸浅滩，造成河床与浅滩流速的差别。随着浅滩的扩大，这种差别使得推移质的搬运只能在河床范围以内进行。而在浅滩部分则开始产生悬浮质的堆积，其结果是形成河漫滩冲积层的二元结构（图 4-4），底层是河床相推移质沉积物，上层是河漫滩相悬浮质沉积。这种二元结构显然是河床侧向移动的结果。

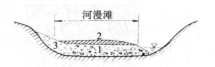

图 4-4　河漫滩沉积
1—河床沉积物；2—河漫滩冲积层；
3—山坡坡积裙

在山区河谷冲积层中，有时混有洪积物，而蚀余堆积物也很常见，在调查时应注意区别。洪积物的特点是：磨圆度差，分选差，从巨砾到黏土物质混杂在一起。蚀余堆积则可以根据它与河床推移质的大小不相适应来判断。

2）平原河谷冲积层

平原河流具有塑造得很好的河谷，冲积物在这里得到最完全的发育，有河床相、河漫滩相、三角洲相和牛轭湖相，有时也有蚀余堆积物。不过，其中最主要的是河床冲积物与河漫滩冲积物两种。具有发育完全的河漫滩冲积物是平原河流的重要特征。河漫滩冲积层，并不是杂乱无章的透镜体和夹层的堆积，而是由河床相、河漫滩相和牛轭湖相等有规律地形成的综合体。

4.3　地下水及其类型

地下水是赋存于地表以下岩土空隙中的水，主要来源于大气降水、冰雪融水、地面流水、湖水及海水等，经土壤渗入地下形成的。地下水与大气水、地表水是统一的，共同组成地球水圈，在岩土空隙中不断运动，参与全球性陆地、海洋之间的水循环，只是其循环速度比大气水、地表水慢得多。

地下水是宝贵的自然资源，可作生活饮用水和工农业生产用水。一些含特殊组分的地下水称为矿泉水，具有医疗保健意义。含盐量多的地下水如卤水，可作为化工原料。地下热水可用来取暖和发电。

地下水是地质环境的组成部分之一，能影响环境的稳定性。地基土中的水能降低土的承载力，基坑涌水不利于工程施工，地下水常常是滑坡、地面沉降和地面塌陷发生的主要原因，一些地下水还腐蚀建筑材料。因此，进行地下水研究对工程建设尤为重要。

4.3.1　地下水的基本概念

4.3.1.1　岩土的孔隙性

坚硬的岩石或多或少含有空隙，松散介质中则有大量的孔隙存在。岩土空隙是地下水赋存和运移的空间，研究地下水必须首先研究岩土中的空隙。根据岩土空隙的成因不同，可把空隙分为孔隙、裂隙和溶隙三大类（图 4-5）。

（1）孔隙

松散介质中颗粒或颗粒集合体之间普遍存在着呈小孔状分布的空隙，称为孔隙。衡量孔隙发育程度的指标是孔隙度 n 或孔隙比 e。

孔隙度的大小主要决定于介质的密实程度及分选性。此外，颗粒形状和胶结程度也有影响。介质越疏松，分选性越好（图 4-5a），孔隙度越大。反之，介质越紧密（图 4-5b）或分选性越差（图 4-5c），孔隙度越小。图 4-5d 表示介质孔隙部分被胶结物充填，孔隙

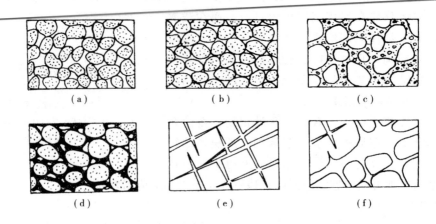

图 4 - 5　岩土中的空隙

（a）分选良好，排列疏松的砂；（b）分选良好，排列紧密的砂；

（c）分选不良，含泥、砂的砾石；（d）部分胶结的砂岩；

（e）具有裂隙的岩石；（f）具有溶隙的可溶岩

度变小。

（2）裂隙

岩石受地壳运动及其他内外地质营力作用影响产生的空隙，称为裂隙（图 4 - 5e）。

裂隙的发育程度除与岩石受力条件有关外，还与岩性有关。质坚性脆的岩石，如石英岩、块状致密石灰岩等，可发育张性裂隙，透水性较好；质软、塑性的岩石，如泥岩、泥质页岩等，一般发育闭合裂隙，透水性差，甚至可构成隔水层。

衡量岩石裂隙发育程度的指标称裂隙率，其计算式为：

$$K_T = \frac{V_T}{V} \times 100\% \qquad (4-1)$$

式中　K_T——裂隙率；

V_T——裂隙体积；

V——岩石总体积。

（3）溶隙

可溶岩（石灰岩、白云岩等）中的裂隙或孔隙经地下水流长期溶蚀而形成的空隙称溶隙（图 4 - 5f）。

衡量可溶性岩石岩溶发育程度的指标为溶隙率，用下式计算：

$$K_K = \frac{V_K}{V} \times 100\% \qquad (4-2)$$

式中　K_K——溶隙率；

V_K——溶隙体积；

V——可溶岩体积。

研究岩土的空隙时，不仅要研究空隙的多少，而且更重要的是还要研究空隙本身的大小、空隙间的连通性和分布规律。松散土的孔隙大小和分布都比较均匀，且连通性好；岩石裂隙无论其宽度、长度和连通性差异均很大,分布不均匀;溶隙大小相差悬殊,分布很不均匀,连通性更差。

根据水在空隙中的物理状态,水与岩石颗粒的相互作用等特征,一般将水在空隙中存在的形式分为五种,即:气态水、结合水、重力水、毛细水、固态水。

重力水存在于岩石颗粒之间,结合水层之外,它不受颗粒静电引力的影响,可在重力作用下运动。一般所指的地下水如井水、泉水、基坑水等就是重力水,它具有液态水的一般特征,可传递静水压力。重力水能产生浮托力、孔隙水压力。流动的重力水在运动过程中会产生动水压力。重力水具有溶解能力,对岩石产生化学潜蚀,导致岩石的成分及结构的破坏。

4.3.1.2 含水层与隔水层

岩石中含有各种状态的地下水,由于各类岩石的水理性质不同,可将各类岩石层划分为含水层和隔水层。

所谓含水层,是指能够给出并透过相当数量重力水的岩层。构成含水层的条件,一是岩石中要有空隙存在,并充满足够数量的重力水;二是这些重力水能够在岩石空隙中自由运动。

隔水层是指不能给出并透过水的岩层。隔水层还包括那些给出与透过水的数量微不足道的岩层,也就是说,隔水层有的可以含水,但是不具有允许相当数量的水透过自己的性能,例如黏土就是这样的隔水层。表 4 - 3 是常压下岩石按透水程度的分类。

表 4 - 3 岩石按透水程度的分类

透水程度	渗透系数 K (m/d)	岩 石 名 称
良透水的	>10	砾石、粗砂、岩溶发育的岩石、裂隙发育且很宽的岩石
透水的	10 ~ 1.0	粗砂、中砂、细砂、裂隙岩石
弱透水的	1.0 ~ 0.01	黏质粉土、细裂隙岩石
微透水的	0.01 ~ 0.001	粉砂、粉质黏土、微裂隙岩石
不透水的	<0.001	黏土、页岩

4.3.1.3 地下水的物理化学性质

(1) 地下水的物理性质

地下水的物理性质有温度、颜色、透明度、气味、味道、导电性及放射性等。纯净的地下水应是无色、无味、无臭味和透明的,当含有某些化学成分和悬浮物时其物理性质会改变。

(2) 地下水的化学成分

地下水沿着岩石的孔隙、裂隙或溶隙渗流过程中,能溶解岩石中的可溶物质,而具有复杂的化学成分。

1) 主要气体成分 地下水中常见的气体有 N_2、O_2、CO_2、H_2S。一般情况下,地下水的气体含量,每升只有几毫克到几十毫克。

2) 主要离子成分 地下水中的阳离子主要有:H^+、Na^+、K^+、NH_4^+、Ca^{2+}、Mg^{2+}、Fe^{3+} 和 Fe^{2+} 等;阴离子主要有:OH^-、Cl^-、SO_4^{2-}、NO_2^-、NO_3^-、HCO_3^-、CO_3^{2-}、SiO_3^{2-} 和 PO_4^{3-} 等。但一般情况下在地下水化学成分中占主要地位的是以下七种离子:Na^+、K^+、Ca^{2+}、Mg^{2+}、Cl^-、SO_4^{2-} 和 HCO_3^- 离子。它们是人们评价地下水化学成分的主要项目。

3）胶体成分与有机质　地下水中以未离解的化合物构成的胶体主要有 $Fe(OH)_3$、$Al(OH)_3$ 和 H_2SiO_3 等。

4.3.2　地下水的类型

地下水的分类方法很多，归纳起来可分为两类：一类是按地下水的某一特征进行分类；另一类是综合考虑了地下水的某些特征进行分类。这里仅介绍按埋藏条件和含水层空隙性质的综合分类法（表4-4）。

表4-4　地下水分类表

含水层空隙性质 / 埋藏条件	孔隙水（松散沉积物孔隙中的水）	裂隙水（坚硬基岩裂隙中的水）	岩溶水（可溶岩溶隙中的水）
上层滞水	包气带中局部隔水层上的重力水，主要是季节性存在	裸露于地表的裂隙岩层浅部季节性存在的重力水	裸露岩深化岩层上部岩溶通道中季节性存在的重力水
潜水	各类松散沉积物浅部的水	裸露于地表的坚硬基岩上部裂隙中的水	裸露于地表的岩溶化岩层中的水
承压水	山间盆地及平原松散沉积物深部的水	组成构造盆地、向斜构造或单斜断块的被掩覆的各类裂隙岩层中的水	组成构造盆地、向斜构造或单斜断块的被掩覆的岩溶化岩层中的水

地下水按埋藏条件分为上层滞水、潜水和承压水，按含水层的空隙性质又分为孔隙水、裂隙水和岩溶水。通过这两种分类的组合，便得出九类不同特点的地下水，如孔隙上层滞水、裂隙潜水、岩溶承压水，等等。

4.3.2.1　上层滞水、潜水、承压水

（1）上层滞水

包气带中局部隔水层之上的重力水称上层滞水。上层滞水一般分布不广，埋藏接近地表，接受大气降水的补给，补给区与分布区一致，以蒸发形式或向隔水底板边缘排泄（图4-6）。雨季时获得补给，赋存一定的水量，旱季时水量逐渐消失，其动态变化很不稳定。上层滞水对建筑物的施工有影响，应考虑排水的措施。

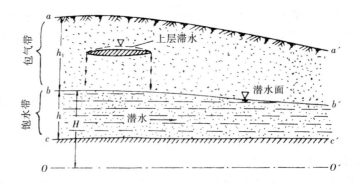

图4-6　上层滞水和潜水示意图

aa'—地面；*bb'*—潜水面；*cc'*—隔水层面；*OO'*—基准面

（2）潜水

埋藏在地面以下第一个稳定隔水层之上具自由水面的重力水叫潜水。潜水主要分布于第四纪松散沉积层中，出露地表的裂隙岩层或岩溶岩层中也有潜水分布。

潜水的自由水面称潜水面。潜水面上任一点的高程称该点的潜水位（H），地表至潜水面的距离称潜水的埋藏深度（h_1），潜水面到隔水底板的距离为潜水含水层的厚度（h），见图 4－6。

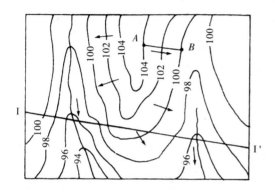

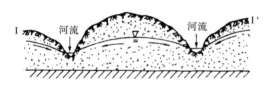

图 4－7　潜水等水位线图（比例尺 1:100000）
及水文地质剖面图（Ⅰ—Ⅰ′剖面线）
（图中箭头表示潜水流向和河水流向）

潜水具自由水面，为无压水。它只能在重力作用下由潜水位较高处向潜水位较低处流动，运动速度每天数厘米或每年若干米，取决于潜水面的坡度和岩石空隙的大小。潜水面的形状主要受地形控制，基本上与地形一致，但比地形平缓。此外，潜水面的形状也和含水层的透水性及隔水层底板形状有关。在潜水流动的方向上，含水层的透水性增强或含水层厚度较大的地方，潜水面就变得平缓；隔水层底板隆起处，潜水厚度减小、潜水的补给区与分布区一致，主要由大气降水、地表水和凝结水补给，当承压水与潜水有联系时，承压水也能补给潜水。潜水常以泉或蒸发的形式排泄，其动态受气候影响较大，具有明显的季节性变化特征；潜水易受地面污染的影响。

潜水面常以潜水等水位线图表示。所谓潜水等水位线图就是潜水面上标高相等各点的连线图（图 4－7），绘制时将研究地区的潜水人工露头（钻孔、探井、水井）和天然露头（泉、沼泽）的水位同时测定，绘在地形等高线图上，连接水位等高的各点即为等水位线图。由于水位有季节性的变化，图上必须注明测定水位的日期。一般应有最低水位和最高水位时期的等水位线图。该图有以下用途：

1）确定潜水流向　在等水位线图上，垂直于等水位线的方向，即为潜水的流向，如图 4－7 箭头所示的方向。

2）计算潜水的水力坡度　在潜水流向上取两点的水位差与两点间的水平距离的比值，即为该段潜水的水力坡度。图 4－7 上 A、B 两点潜水面的水力坡度：

$$I_{AB} = \frac{104 - 100}{1100} = 0.0036$$

3）确定潜水与地表水之间的关系　如果潜水流向指向河流，则潜水补给河水（图 4－8）；如果潜水流向背向河流，则潜水接受河水补给。

4）确定潜水的埋藏深度　某一点的地形等高线标高与潜水等水位线标高之差即为该点潜水的埋藏深度。

5）确定泉或沼泽的位置　在潜水等水位线与地形等高线高程相等处，潜水出露，这里

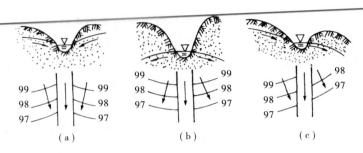

图 4-8　地表水（河流）与潜水之间的相互关系

(a) 潜水补给河水；(b) 河水补给潜水；

(c) 左岸潜水补给河水，右岸河水补给潜水

即是泉或沼泽的位置。

6) 推断含水层的岩性或厚度的变化　在地形坡度变化不大的情况下，若等水位线由密变疏，表明含水层透水性变好或含水层变厚。相反，则说明含水层透水性变差或厚度变小。

7) 确定给水和排水工程的位置　水井应布置在地下水流汇集的地方，排水沟（截水沟）应布置在垂直水流的方向上。

潜水对建筑物的稳定性和施工均有影响。建筑物的地基最好选在潜水位深的地带或使基础浅埋，尽量避免水下施工。若潜水对施工有危害，宜用排水、降低水位、隔离（包括冻结法等）等措施处理。

(3) 承压水

充满于两个稳定的隔水层间的重力水称为承压水。承压水的形成主要决定于地质构造条件。最适宜形成承压水的构造为向斜（或盆地）构造和单斜构造。

1) 向斜盆地（自流盆地）　在向斜盆地中承压含水层出露地表较高的一端称补给区 (a)，较低的一端称排泄区 (c)，承压含水层上覆隔水层的地区为承压区 (b)。承压含水层的上隔水层称隔水顶板，下伏隔水层称隔水底板。顶、底板间的距离为承压含水层的厚度 (M)。在承压区，钻孔钻穿隔水顶板后才能见到地下水，此见水高程 (H_1)（即隔水顶板底面的标高）称初见水位。此后，承压水在静水压力作用下沿钻孔上升到一定高度停止下来，此高程称承压水位 (H_2)。承压水位高出隔水顶板底面的距离 (H)，称为承压水头，地面标高与承压水位的差值称地下水位埋深 (h)，见图 4-9。承压水位高于地表的地区称为自流区，在此区，凡钻到承压含水层的钻孔都形成自流井，承压水沿钻孔上升喷出地表。将各点承压水位连成的面称承压水面。

2) 单斜构造（自流水斜地）　自流斜地的形成有两种情况。一种为断块构造，含水量的上部出露地表，为补给区，下部为断层所切，如断层带是透水的，则各含水层将通过断层发生水力联系或通过断层以泉水的形式排泄于地表，成为承压含水层排泄区（图 4-10a）。如果断层带是隔水的，此时补给区即排泄区，承压区位于另一地段（图 4-10b）。

另一种情况是含水层岩性发生相变，含水层的上部出露地表，下部在某一深度处尖灭，含水层的补给区与排泄区一致，而承压区则位于另一地段，见图 4-11。

承压水不具自由水面，并承受一定的静水压力。承压含水层的分布区与补给区不一致，

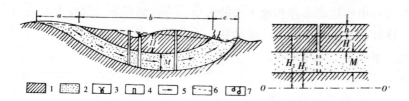

图 4 - 9　自流盆地构造图

a—补给区；*b*—承压区；*c*—排泄区

1—隔水层；2—含水层；3—喷水钻孔；4—不自喷钻孔；

5—地下水流向；6—测压水位；7—泉

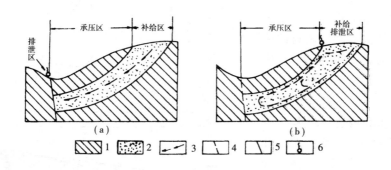

图 4 - 10　断块构造形成的自流斜地

1—隔水层；2—含水层；3—地下水流向；

4—不导水断层；5—导水断层；6—泉

常常是补给区远小于分布区，一般只通过补给区接受补给。承压水的动态比较稳定，受气候影响较小。水质不易受地面污染。

　　承压水面在平面图上用承压水等水压线图表示。所谓等水压线图就是承压水面上高程相等点的连线图（图 4 - 12）。等水压线图上必须附有地形等高线和顶板等高线。

　　承压水等水压线图可以判断承压水的流向及计算水力坡度，确定初见水位、承压水位的埋深及承压水头的大小等。

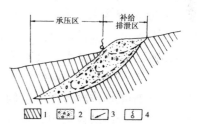

图 4 - 11　岩性变化

形成的自流斜地

1—隔水层；2—含水层；

3—地下水流向；4—泉水

　　承压水水头压力在有裂隙和大孔隙的条件下可能引起基坑突涌，破坏坑底的稳定性。

4.3.2.2　孔隙水、裂隙水、岩溶水

（1）孔隙水

　　孔隙水存在于松散岩层的孔隙中，这些松散岩层包括第四系和坚硬基础的风化壳。它多呈均匀而连续的层状分布。孔隙水的存在条件和特征取决于岩石的孔隙情况，因为岩石孔隙的大小和多少，不仅关系到岩石透水性的好坏，而且也直接影响到岩石中地下水量的多少，

以及地下水在岩石中的运动条件和地下水的水质。一般情况下，颗粒大而均匀，则含水层孔隙也大、透水性好，地下水水量大、运动快、水质好；反之，则含水层孔隙小、透水性差，地下水运动慢、水质差、水量也小。

孔隙水由于埋藏条件不同，可形成上层滞水、潜水或承压水，即分别称为孔隙－上层滞水、孔隙－潜水和孔隙－承压水。

（2）裂隙水

埋藏在坚硬岩石裂隙中的地下水称为裂隙水。它主要分布在山区和第四季松散覆盖层下面的基岩中，裂隙的性质和发育程度决定了裂隙水的存在和富水性。岩石的裂隙按成因可分为风化裂隙、成岩裂隙和构造裂隙三种类型，相应地也将裂隙水分为三种，即风化裂隙水、成岩裂隙水和构造裂隙水。

1）风化裂隙水　赋存在风化裂隙中的水为风化裂隙水。风化裂隙是由岩石的风化作用形成的，其特点是广泛地分布于出露基岩的表面，延伸短，无一定方向，发育密集而均匀，构成彼此连通的裂隙体系，一般发育深度为几米到几十米，少数也可深达百米以上。风化裂隙水绝大部分为潜水，具有统一的水面，多分布于出露基岩的表层，其下新鲜的基岩为含水层的下限。水平方向透水性均匀，垂直方

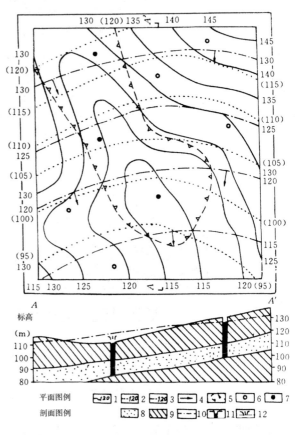

图 4 - 12　等水压线图

1—地形等高线（m）；2—含水层顶板等高线（m）；
3—等水压线（m）；4—地下水流向；5—承压水自溢区；
6—钻孔；7—自流井；8—含水层；9—隔水层；
10—承压水位线；11—钻孔；12—自流井

向随深度而减弱。风化裂隙水的补给来源主要为大气降水，其补给量的大小受气候及地形因素的影响很大，气候潮湿多雨和地形平缓地区，风化裂隙水较丰富，常以泉的形式排泄于河流中。

2）成岩裂隙水　成岩裂隙为岩石在形成过程中所产生的空隙，一般常见于岩浆岩中。喷出岩类的成岩裂隙尤以玄武岩最为发育，这一类裂隙在水平和垂直方向上，都较均匀，亦有固定层位，彼此相互连通。侵入岩体中的成岩裂隙，通常在其与围岩接触的部分最为发育。而赋存在成岩裂隙中的地下水称为成岩裂隙水。

喷出岩中的成岩裂隙常呈层状分布，当其出露地表，接受大气降水补给时，形成层状潜水。它与风化裂隙中的潜水相似。所不同的是分布不广，水量往往较大，裂隙不随深度减弱，而下伏隔水层一般为其他的不透水岩层；侵入岩中的裂隙，特别是在与围岩接触的地

方，常由于裂隙发育而形成富水带。

成岩裂隙中的地下水水量有时可以很大，在疏干和利用上，皆不可忽视，特别是在工程建设时，应予以重视。

3）构造裂隙水 构造裂隙是由于岩石受构造运动应力作用所形成的，而赋存于其中的地下水就称为构造裂隙水。由于构造裂隙较为复杂，构造裂隙水的变化也较大，一般按裂隙分布的产状，又将构造裂隙水分为层状裂隙水和脉状裂隙水两类。

层状裂隙水埋藏于沉积岩、变质岩的节理及片理等裂隙中。由于这类裂隙常发育均匀，能形成相互连通的含水层，具有统一的水面，可视为潜水含水层。当其上部被新的沉积层所覆盖时，就可以形成层状裂隙承压水。脉状裂隙水往往存在于断层破碎带中，通常为承压水性质，在地形低洼处，常沿断层带以泉的形式排泄。其富水性决定于断层性质、两盘岩性及次生充填情况。经研究证明，一般情况下，压性断层所产生的破碎带不仅规模较小，而且两盘的裂隙一般都是闭合的，裂隙的富水性较差。当遇到规模较大的张性断层时，两盘又是坚硬脆性岩石，则不仅破碎带规模大，且裂隙的张开性也好，富水性强。当这样的断层沟通含水层或地表水体时，断层带特别是富水优势断裂带兼具贮水空间、集水廊道及导水通道的功能，对地下工程建设危害较大，必须给予高度重视。

（3）岩溶水

埋藏于深隙中的重力水称为岩溶水（喀斯特水）。岩溶水，可以是潜水，也可以是承压水。一般说来，在裸露的石灰岩分布区的岩溶水主要是潜水；当溶化岩层被其他岩层所覆盖时，岩溶潜水可能转变为岩溶承压水。

岩溶的发育特点也决定了岩溶水的特征。岩溶水具有水量大、运动快、在垂直和水平方向上分布不均匀的特性，其动态变化受气候影响显著，由于溶隙较孔隙、裂隙大得多，能迅速接受大气降水补给，水位年变幅有时可达数十米。大量岩溶水以地下径流的形式流向低处，集中排汇，即在谷地或是非岩溶化岩层接触处以成群的泉水出露地表，水量可达每秒数百升，甚至每秒数立方米。

在土木工程建筑地基内有岩溶水活动，不但在施工中会有突然涌水的事故发生，而且对建筑物的稳定性也有很大影响。因此，在建筑场地和地基选择时应进行工程地质勘察，针对岩溶水的情况，用排除、截源、改道等方法处理，如挖排水、截水沟，筑挡水坝，开凿输水隧洞改道等。

4.4 地下水与工程建设

地下水是地质环境的重要组成部分，也是外力地质作用中最为活跃的因素。在许多情况下地质环境的变化常常是由地下水的变化引起的。引起地下水变化的因素很多，可归纳为自然因素与人为因素两大类。自然因素主要是指气候因素，如降水引起地下水的变化，涉及范围大，但是可预测的。引起地下水变化的人为因素是各式各样的，往往带有偶然性、局部性，难以预测，对工程危害很大。Rethati 于 1983 年对匈牙利 750 栋建筑物破坏原因的调查结果表明，67% 是由于诸如城市输水管道破损渗漏等人为因素，局部改变地下水赋存环境引起的。

4.4.1 地下水引起的工程地质问题

（1）地面沉降

在松散沉积物很厚的平原地区，常有多个砂砾石层存在，中间以黏性土层相隔。砂砾层构成承压含水层，黏土层成为隔水层。当从承压含水层抽取一定量地下水后，承压水位下降，引起地面沉降。长期大幅度的地面沉降，给建筑物、上下水道及城市道路都带来很大危害。地面沉降还会引起向沉降中心的水平移动，使建筑物基础、桥墩错动，铁路和管道扭曲拉断。

地面沉降的产生可以概括为：上覆地层应力是由土粒骨架和水共同承受的，土粒骨架承受的那部分应力称为有效应力，水承受的那部分应力称为孔隙水压力。当从含水层抽取一部分地下水后，承压水位下降，孔隙水压力减小，为达到平衡，有效应力相应增加。有效应力的增量既作用于含水层，也作用于隔水层，导致含水层和隔水层发生固结压缩而产生地面沉降。但是它们发生的变形特征不相同。首先是黏性土的压缩性比砂类土大1~2个数量级，所以隔水层的固结压缩是地面沉降的主要原因，同时含水层的压缩也有影响。其次是砂类土释水固结压缩瞬时完成，而黏性土的透水性要比砂类土小很多，所以释水固结压缩过程滞后一段时间。最后是砂类土释水压密为弹性变形，所引起的地面沉降是暂时性的，当含水层获得水量补充后，孔隙水压力增大，承压水位上升，有效应力相应减小，使含水层回弹；黏性土释水压密为塑性变形，含水层获得补充后变形不能恢复，是永久变形。

控制地面沉降最好的方法是合理开采地下水，多年平均开采量不能超过平均补给量。这样做，地下水位不会有太大变化，地面沉降也不会发生或发生很小，不致造成灾害。在地面沉降已经严重发生的地区，对含水层进行回灌可使地面沉降适当恢复，但要想大量恢复是不可能的。

（2）地面塌陷

地面塌陷是松散土层中所产生的突发性断裂、陷落，多发生于岩溶地区，在非岩溶地区也能见到。地面塌陷危险很大，破坏农田、水利、交通线路，引起房屋破裂倒塌、地下管道断裂等。

地面塌陷多为人为局部地改变地下水位引起的。如地面水渠或地下输水管道渗漏可使地下水位局部上升，基坑降水或矿山排水疏干引起地下水位局部下降。因此，在短距离内出现较大的水位差，水力坡度变大，增强了地下水的潜蚀能力，对地层进行冲蚀、掏空，形成地下洞穴。当穴顶失去平衡时便发生地面塌陷。

为杜绝地面塌陷的发生，在重大工程附近应严格禁止大幅度改变地下水位的工程施工，如必须施工时，应进行回灌，以保持附近地下水位无过大变化。

（3）渗流变形

当地下水的动水压力达到一定值时，土中一些颗粒甚至整个土体发生移动，从而引起土体变形或破坏。这种作用或现象称渗流变形或渗流破坏。

渗流变形分为管涌和流土两种。在渗流作用下单个土颗粒发生独立移动现象叫管涌，也叫潜蚀。管涌多发生在不均匀的砂砾土中，细粒物质从粗粒骨架孔隙中被渗流带走，使土体孔隙和孔隙度变大，强度降低，甚至变形破坏。在渗流作用下一定体积的土同时发生移动的现象，称为流土。流土多发生在均质砂土层和粉土层中，它可使土体完全丧失强度，危及建筑物的安全。管涌的发展、演化常会转为流土、流砂等现象。

发生流土的临界水力梯度 J_0 由下式计算：

$$J_0 = (G-1)(n-1) \tag{4-3}$$

式中　　G——土的相对密度；

　　　　n——孔隙度。

发生管涌的水动力条件比较复杂，一般不采用公式计算其临界水力梯度，而常常采用图表法或直接试验法。

（4）基坑突涌

当基坑下伏有承压含水层时（图 4-13），开挖基坑所留底板经受不住承压水头压力作用而被承压水顶裂或冲毁，这种现象称为基坑突涌。

为避免基坑突涌的发生，必须验算基坑底层的安全厚度 H_0，根据基坑底层厚度与承压水头压力的平衡关系式 $\gamma H = \gamma_w H_0$，可求出隔水层的安全厚度为

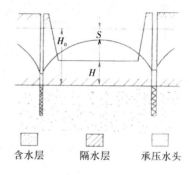

图 4-13　基坑空涌

含水层　　隔水层　　承压水头

$$H \geqslant H_0 \gamma_w / \gamma$$

式中　　H_0——承压水头，m；

　　　　γ_w——水的重度，kN/m^3；

　　　　γ——土的重度，kN/m^3。

当工程施工需要，开挖基坑后的坑底隔水层的厚度小于安全厚度时，为防止基坑突涌，必须对承压水层进行预先排水，以降低承压水头压力（图 4-13）。基坑中心承压水位降深 S 必须满足下式：

$$(H_0 - S)\ \gamma_w = H\gamma$$

则
$$S \geqslant H_0 - H\gamma / \gamma_w$$

4.4.2　基坑排水

（1）基坑排水方法

在建造附有地下室的楼房、发电站、水泵房及地铁等地下工程时，为了使挖方施工顺利进行，必须采用人工方法降低地下水位。当深基坑有下伏承压含水层时，为防止基坑突涌，常从承压含水层中抽水以降低承压水对坑底的水头压力。

人工降低地下水位的方法很多，必须根据施工对象、地下水的埋藏条件和含水层的岩性选择适当的排水方法。降低地下水的排水方法有：明沟排水、深井排水、轻型井点排水、真空排水及电渗排水等。

1）明沟排水　当基坑开挖不深时，对各种岩性含水层均可采用，当含水层中存在漂石、卵石时，更为优先选用。此方法简单，沿基坑周围挖有一定坡度的截水沟，并每隔一定距离设置一个集水坑，地下水通过截水沟汇入集水坑，然后用泵抽出（图 4-14）。

2）轻型井点排水　轻型井点适用于粉砂、细砂和粉土含水层，单层井点能降低地下水位 3~6m，多层井点可达 6~12m。沿基坑四周以一定距离（一般为 0.8~1.6m）埋入直径为 50mm、长 5~7m 的井点管至含水层内，井点管上端通过弯管与铺设在地面上的集水管相连，集水总管与水泵连接。开动水泵将地下水通过井点不断抽出，使地下水位降至基坑底以下（图 4-15）。在施工过程中不断抽水直至基坑工程施工结束为止。

3）深井排水　当基坑很深时，常打深井，从井中抽水以降低地下水位或控制基坑下面承压水层的水头压力（图 4-13）。深井排水能力大，能够抽取大量地下水。为防止抽水过程中细粒物质，如粉砂、细砂涌入井中，破坏地层稳定性，要设计合适的过滤器和过滤器

周围的反滤层。

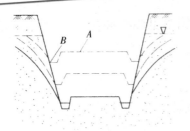

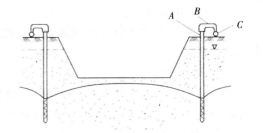

图 4-14 明沟排水
1—土壤层；2—含水层；3—地下水位；
A—基坑底面；B—排水沟

图 4-15 轻型井点排水
1—土壤层；2—含水层；3—地下水位；
A—轻型井点；B—弯管；C—集水管

（2）深井排水的水文地质计算

深井水文地质计算是基坑降水设计最主要的工作，目的在于制定合理的排水方案，以最经济的工作量达到最大降水深度的要求。计算时，根据基坑尺寸形状及要求降低地下水位的深度和范围，确定井径、井深、井距、井数、井的布置、井的降深和涌水量等。方案计算好后必须进行验算，验算基坑各点的水位降深是否满足设计要求，如不能满足要求必须更改方案，另行计算直到满足要求为止。

深井排水计算可用稳定流理论或非稳定流理论。计算公式应根据水文地质条件和井的类型（完整井或非完整井）从有关手册查得。

浅基坑计算常采用稳定流公式，不考虑时间因素，以设计水量排水，应能很快达到设计降深要求。深基坑多采用非稳定流公式，以设计水量排水使地下水位逐渐降低，于某一时刻达到设计降深要求。非稳定流计算考虑了时间因素，即考虑基坑挖方的施工进度，因此计算比较经济合理。但是一旦按挖方进度计算的排水方案确定以后，挖方施工必须严格按进度进行，不得超前施工，否则会发生基坑淹水或基坑突涌。

当基坑附近有重要建筑物或地下管道时，为防止因降水引起的地面沉降而遭到破坏，基坑降水设计时应考虑布置回灌井，回灌井深、回灌井距与井数、回灌井的布置、回灌流量等应与排水井同时列入方案一并进行计算。这样的计算甚为复杂，可采用有限元数值法利用计算机进行。

（3）基坑排水的水文地质监测工作

基坑排水时，应布置一定量的水文地质监测工作。

1）水位观测　在基坑中和重大建筑工程附近布置地下水位观测孔，定期观测地下水位。如基坑水位降深达不到设计要求时，可酌情增加井的排水量或排水井数。如建筑物附近观测孔的地下水位超过设计要求时，应增加井的回灌流量或另辟回灌井。

2）地面沉降观测　在基坑附近或重大工程附近应布置沉降量观测点，定时观测地面沉降量。此外，施工人员必须随时用肉眼观测基坑附近地面和楼房，如有裂缝或其他异常出现，应及时采取措施防止重大事故发生。

4.4.3　地下水对钢筋混凝土的腐蚀

硅酸盐水泥遇水硬化，并且形成 $Ca(OH)_2$、水化硅酸钙 $CaO \cdot SiO_2 \cdot 12H_2O$、水化铝酸钙 $CaO \cdot Al_2O_3 \cdot 6H_2O$ 等，这些物质往往会受到地下水的腐蚀。根据地下水对建筑结构材料腐蚀性评价标准，将腐蚀类型分为三种：

（1）结晶类腐蚀　如果地下水中 SO_4^{2-} 离子的含量超过规定值，那么 SO_4^{2-} 离子将与混凝土中的 $Ca(OH)_2$ 起反应，生成二水石膏结晶体 $CaSO_4 \cdot 2H_2O$，这种石膏再与水化铝酸钙 $CaO \cdot Al_2O_3 \cdot 6H_2O$ 发生化学反应，生成水化硫铝酸钙，这是一种铝和钙的复合硫酸盐，习惯上称为水泥杆菌。由于水泥杆菌结合了许多的结晶水，因而其体积比化合前增大很多，约为原体积的 221.86%，于是在混凝土中产生很大的内应力，使混凝土的结构遭受破坏。

水泥中 $CaO \cdot Al_2O_3 \cdot 6H_2O$ 含量少，抗结晶腐蚀强，因此，要想提高水泥的抗结晶腐蚀，主要是控制水泥的矿物成分。

（2）分解类腐蚀　地下水中含有 CO_2 和 HCO_3^-，CO_2 与混凝土中的 $Ca(OH)_2$ 作用，生成碳酸钙沉淀。

$$Ca(OH)_2 + CO_2 = CaCO_3 \downarrow + H_2O$$

由于 $CaCO_3$ 不溶于水，它可填充混凝土的孔隙，在混凝土周围形成一层保护膜，能防止 $Ca(OH)_2$ 的分解。但是，当地下水中 CO_2 的含量超过一定数值，而 HCO_3^- 离子的含量过低，则超量的 CO_2 再与 $CaCO_3$ 反应，生成重碳酸钙 $Ca(HCO_3)_2$ 并溶于水，即：

$$CaCO_3 + H_2O + CO_2 \Longleftrightarrow Ca^{2+} + 2HCO_3^-$$

上述这种反应是可逆的：当 CO_2 含量增加时，平衡被破坏，反应向右进行，固体 $CaCO_3$ 继续分解；当 CO_2 含量变少时，反应向左移动，固体 $CaCO_3$ 沉淀析出。如果 CO_2 和 HCO_3^- 的浓度平衡时，反应就停止。所以，当地下水中 CO_2 的含量超过平衡时所需的数量时，混凝土中的 $CaCO_3$ 就被溶解而受腐蚀，这就是分解类腐蚀。我们将超过平衡浓度的 CO_2 叫侵蚀性 CO_2。地下水中侵蚀性 CO_2 愈多，对混凝土的腐蚀愈强。地下水流量、流速都很大时，CO_2 易补充，平衡难建立，因而腐蚀加快。另一方面，HCO_3^- 离子含量愈高，对混凝土腐蚀性愈强。

如果地下水的酸度过大，即 pH 值小于某一数值，那么混凝土中的 $Ca(OH)_2$ 也要分解，特别是当反应生成物为易溶于水的氯化物时，对混凝土的分解腐蚀很强烈。

（3）结晶分解复合类腐蚀　当地下水中 NH_4^+、NO_3^-、Cl^- 和 Mg^{2+} 离子的含量超过一定数量时，与混凝土中的 $Ca(OH)_2$ 发生反应，例如：

$$MgSO_4 + Ca(OH)_2 = Mg(OH)_2 + CaSO_4$$
$$（石膏）$$

$$MgCl_2 + Ca(OH)_2 = Mg(OH)_2 + CaCl_2$$

$Ca(OH)_2$ 与镁盐作用的生成物中，除 $Mg(OH)_2$ 不易溶解外，$CaCl_2$ 则易溶于水，并随之流失；硬石膏 $CaSO_4$ 一方面与混凝土中的水化铝酸钙反应生成水泥杆菌：

$$3CaO \cdot Al_2O_3 \cdot 6H_2O + 3CaSO_4 + 25H_2O = 3CaO \cdot Al_2O_3 \cdot 3CaSO_4 \cdot 31H_2O$$

另一方面，硬石膏遇水后生成二水石膏：

$$CaSO_4 + 2H_2O \Longleftrightarrow CaSO_4 \cdot 2H_2O$$

二水石膏在结晶时，体积膨胀，破坏混凝土的结构。

综上所述，地下水对混凝土建筑物的腐蚀是一项复杂的物理化学过程，在一定的工程地质与水文地质条件下，对建筑材料的耐久性影响很大。为了评价地下水对建筑结构的腐蚀性，必须在现场同时采两个水样，一个样重 1kg，另一个样重 0.3～0.5kg，并加 $CaCO_3$ 粉 3～5g。两个样在现场立即密封后送实验室分析。分析项目有：pH 值、游离 CO_2、侵蚀性 CO_2、Ca^{2+}、Mg^{2+}、K^+、Na^+、NH_4^+、Fe^{3+}、Fe^{2+}、Cl^-、SO_4^{2-}、HCO_3^-、NO_3^-、总硬度和有机质。根据水样的化学分析结果，对照国家标准《岩土工程勘察规范》（2001 年）进行地下水侵蚀性评价。

学 习 要 求

通过本章的学习，要求掌握风化作用和地下水的概念，风化作用的基本类型及表现形式；熟悉岩石风化程度作用的划分及影响风化作用的因素；了解各种地表流水地质作用的基本特征；掌握地下水的类型及地下水主要化学成分；熟悉潜水、上层滞水、承压水的形成条件及主要工程特征；了解裂隙水、孔隙水、岩溶水的形成条件及特征；正确认识和理解地下水与工程的关系。

习 题 与 思 考 题

1. 什么叫风化作用？风化作用的基本类型及各自的表现形式如何？
2. 在野外如何判断岩石的风化程度？影响风化作用的因素有哪些？
3. 岩石风化的工程意义如何？如何防治岩石风化？
4. 河流地质作用表现在哪几方面？
5. 何谓冲积层？按其沉积环境和河谷地貌形态的不同，冲积层有哪几类？各有哪些特征？
6. 何谓地下水？地下水的物理性质包括哪些内容？地下水的化学成分有哪些？
7. 地下水按其埋藏条件可以分为哪几种类型？它们有何不同？试简述之。
8. 试分别说明潜水与承压水的形成条件及工程特征。
9. 根据埋藏情况裂隙水可分为哪几种类型？它们有何特征？
10. 试说明地下水与工程建设的关系。

第5章 土的工程地质性质

土是由岩石的碎屑、矿物颗粒（称土粒）组成，其间的孔隙充填着水（或水溶液）和气体，因而是由固相、液相、气相组成的三相体系。土的工程地质性质，主要是指土的物理性质、水理性质和力学性质。不同的土体，工程地质性质有差别，根本的原因在于土体本身的物质和结构不同。自然形成的土一般是松散的、软弱的、多孔的与岩石的性质有着显著的差异，但有时也笼统称之为岩土。

5.1 土的成因类型

5.1.1 土的形成

地壳表层广泛分布着的土是岩石圈表层在漫长的地质历史里，经受各种复杂的地质作用而形成的地质体。我国大部分地区的松软土都形成于第四纪时期，而第四纪是距今最近的地质年代，因此，其沉积的历史相对较短，是未经胶结硬化的沉积物，通常称为"第四纪沉积物"。

坚硬岩石经过风化、剥蚀等外力作用，破碎成大小不等的岩石碎块或矿物颗粒（其中部分矿物可转变为次生矿物），这些岩石碎屑物质在斜坡重力作用、流水作用、风力吹扬作用、冰川作用及其他外力作用下被搬运到别处，在适当的条件下沉积成各种类型的土体。实际上在土粒被搬运的过程中，颗粒大小、形状及矿物成分仍在进一步变化，并在沉积过程中常因分选作用而使土在成分、结构、构造和性质上表现出有规律的变化。

工程地质学中所说的土或土体，是指与工程建筑物的变形和稳定相关的第四纪沉积物，它有别于通常所称的"土壤"。松散物质沉积成土后，如果能稳定一个相当长的时期，则靠近地表的土体将经受生物化学及物理化学作用，即成壤作用形成所谓"土壤"；未形成"土壤"的表层受到剥蚀、侵蚀而再破碎、再搬运、再沉积等地质作用，时代较老的土体在上覆沉积物的自重压力及地下水的作用下，经受成岩作用（或称固结作用），逐渐固结成岩，强度增高，土体固结成岩后，又可在适宜的条件下被风化、搬运、沉积成土，如此周而复始、不断循环。

一般来说，地质成因相同，处于相似的形成条件下的土体，其工程地质特征也将具有很大的一致性，因此，对第四纪沉积物的成因进行研究，以及根据沉积物形成的地质作用及其营力方式、沉积环境、物质组成等划分土的成因类型是很有必要的。按成因类型，作为第四纪沉积物的土可分为残积土、坡积土、洪积土、冲积土、湖积沉积物、海洋沉积物、风积土和冰积土等。

5.1.2 不同成因土体的工程地质特征

5.1.2.1 残积层（Q^{el}）

残积层是岩石风化未经搬运而残留在原来位置的松散物。其特点是：位于基岩风化壳的上部, 向下则渐变为半风化的半坚硬岩石, 其成分、颜色等和下覆基岩有一定关系。残积层上部颗粒一般较细, 多为黏性土、粉土等, 向下逐步过渡为砂和角砾。未经磨损, 大小混杂, 无层理, 和下伏基岩没有明显界线, 是逐渐过渡变化的。

残积层的物质成分及风化作用性质, 与气候条件有密切关系。在干旱地区主要为物理风化, 基岩风化成粗碎屑土和砂土, 故具有砂类土的特征; 在半干旱地区, 除物理风化外还有化学风化, 使部分原生的硅铝酸盐变为次生黏土矿物, 形成黏性土, 由于雨量少, 蒸发大, 土中常含有较多的可溶盐, 水溶液呈碱性, 形成蒙脱石矿物; 若气候潮湿, 易形成水云母黏土矿物, 不同的气候区不同的残积层具有不同的工程地质性质。

由于残积层的性质与气候条件、基岩性质密切相关, 所以残积层的成分和性质变化很大, 其工程性能差别也很大, 所以勘察时要查明其厚度和物理力学性质。总体上来说, 残积层的工程地质性质变化较大, 加之地形影响, 工程中少有大面积用作天然地基。

5.1.2.2　坡积层 (Q^{dl})

坡积层是由于水和重力作用将山坡的物质 (风化残积物) 搬运或崩塌在斜坡下部较低洼地带堆积而成。其特点是: 稍具分选, 一般从坡顶到坡角颗粒有逐渐变细的规律; 颗粒无磨圆, 略呈层理或无层理, 结构疏松。由重力作用发生崩塌而堆积在陡坡下的物质, 称为崩积物 (Q^{col})。体积大或容重大的滚得远, 体积小或容重小的滚得近, 因而在陡坡的坡麓形成上部细粒、下部粗粒的半圆锥体地形, 也称为岩堆。

坡积层由于所处的自然环境不同, 其厚度、物质成分和结构变化很大, 因而其工程地质性质变化也大。一般来说, 常具较高的孔隙度, 容重小, 潮湿时具有较大的压缩性和崩解性, 透水性小, 抗剪强度较其他成因的低。同时坡积物易沿斜坡发生滑动, 尤其是在坡积物中开挖路堑和基坑时, 常发生滑坡。当机场位于坡积层时, 应查明其厚度及物理力学性质, 正确评价建筑物的稳定性问题。

5.1.2.3　洪积层 (Q^{pl})

山区暴雨后洪水携带大量碎屑物质堆积在山间河谷或山前平原地带, 称洪积物。常发育在干旱、半干旱地区, 往往在山间河谷形成洪积扇, 并与坡积物交互沉积在一起, 形成山麓坡积洪积裙和山前洪积冲积倾斜平原。洪积物的特点是: 颗粒组成, 在近山区地带为分选不好的巨粒、粗粒土, 而远处则为分选性较好的细碎屑和黏性土, 其磨圆度与搬运距离有关, 有斜交层理或透镜体。其工程地质性质与所处部位有关, 近山口的粗巨粒土的孔隙度和透水性都很大, 压缩性小, 承载力大; 而远离山口的砂、粉土和黏性土, 其透水性小, 压缩性大。

5.1.2.4　冲积层 (Q^{al})

冲积物是由河流所携带的物质, 随地势、流速的变化, 在河谷中逐渐沉积下来的。其特点: 山区河谷中只发育单层碎石结构的河床相, 山间盆地和宽谷中有河漫相沉积, 其分选性差, 具透镜状或不规则的带状构造, 有斜层理出现, 厚度不大, 一般不超过 $10 \sim 15\text{m}$, 多与崩塌堆积物交错混合。

平原河流具河床相、河漫滩相和牛轭湖相沉积。正常的河床相沉积结构是: 底部河槽被冲刷后, 由厚度不大的块石、粗砾组成; 中部是由粗砂、卵石土组成的透镜体; 上部由分选较好的矿或砾而组成, 具斜层理、交错层理、为滨河床浅滩沉积。河漫滩沉积的主要特征是上部的细砂和黏性土与下部河床沉积组成的二元结构, 具斜层理与交错层理。牛轭湖相沉积是由淤泥和少量的黏性土组成，含有机质，呈暗灰色、黑色、灰兰色并带有铁锈斑，具水平层理和斜层理。冲积物的工程地质性质视具体情况而定。河床相沉积物一般是颗粒粗，具有很大的透水性，是很好的建筑材料。当其为细碎屑土和黏性土时，结构较为紧密，形成阶地，大多分布在冲积平原的表层，成为各种建筑物的地基。我国不少大城市，如武汉、上海、天津等都位于河漫滩相沉积物之上。牛轭湖相的沉积物因含较多的有机质，有的甚至成泥炭，故压缩性大，承载力小，不宜作为建筑物的地基。

5.1.2.5　湖积层（Q^1）

湖积物是湖中的沉积物质。按湖的性质划分为淡水湖积物和咸水湖积物两大类。

淡水湖积物又可分为湖岸沉积物和湖心沉积物两种。湖岸沉积物多为砾石、砂土或黏土，是由于浪冲刷湖岸形成的。湖心沉积物的成分复杂，主要为黏土质淤泥，距岸愈远，则沉积物的颗粒愈细，有机质可达 20%～40%，成为胶体的软泥，含水量可达 70%～90%，有时可形成泥炭。湖心也可沉积碳酸盐等。

咸水湖沉积物有以黏性土为主的，有以化学沉积为主的，也有淤泥为主的，成分较为复杂。

淤泥是一种工程地质性质很差的土，天然含水量常高于液限，在自然界中可保持液态；孔隙比在 1.0～2.0 左右，ϕ 角为 0°～5°，c 值为 2～15kPa；干燥时体积收缩可达 50%～90%。压缩性大，具有触变性，当土结构受到破坏时，力学强度突然降低，使建筑物遭破坏。

5.1.2.6　洞穴层

洞穴堆积是充填于可溶性岩类所形成的洞穴内的沉积物。其特征：主要为石块、碎石、砾石、砂类土、黏性土、角砾土等相互混杂的堆积物如钟乳石、石笋等堆积。黏性土的成分，往往受风化作用多呈红色或砖红色，厚度可由几米、几十米到几百米不等。

5.1.2.7　冰川堆积层（Q^{gl}）

凡是由冰川作用堆积起来的物质统称冰碛。由于沉积位置不同，冰碛的材料和冰碛的形状也不同。停积在冰川底部的称底碛，停积在两旁的称侧碛，停积在冰川前端的称前碛或终碛。冰碛物不论是大陆冰川或山地冰川的沉积物，都是一些大小块石和泥砂混杂的疏松物质，只有在冰川长期压实的情况下，才可以成为较坚实的沉积层。其中角砾、碎石、砂和黏性土等所占的相对比例及成分的变化随地而异，但它们都与冰川流动地区内基岩性质密切相关。无分选性和层理，漂石面上具有丁字形擦痕。沉积物常被挤压，呈现褶皱和断裂。工程性质变化很大，某些地区很差，而某些地区其工程性能很好，如康定机场的海螺沟冰川堆积层，承载力可达 300kPa 以上。

5.1.2.8　冰水沉积层（Q^{fgl}）

在冰川的末端或者在冰川的边缘，当消融大于结冰的时候，冰川开始融化成冰水。以冰水为主要营力而产生的沉积称冰水沉积。它分布于冰川附近的低洼地带，其成分以砂粒为主，夹有少量分选差的砾石，具斜交层理，其工程性能一般较冰川堆积好。

5.1.2.9　风积层（Q^{eol}）

风积层如风成砂、风成黄土、沙漠等。成分由沙和粉粒组成。其岩性松散，一般分选性好，孔隙度高，活动性强。通常不具层理，只有在沉积条件发生变化时才发生层理和斜层理，工程性能较差。

5.2 土的组成、结构和构造

5.2.1 土中的固体颗粒

在土的固体颗粒中，我们需要研究的有土颗粒的矿物成分、土的粒组和土的颗粒级配。

5.2.1.1 土颗粒的矿物成分

土的固体颗粒是由不同的矿物组成。根据矿物与水作用的能力不同，土中矿物可分为四种：

（1）不溶于水、亲水性弱的原生残余矿物 石英、长石、云母等，常形成较粗的颗粒，与水基本上不发生作用，颗粒间没有连接。它们是组成土，尤其是砂类土的主要成分。

（2）不溶于水、亲水强的次生矿物 主要是各种黏土矿物，如蒙脱石、水云母、高岭石等。它们是由原生矿物经过化学作用形成的次生矿物，多呈薄片状，遇水膨胀，强烈吸水，尤以蒙脱石最甚。这些次生矿物是组成黏粒的主要矿物成分，是决定黏土性质的主要因素。

（3）溶于水的次生矿物 主要是各种不同溶解度水溶盐类矿物，如氯化钠、石膏和碳酸钙等。它们是溶液中所含的化学成分沉淀而成的，对土起胶结作用，但遇水后被溶解，使土的孔隙增多，强度低，对工程将产生不良后果。

（4）亲水强的有机物 是由动植物新陈代谢和生物遗体分解的产物。这种有机物通常混在土中，经过完全分解的叫腐殖质，部分分解的叫泥炭。腐殖质和泥炭强烈吸水，因而使土具有极强的压缩性和很弱的透水性。同时，由于有机质遇水后还会继续分解，因而使土的性质继续变化，故含有机质太多的土作为地基，对工程是不利的。

5.2.1.2 土的粒组

如上所述，土粒的大小与成土矿物之间存在着一定的内在联系，因此土粒大小也就在一定程度上反映了土粒性质的差异。天然土的固相是由无数多个大小不同的土粒组成的，逐个地研究它们的性质是不可能的。但实践表明，尺寸大小相近的土颗粒有其一定的共性，为此，在研究土的性质时，人们引入了粒组的概念。

将土中各种不同粒径的颗粒按适当的尺寸划分为若干个组别，每一个组别的颗粒称为土的一个粒组。用以对土粒进行粒组划分的分界尺寸称为土的界限粒径。目前土的粒组划分方法并不完全一致，各个国家、甚至一个国家的各个部门或行业都有一些不完全相同的土颗粒划分规定。表 5-1 是一种常用的粒组划分方法。

需要特别指出的是，黏粒并非一定是黏土矿物颗粒，即并非所有的黏土矿物粒径都小于 0.005mm（或 0.002mm），也并非所有小于 0.005mm（或 0.002mm）的颗粒都是黏土矿物，黏土矿物的粒径可达 0.02mm，而非黏土矿物的粒径则可小至 0.001mm。但由于绝大多数粒径小于 0.005mm 的颗粒已具有了某些近似胶体的性质，所以我们称其为黏粒。

5.2.1.3 土的颗粒级配

以土中各粒组颗粒的相对含量（占颗粒总质量的百分数）表示的土中颗粒大小及组成情况称为土的颗粒级配。

表 5 - 1　土粒粒组划分

粒组名称		粒径范围（mm）	一般特征
漂石或块石颗粒		>200	透水性大，无黏性，尤毛细水
卵石或碎石颗粒		200 ~ 60	
圆砾或角砾颗粒	粗	60 ~ 20	透水性大，无黏性，毛细水上升高度不超过粒径大小
	中	20 ~ 5	
	细	5 ~ 2	
砂粒	粗	2 ~ 0.5	易透水，当混入云母等杂质时透水性减小，而压缩性增加，无黏性，遇水不膨胀，干燥时松散，毛细上升高度不大，随粒径减小而增大
	中	0.5 ~ 0.25	
	细	0.25 ~ 0.1	
	极细	0.1 ~ 0.075	
粉粒	粗	0.075 ~ 0.01	透水性小，湿时有黏性，遇水有膨胀，干时有收缩，毛细上升高度较大较快，极易出现冻胀现象
	细	0.01 ~ 0.005	
黏粒		<0.005	透水性极小，湿时有黏性，遇水膨胀大，干时收缩显著，毛细上升高度大，但速度较慢

　　土的颗粒级配需通过土的颗粒大小分析实验来测定。对于粒径大于 0.075mm 粗颗粒用筛分法测定粒组的土质量。试验时将风干、分散的代表性土样通过一套孔径不同的标准筛（例如 20mm、2mm、0.5mm、0.25mm、0.1mm、0.075mm）进行分选，分别用天平称重即可确定各粒组颗粒的相对含量。粒径小于 0.075mm 的颗粒难以筛分，可用比重计法或移液管法（见《土工试验方法标准》）进行粒组相对含量测定。实际上，小土颗粒多为片状或针状，因此粒径并不是这类土粒的实际尺寸，而是它们的水力当量直径（与实际土粒在液体中有相同沉降速度的理想球体的直径）。累积曲线法是一种最常用的颗粒分析试验结果表示方法，其横坐标表示粒径（因为土粒粒径相差数百、数千倍以上，小颗粒土的含量又对土的性质影响较大，所以横坐标用粒径的对数值表示）；纵坐标则用小于（或大于）某粒径颗粒的累积百分含量来表示。所得曲线称为颗粒级配曲线或颗粒级配累积曲线，如图 5 - 1 所示。由级配曲线可以直观地判断土中各粒组的含量情况，如果曲线陡峻，表示土粒大小均匀，级配不好；反之则表示土粒不均匀但级配良好。

　　工程上常用土粒的不均匀系数来定量判断土的级配好坏。不均匀系数 C_u 可表示如下

$$C_u = \frac{d_{60}}{d_{10}} \tag{5 - 1}$$

式中　d_{60}——限定粒径，当土的颗粒级配曲线上小于某粒径的土粒相对累积含量为 60% 时，该粒径即为 d_{60}；

　　　d_{10}——有效粒径，当土的颗粒级配曲线上小于某粒径的土粒相对累积含量为 10% 时，该粒径即为 d_{10}。

　　工程上一般称 $C_u < 5$ 的土为均粒土，属级配不良土；$C_u > 10$ 的为级配良好的土；$C_u = 5 ~ 10$ 的为级配一般的土。

　　一般工程中也有以两个指标来判断土级配的情况，即：对于纯净的砂、砾，当 $C_u \geq 5$，

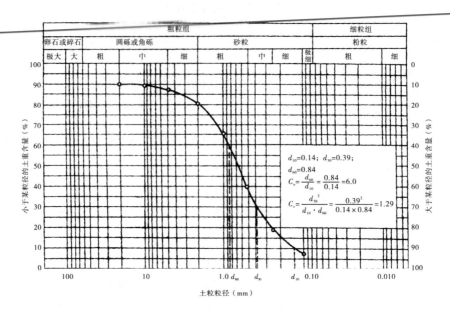

图 5 - 1　土的颗粒级配曲线

且 $C_e = 1 \sim 3$ 时，它是级配良好的，不能同时满足上述条件时，其级配是不好的。其中 C_e 称为土的曲率系数，可表示为

$$C_e = \frac{d_{30}^2}{d_{60} \times d_{10}} \qquad\qquad (5-2)$$

式中　d_{30}——土的颗粒级配曲线上小于某粒径的土粒相对累积含量为 30% 时的粒径。

5.2.2　土中的水和气

5.2.2.1　土中的水

（1）矿物成分水

矿物成分水存在于矿物晶体格架内部，又称矿物内部结合水。在常温条件下，矿物成分水不能以分子形式析出，属于固体相部分，它们对工程地质性质的影响不明显。在高温条件下，则可以从原来矿物中析出，并形成新矿物。此时，土的性质也随着变化。

（2）孔隙水

孔隙水，即存在于孔隙中的水，可分为固态水、液态水和气态水。其中，液态水对土的性质影响最大，类型最复杂，按其与土粒的相互作用情况，又可分为结合水和非结合水，结合水按其结合程度的强弱又可分为强结合水和弱结合水，非结合水则分为毛细水和重力水。

1）液态水

①结合水　由于固体表面对水分子有很大的吸引力，在土粒周围吸附着一层很薄的水膜，此水膜即结合水。结合水膜同土粒之间的结合力很大，以致此水膜的运动不受重力的影响。黏性土中结合水较丰富。

②重力水　存在于土粒间的孔隙中，不受土粒吸引，在重力作用下能自由运动，故称自由水，是在砂、砾石中最常见的地下水。

③毛细水　是一种过渡类型的水，存在于细微的毛细孔隙中（孔径 0.5 ～ 0.02mm），由

于毛细管作用能上升一定高度。这种水常在地下水面以上，含粉粒较多的黏性土和砂土中较常见，使砂土只有微弱的连接。但在砂土饱水或干燥后，连接便消失。

2）固态水

固态水就是冰，以冰夹层、冰透镜体和细小冰晶等形式存在于土中，并将土粒胶结起来形成冻土，提高土的强度。但解冻后，其强度往往低于结冰前的强度。

3）气态水

气态水以水汽状态存在，严格地讲属于土的气相部分。气态水在气压差作用下，从压力大的地方向压力小的地方运动。土孔隙中的气态水和液态水在一定温度、压力下保持某种平衡。若压力不变，温度升高时，一部分液态水蒸发成气态水；温度降低时，一部分气态水又凝结成液态水。

5.2.2.2　土中的气

在非饱和的土体孔隙中，除水之外，还存在着气体。土中的气体可分为与大气相通的自由气体和与大气隔绝的封闭气泡两种，前者的成分与大气完全相同，在外荷载作用于土体时很快从土孔隙中逸出，一般对工程的影响不大；后者的成分可能是空气、水汽或天然气或其他气体等，在压力作用下可被压缩或溶于水中，压力减小时又能复原，对土体的性质有一定的影响，它的存在可使土体的渗透性减小、弹性增大，延缓土体的变形随时间的发展过程。

5.2.3　土的冻胀机理

在大气低温的影响下，地层的温度也会随着降低，当地层温度降至0℃以下，土体便会因土中水结冰而变为冻土。某些细粒土会在土中水冻结时发生明显的体积膨胀，亦称为土的冻胀现象；地层温度回升时，冻胀土又会因为土中水的消融而产生明显的体积收缩，导致地面产生融陷。

土体发生冻胀的机理除土中水结冰后体积增大是其直接原因以外，更主要的还在于土层冻结过程中非冻结区的水分向冻结区的不断迁移和聚积。

土中的弱结合水外层在约 -0.5℃便开始冻结，越靠近土粒表面，水的冰点越低。当大气负温传入土中后，土中的自由水首先开始结冰，成为冰晶体；温度的进一步下降致使部分弱结合水参与冻结，从而使颗粒的电场力增大；颗粒电场力的增强促使非冻结区的水分通过毛细作用向冻结区迁移，以满足颗粒周围的电场平衡；部分弱结合水再次参与冻结使颗粒的电场平衡再次被打破，并导致非冻结区的水分继续向冻结区迁移；如此不断循环，致使冻结区的冰晶体不断扩大，非冻结区的水分大量向冻结区聚积，造成冻结区土体产生明显的冻胀现象。

当土层解冻时，冰晶体融化，多余的水分通过毛细孔隙向非冻结区扩散，或在重力作用下向下部土体渗流，冻土又出现了融陷现象。

影响土冻胀性大小的因素共有三个方面：其一是土的种类。冻胀常发生在细粒土中，特别是粉土、粉质砂土和粉质黏土等，冻结时水分的迁移聚积最为强烈，冻胀现象严重。这是因为这类土的颗粒表面能大，电场强，能吸附较多的结合水，从而在冻结时发生水分向冻结区的大量迁移和积聚；此外这类土的毛细孔隙通畅，毛细作用显著，毛细水上升高度大、速度快，为水分向冻结区的快速、大量迁移创造了条件。而黏性土虽然颗粒表面能更大，电场更强，但由于其毛细孔隙小、封闭气体含量多，对水分迁移的阻力大，水分迁移的通道不通畅，结冰面向下推移速度快，因而其冻胀性较上述粉质土为小。影响土冻胀性的第二个因素是土中水的条件。当地下水位高，毛细水为上升毛细水时，土的冻胀性就严重；而如果没有地下水的不断补给，悬挂毛细水含量有限时，土的冻胀性必然弱一些。最后是温度的影响。如果气温骤然降低且冷却强度很大时，土体中的冻结面就会迅速向下推移，毛细通道被冰晶体所堵塞，冻结区积聚的水分量少，土的冻胀性就会明显减弱。反之，若气温下降缓慢，负温持续时间长，冻结区积聚的水分量大、冰夹层厚，则土的冻胀性又会增强。工程中可针对上述影响因素，采取相应的防治冻胀措施。

5.2.4 土的结构和构造

土粒的结构是指由土粒的大小、形状、相互排列及其联结关系等形成的综合特征。它是在成土过程中逐渐形成的，与土的矿物成分、颗粒形状和沉积条件等有关，对土的工程性质有重要影响。土的结构一般分为单粒结构、蜂窝结构和絮状结构三种基本类型，见图 5 - 2。

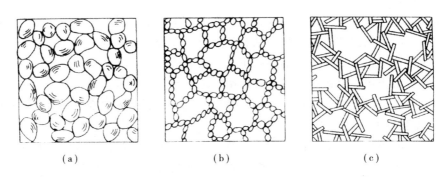

图 5 - 2　土的结构示意图
（a）单粒结构；（b）蜂窝结构；（c）絮状结构

5.2.4.1 单粒结构

土在沉积过程中，较粗的岩屑和矿物颗粒在自重作用下沉落，每个土粒都为已经下沉稳定的颗粒所支承，各土粒相互依靠重叠，构成单粒结构。其特点是土粒间为点接触，或较密实，或疏松。疏松状态的单粒结构土在外荷载作用下，特别是在振动荷载作用下会使土粒移向更稳定的位置而变得比较密实。密实状态的单粒结构土压缩性小、强度大，是良好的地基地层。

5.2.4.2 蜂窝结构

蜂窝结构是主要由粉粒（0.05～0.005mm）所组成的土的典型结构形式。较细的土粒在自重作用下沉落时，碰到别的正在下沉或已经下沉的土粒，由于土粒细而轻，粒间接触点处的引力阻止了土粒的继续下沉，土粒被吸引着不再改变其相对位置，逐渐形成了链环状单元；很多这样的单元联结起来，就形成了孔隙较大的蜂窝状结构。蜂窝结构的土中，单个孔隙的体积一般远大于土粒本身的尺寸，孔隙的总体积也较大，沉积后如果未曾受到较大的上覆土压力作用，作地基时可能产生较大的沉降。

5.2.4.3 絮状结构

微小的黏粒主要由针状或片状的黏土矿物颗粒所组成，土粒的尺寸极小，重量也极轻，靠自身重量在水中下沉时，沉降速度极为缓慢，且有些更细小的颗粒已具备了胶粒特性，悬浮于水中作分子热运动；当悬浮液发生电解时（例如河流入海时，水离子浓度的增大），土粒表面的弱结合水厚度减薄，运动着的黏粒相互聚合（两个土颗粒在界面上共用部分结合水），以面对边或面对角接触，并凝聚成絮状物下沉，形成絮状结构。在河流下游的静水环境中，细菌作用时形成的菌胶团也可使水中的悬浮颗粒发生絮凝而沉淀。所以絮状结构又被称为絮凝结构。絮状结构的土中有很大的孔隙，总孔隙体积比蜂窝结构的更大，土体一般十分松软。

5.2.4.4　土的构造

在一定的土体中，结构相对均一的土层单元体的形态和组合特征，称之为土的构造。它同样也包括土层单元体的大小、形状、排列和相互关系等方面。单元体的分界面称结构面或层面。单元体的形状多为层状、条带状和透镜状，界面形态有平直的，也有波状起伏的。单元体的大小通常用厚度和延伸长度来表示。

土的构造是土在形成及变化过程中，与各种因素发生复杂的相互作用而形成的。所以每种成因类型的土，大都有特殊的构造。例如，残积土中不存在层面，它与下部基岩往往呈渐变关系，没有明显的分界面；洪积土体由山口至平原（盆地）颗粒由粗粒逐渐变细，层厚逐渐变小且有透镜体出现；冲积土体呈现"二元结构"，且有交错层、冲刷面和透镜体等；湖积土体呈薄层状构造。

由于土层沉积时间延续的长短不同，使土体中土层单元的厚薄不一。如果土体由厚度较大且岩性不同的土层单元体相互叠置，称为互层状构造。如以厚度较大的与很小的单层组成时，称夹层构造。而当土体全由厚度很小的土层组成时，则称之为纹层状构造，这种构造常见于水流缓慢或静水环境下的河、湖相细粒土和细砂土中。

巨粒土和粗粒土构造主要是上述的原生构造。但在细粒土中除原生构造外，还常具有次生构造。细粒土的次生构造，是在土层形成后经成壤作用形成的，主要有结核状、团块状等构造。此外细粒土中因胀缩作用、新构造和卸荷作用等，还会发育各种不同的裂隙。这些裂隙导致土体完整性的破坏，强度降低而变形，透水性增强，且造成土体工程性质的各向异性。

5.3　土的物理性质指标

由固体、液体和气体三相物质组成的土体，其各组分在体积、质量或重量上的比值，反映了土的许多基本物理性质，而且在一定程度上间接反映了土的力学性质，我们称其为土的物理性质指标，也有称为土的三相比例指标。土物理性质指标的确定是工程地质勘察工作必不可少的任务。土中的三相物质本来是交错分布的，为了便于标记和阐述，我们将其三相物质抽象地分别集合在一起，构成一种理想的三相图，如图 5-3 所示。图中符号的意义如下：

（1）m_s——土粒质量；

（2）m_w——土中水的质量；

（3）m_a——空气的质量，假定为零；

（4）m——土的总质量，$m = m_s + m_w$；

（5）V_s——土粒体积；

（6）V_w——土中水的体积；

（7）V_a——土中气体体积；

（8）V_v——土中孔隙的体积，$V_v = V_w + V_a$；

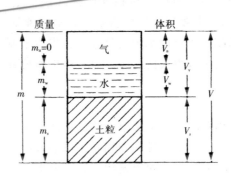

图 5-3 土的三相组成示意图

（9）V——土的总体积，$V = V_v + V_s$。

土的三相比例指标很多，其中有三个指标是由试验实测得来，称为土的实测物理性质指标，其余各指标皆可由这三项实测指标换算求得。

5.3.1 土的实测物理性质指标

土的实测物理性质指标有土粒相对密度、土的含水量和土的密度，其中，土粒相对密度，用比重瓶法进行测定；土的含水量一般用烘干法测定，现场可用炒土法测定，当工程急需时，还可用烧土法进行测定；土的密度一般用环刀法测定。具体测试方法可参见有关的土工试验规程。

5.3.1.1 土粒相对密度

土粒相对密度是指土粒的质量与一个标准大气压下同体积4℃的纯水质量之比（为无量纲量），即

$$d_s = \frac{m_s}{V_s} \cdot \frac{1}{\rho_{w1}} = \frac{\rho_s}{\rho_{w1}} \qquad (5-3)$$

式中 d_s——土粒相对密度；

   ρ_s——土粒密度（g/cm³ 或 t/m³）；

   ρ_{w1}——纯水在一个大气压下4℃时的密度（1g/cm³ 或 1 t/m³）。

其余符号同前。

土粒相对密度主要取决于土的矿物成分，也与土的颗粒大小有一定关系。其数值一般为 2.6～2.8；土中有机质含量增大时，土粒相对密度明显减小（例如泥炭土的土粒相对密度为 1.5～1.8）。由于同类土的土粒相对密度变化幅度很小，加之土粒相对密度的测试方法要求严，容易出现测试误差，所以工程中常按地区经验来选取土粒相对密度。表 5-2 可供参考。

表 5-2 土粒相对密度参考值

土的名称	砂　土	粉　土	黏性土	
			粉质黏土	黏　土
土粒相对密度	2.65～2.69	2.70～2.71	2.72～2.73	2.74～2.76

5.3.1.2 土的含水量

土体中水相物质（液态水和冰）的质量与土粒质量的百分比被称为土的含水量，即

$$w = \frac{m_w}{m_s} \times 100\% \qquad (5-4)$$

式中　w——土的含水量。

　　土的含水量是反映土的干湿程度的指标之一，具体表明土体中水相物质的含量多少。含水量的变化对黏性土等一类细粒土的力学性质有很大影响，一般说来，同一类土（细粒土）的含水量愈大，土愈湿愈软，作为地基时的承载能力愈低。天然土体的含水量变化范围很大，我国西北地区由于降水量少，蒸发量大，沙漠表面的干砂含水量为零，一般的干砂，含水量也接近于零；而饱和的砂土含水量可高达 40%；在我国沿海软黏土地层中，土体含水量可高达 60% ~ 70%，云南某地的淤泥和泥炭土含水量更是高达 270% ~ 299%。

　　土的三相物质中除颗粒一相外，其余两相经常随气候和季节而发生变化，因此含水量是用相对不变的颗粒质量做分母而不是用土的总质量做分母。

5.3.1.3　土的密度

　　天然状态下，单位体积土体的质量（包含土体颗粒的质量和孔隙水的质量，气体的质量一般忽略不计）称为土的密度，用符号 ρ 表示。其单位为 g/cm³ 或 t/m³，数学表达式为

$$\rho = \frac{m}{V} \qquad (5-5)$$

　　天然状态下，土的密度变化范围较大，这除与土的紧密程度有关外，还与土体中含水量的多少有关。一般情况下，土密度的变化范围为 1.6 ~ 2.2g/cm³；腐殖土的密度较小，常为 1.5 ~ 1.7g/cm³ 甚至更小（前述云南某地的淤泥最小密度为 1.1 ~ 1.2g/cm³）。

5.3.2　土的换算物理性质指标

5.3.2.1　土的孔隙比 e 和孔隙率 n

　　土的孔隙比是土体中的孔隙体积与土颗粒体积之比，即

$$e = \frac{V_v}{V_s} \qquad (5-6)$$

　　土的孔隙率又称土的孔隙度，是指土中孔隙体积与土的总体积的百分比。即

$$n = \frac{V_v}{V} \times 100\% \qquad (5-7)$$

　　土体的孔隙比是土体的一个重要物理性质指标，可以用来评价土体的压缩特性，一般 $e < 0.6$ 的土是密实的低压缩性土；$e > 1.0$ 的土是疏松的高压缩性土。

　　孔隙率和孔隙比都是用以反映土中孔隙含量多少的物理量，但孔隙率直观也更易被人们接受，比如说 $n = 40\%$，则明确表示土体中有 40% 的体积是孔隙、其余的 60% 是固体颗粒。但若要进行土的变形分析，土体孔隙的体积会随作用力的变化而发生改变，土的总体积也随之发生变化，用孔隙率 n 进行受力前后的孔隙对比就显得有些困难，而用分母固定的孔隙比就要方便得多，这就是工程变形计算中常用孔隙比而很少用到孔隙率的原因。

5.3.2.2　土的饱和度

　　在土中，被水所充填的孔隙体积与孔隙总体积的百分比称为土的饱和度，用符号 S_r 表示。其表达式为

$$S_r = \frac{V_w}{V_v} \times 100\% \qquad (5-8)$$

同含水量一样，土的饱和度也使用以反映土体含水情况的物理性质指标，但两者的差别在于含水量反映的是土体中液态水的含量多少；而饱和度则是用以反映土体中孔隙被水所充填的程度。砂性土根据饱和度大小可分为稍湿（$S_r \leqslant 50\%$）、很湿（$50\% < S_r \leqslant 80\%$）与饱和（$S_r > 80\%$）三种湿度状态。此处的饱和是一种工程意义上的饱和，即是一种湿度状态，这种概念有时也被借用到其他种类土中去，为了和真正理想的饱和状态（$S_r = 100\%$）相区别，人们口头上又称 $S_r = 100\%$ 的含水状态为完全饱和状态。

5.3.2.3 土的其他密度指标

土的其他密度指标还有土的干密度、饱和密度和浮密度。

单位体积土体中固体颗粒部分的质量称土的干密度，也可将其理解为单位体积的干土质量，用符号 ρ_d 表示，其单位为 g/cm^3，表达式为

$$\rho_d = \frac{m_s}{V} \tag{5-9}$$

土的饱和密度是指单位体积的饱和土体（$S_r = 100\%$）质量，用符号 ρ_{sat} 表示，单位同密度。其表达式如下

$$\rho_{sat} = \frac{m_s + V_v \rho_w}{V} \tag{5-10}$$

式中 ρ_w——水的密度，实用上取 $\rho_w = \rho_{w1} = 1 g/cm^3$。

土的浮密度也称土的有效密度，是指单位体积土体中土颗粒质量与同体积的水质量的差值，用符号 ρ' 表示，单位同密度。其表达式如下

$$\rho' = \frac{m_s - V_s \rho_w}{V} \tag{5-11}$$

土的干密度除与土粒相对密度有关外，更主要的是受土体中孔隙多少的影响。因为土粒相对密度一般变化范围很小（一般为 $2.6 \sim 2.8$），所以干密度大的土体，其孔隙也就少一些，因此工程上过去常用干密度作为评定土密实程度的标准；土的饱和密度和浮密度无什么实际工程意义，但与它们对应的重度指标则是土力学中的重要物理量。同一种土在体积不变的条件下，各密度指标有如下关系

$$\rho' < \rho_d \leqslant \rho \leqslant \rho_{sat} \tag{5-12}$$

当天然土体处于绝对干燥状态时，$\rho_d = \rho$；而当天然土体处于完全饱和状态时，$\rho = \rho_{sat}$，但土的饱和密度大于土的干密度。

5.3.2.4 土的各重度指标

在土的自重应力分析中必须涉及土的重力密度（即土的重度）。土的各重度指标为土的各相应密度指标与重力加速度的乘积。即：$\gamma' = \rho' g$、$\gamma_d = \rho_d g$、$\gamma = \rho g$、$\gamma_{sat} = \rho_{sat} g$，它们分别称为：土的浮重度（也称土的有效重度）、土的干重度、土的重度（或土的天然重度），土的饱和重度，单位都为 kN/m^3。工程实用上取重力加速度 g 为 $10m/s^2$，水的重度取 10 kN/m^3。

5.3.3 土的物理性质指标换算

如上所述，土粒相对密度、土的含水量和土的密度是土的实测物理性质指标，其余各指标皆为换算指标，即土的换算指标可以由其实测指标通过数学推演而获得。

有关土的物理性质指标的各种换算公式见表 5-3。

表 5 – 3　土的三相比例指标换算公式

名　称	符号	三相比例指标	常用换算公式	单位	常见的效值范围
土粒相对密度	d_s	$d_s = \dfrac{m_s}{V_s}\dfrac{1}{\rho_{w1}} = \dfrac{\rho_s}{\rho_{w1}}$	$d_s = \dfrac{S_r e}{w}$	—	黏性土：2.72 ~ 2.75 粉土：2.70 ~ 2.71 砂类土：2.65 ~ 2.69
含水量	w	$w = \dfrac{m_w}{m_s} \times 100\%$	$w = \dfrac{S_r e}{d_s} = \dfrac{\rho}{\rho_d} - 1$	—	20% ~ 60%
密　度	ρ	$\rho = \dfrac{m}{V}$	$\rho = \rho_d\,(1 + w)$ $\rho = \dfrac{d_s\,(1 + w)}{1 + e}\rho_w$	g/cm³	1.6 ~ 2.0
干密度	ρ_d	$\rho_d = \dfrac{m_s}{V}$	$\rho_d = \rho / (1 + w)$ $\rho_d = \dfrac{d_s}{1 + e}\rho_w$	g/cm³	1.3 ~ 1.8
饱和密度	ρ_{sat}	$\rho_{sat} = \dfrac{m_s + V_v\rho_w}{V}$	$\rho_{sat} = \rho' + \rho_w$ $\rho_{sat} = \dfrac{d_s + e}{1 + e}\rho_w$	g/cm³	1.8 ~ 2.3
重度	γ	$\gamma = \dfrac{mg}{V}$	$\gamma = \dfrac{d_s\,(1 + w)}{1 + e}\gamma_w$	kN/m³	16 ~ 20
干重度	γ_d	$\gamma_d = \dfrac{m_s g}{V}$	$\gamma_d = \dfrac{d_s}{1 + e}\gamma_w$	kN/m³	13 ~ 18
饱和重度	γ_{sat}	$\gamma_{sat} = \dfrac{m_s + V_v\rho_w g}{V}$	$\gamma_{sat} = \dfrac{d_s + e}{1 + e}\gamma_w$	kN/m³	18 ~ 23
孔隙比	e	$e = \dfrac{V_v}{V_s}$	$e = \dfrac{d_s\,(1 + w)}{\rho}\rho_w - 1$	—	黏性土和粉土：0.40 ~ 1.20 砂类土：0.30 ~ 0.90
孔隙率	n	$n = \dfrac{V_v}{V} \times 100\%$	$n = \dfrac{e}{1 + e}$	—	黏性土和粉土：30% ~ 60% 砂类土：25% ~ 60%
饱和度	S_r	$S_r = \dfrac{V_w}{V_v} \times 100\%$	$S_r = \dfrac{d_s w}{e}$ $S_r = \dfrac{w\rho_d}{n\rho_w}$	—	0 ~ 100%

5.3.4　无黏性土的特性

土的前述各物理性质指标确定以后，要说明土的某些状态，还应解决其他一些问题。例如对无黏性土，什么样的无黏性土是属于松疏的、什么样的是密实的；对黏性土，它的可塑性如何？含水量变化时，它的物理状态如何变化等。

无黏性土包括碎石、砾石和砂类土等单粒结构的土。无黏性土的密实程度与其工程性质有着密切的关系，呈密实状态的无黏性土其强度较大，可以作为良好的天然地基；而处于疏松状态的无黏性土其承载能力小、受荷载作用压缩变形大，是不良的地基地层，在其上修筑建、构筑物时，应对其采用合适的方法进行适当处理。

通常用来衡量无黏性土密实程度的物理量有两个：一个是孔隙比；另一个是无黏性土的

相对密度。用孔隙比对无黏性土的密实程度划分结果见表 5 - 4。

表 5 - 4　用孔隙比判断无黏性土的密实度

土 的 名 称	土 的 密 实 度			
	密　实	中　密	稍　密	松　散
砾砂、粗砂、中砂	$e < 0.6$	$0.6 \leqslant e \leqslant 0.75$	$0.75 < e \leqslant 0.85$	$e > 0.85$
细砂、粉砂	$e < 0.7$	$0.7 \leqslant e \leqslant 0.85$	$0.85 < e \leqslant 0.95$	$e > 0.95$

用孔隙比来判断无黏性土的密实度虽然简便，而且对同一种土，孔隙比小的相对一定较密实，似乎用其作判据，意义也十分明了，但是对不同的无黏性土，特别是定名相同而级配不同的无黏性土，用孔隙比作其密实度判据时，常会产生下述问题：颗粒均匀、级配不良的某无黏性土在一定外力作用下可能已经不能进一步被压缩了（已经达到了其最密实状态），但与其定名相同、级配良好、孔隙比与之相比较小的无黏性土却又有可能在该外力作用下被进一步压实（该土并未达到最密实状态）。显然用孔隙比作密实度判据时无法正确反映此类情况下无黏性土的密实状态，为此人们又引入了无黏性土的相对密度来判断无黏性土的密实程度。无黏性土的相对密度涉及无黏性土的最大孔隙比和最小孔隙比等概念。

无黏性土的最大孔隙比是指无黏性土处于最松散状态时所具有的孔隙比，用 e_{max} 表示，用松砂器法测定；无黏性土的最小孔隙比是指无黏性土处于最紧密状态时所具有的孔隙比，用 e_{min} 表示，用振密法测定。最大孔隙比和最小孔隙比的测试方法可参见有关的土工试验规程。

无黏性土的相对密度是指无黏性土的最大孔隙比与其天然孔隙比的差值和最大孔隙比与最小孔隙比的差值之比，用符号 D_r 表示，其数学表达式如下

$$D_r = \frac{e_{max} - e}{e_{max} - e_{min}} \tag{5 - 13}$$

D_r 愈大，无黏性土愈密实，因此可用其作为无黏性土密实度的判定准则。我国铁道部《铁路工程技术规范》以及公路桥涵、地基基础设计规范等均规定，$D_r > 0.67$ 时，无黏性土为密实的；$0.33 < D_r \leqslant 0.67$ 时为中密的；$0.20 < D_r \leqslant 0.33$ 时为稍密的；$D_r \leqslant 0.20$ 时为极松状态。

用相对密度划分无黏性土的密实程度虽然在概念上非常合理，但由于在实际工程中具体操作时难以取得无黏性土的原状试样，亦即难于确定其天然孔隙比，因此其应用就受到了一定限制。所以工程上还经常采用标准贯入试验、静力触探试验等原位测试方法来划分无黏性土的密实度，有关的试验方法将在工程地质勘探方法中介绍。

5.3.5　黏性土的特性

这里黏性土的含义是指具有内聚力的所有细粒土，包括粉土、粉质黏土和黏土。工程实践表明，黏性土的含水量对其工程性质影响极大。当黏性土的含水量小于某一限度时，结合水膜变得很薄，土颗粒靠得很近，土颗粒间粘结力很强，土就处于坚硬的固态；含水量增大到某一限度值时，随着结合水膜的增厚，土颗粒间联结力减弱，颗粒距离变大，土从固态变为半固态；含水量再增大，结合水膜进一步增厚，土就进入了可塑状态；再进一步增加含水量，土中开始出现自由水，自由水的存在进一步减弱了颗粒间的联结能力，当土中自由水含量增达到一定程度后，土颗粒间的联结力丧失，土就进入了流动状态。

前述土的含水状况指标 w 和 S_r 虽能反映土体中含水量的多少和孔隙的饱和程度，却无

法很好反映土体随含水量的增加从固态到半固态、从半固态到可塑状态、再从可塑状态最终进入流动状态（或称流塑状态）的物理特征变化过程，因此有必要引入界限含水量的概念以确定土的含水状态特征。

5.3.5.1 土的界限含水量

土的界限含水量是土由一种含水状态过渡到另一种状态时的含水量分界值。1911 年，阿太堡（Atterberg）研究提供了一种简单的试验技术以量测土的液限和塑性；1932 年，卡萨格兰德（Casagrande）研制了标准的液限仪（碟式液限仪）；1940 年人们开始用液限和塑性指数作为土分类的基础，所以土的界限含水量也称为阿太堡界限，有液限、塑限和缩限之分。

（1）液限 w_L

土的液限是指土从流动状态向可塑状态过渡、或从可塑状态向流动状态过渡时的界限含水量，用符号 w_L 表示。

（2）塑限 w_p

土由可塑状态向有一定脆性的半固态过渡时的界限含水量称为土的塑限，用符号 w_p 表示。

（3）缩限 w_s

在半固态，随着含水量的不断减小，土中的弱结合水含量也随之减少，土的颗粒会逐渐靠近、体积逐渐收缩，当体积不再收缩时，我们称土体进入了固态；从固态增加含水量，一开始土的体积不变，但当含水量增大到一定程度后，进一步增加含水量时，土中的弱结合水含量随之增多，土颗粒的距离开始增大、体积逐渐膨胀，土体从固态进入半固态。缩限即是土体固态和半固态的界限含水量。

在上述三种界限含水量中，液限和缩限的概念清楚，容易解释；但塑限却难以给出一个精确的物理概念，太沙基（Terzaghi）1925 年给出的概念是，当含水量降低到塑限以下时，土的孔隙中不再有自由水了；密切尔（Mitchell）1976 年得出的结论是："不管土的结构情况和粒间力的性质如何，塑限是当土内表现出塑性性能时含水量范围的下限。这就是说，在塑限之上、可塑性范围之内，土的变形是没有体积变化或产生裂纹。以及将保持它的已有变形形状。"

5.3.5.2 黏性土的塑性指数和液性指数

土的塑性指数是土的液限和土的塑限各自省去百分号后的差值，该指标用以表述土处于可塑状态时，含水量变化范围的大小，用符号 I_p 表示，其数学表达式为

$$I_p = w_L - w_p \tag{5-14}$$

I_p 越大，土的塑性也越大。土的塑性也是区分黏性土和砂性土的一个重要标志。一般地讲，土的颗粒越细、细颗粒的含量越多，土的塑性（或塑性指数）也就越大。工程上以土的塑性指数作为黏性土分类的重要依据。

黏性土的液性指数是指其天然含水量与塑限的差值和液限与塑限的差值的比值，用符号 I_L 来表示，即

$$I_L = \frac{w - w_p}{w_L - w_p} = \frac{w - w_p}{I_p} \tag{5-15}$$

黏性土的液性指数是用来反映黏性土软硬程度的指标，从其表达式中可见，当土的天然

含水量小于其塑限时，$I_L < 0$，天然土处于坚硬状态（固态或半固态）；当土的天然含水量大于其液限时，$I_L > 1.0$，天然土处于流动状态；而当 I_L 在 $0 \sim 1.0$ 之间变化时，则天然土处于可塑状态。

5.4 土的工程分类

土是自然地质的历史产物，土的矿物、成因、沉积环境、沉积历史等不同时，土的性质差异很大。为了能在工程建设中大致地判断土的基本工程属性，合理地选择土性研究的内容和方法，又能使科学研究及工程技术人员在技术交流活动中对土有共同的概念和认识，有必要对土进行科学的分类。

对土进行分类的任务就是根据分类用途和土的各种性质差异，将土划分成一定的类别。而分类的意义在于通过土的类别，工程人员就可以方便地判断其基本的工程特性；评价其作为建筑材料或地基时的适宜性；结合其他指标来确定地基土的承载能力；同时便于科学研究及工程技术人员进行学术及成果交流。

5.4.1 土按颗粒级配的分类

根据土颗粒的形状、级配或塑性指数可将土划分为碎石类土、砂类土、粉土和黏性土。

5.4.1.1 碎石类土

根据土颗粒的形状和颗粒级配的分类如表 5-5。

表 5-5 碎石类土的划分

土 的 名 称	颗 粒 形 状	土的颗粒级配
漂石土	浑圆或圆棱状为主	粒径大于 200mm 的颗粒超过总质量的 50%
块石土	尖棱状为主	
卵石土	浑圆或圆棱状为主	粒径大于 20mm 的颗粒超过总质量的 50%
碎石土	尖棱状为主	
圆砾土	浑圆或圆棱状为主	粒径大于 2mm 的颗粒超过总质量的 50%
角砾土	尖棱状为主	

注：定名时应根据粒径分组，由大到小，以最先符合者确定。

5.4.1.2 砂类土

砂类土的分类如表 5-6。

表 5-6 砂类土的划分

土的名称	土的颗粒级配
砾 砂	粒径大于 2mm 颗粒的质量占总质量的 25% ~ 50%
粗 砂	粒径大于 0.5mm 颗粒的质量超过总质量的 50%
中 砂	粒径大于 0.25mm 颗粒的质量超过总质量的 50%
细 砂	粒径大于 0.075mm 颗粒的质量超过总质量的 85%
粉 砂	粒径大于 0.075mm 颗粒的质量超过总质量的 50%

5.4.1.3　粉土

塑性指数小于或等于 10，且粒径大于 0.075mm 颗粒的质量不超过全部质量的 50% 的土，定名为粉土。

5.4.1.4　黏性土

根据土的塑性指数划分为粉质黏土和黏土，见表 5－7。

表 5－7　黏性土软硬程度的划分

状态特征	坚硬	硬塑	可塑	软塑	流动
液性指数	$I_L \leq 0$	$0 < I_L \leq 0.25$	$0.25 < I_L \leq 0.75$	$0.75 < I_L \leq 1.0$	$I_L > 1.0$

5.4.2　根据土的特殊性进行分类

根据土中特殊物质的含量、结构特征及特殊的工程性质等可将特殊土划分为黄土、红黏土、膨胀土、软土、盐渍土、多年冻土、填土等。

5.5　特殊土的主要工程性质

5.5.1　黄土

5.5.1.1　黄土的特征及分布

黄土是以粉粒为主，含碳酸盐，具大孔隙，质地均一，无明显层理而有显著垂直节理的黄色陆相沉积物。

典型黄土具备以下特征：

（1）颜色为淡黄、褐黄和灰黄色。

（2）以粉土颗粒（0.075～0.005mm）为主，约占 60%～70%。

（3）含各种可溶盐，主要富含碳酸钙，含量达 10%～30%，对黄土颗粒有一定的胶结作用，常以钙质结核的形式存在，又称姜石。

（4）结构疏松，孔隙多且大，孔隙度达 33%～64%，有肉眼可见的大孔隙、虫孔、植物根孔等。

（5）无层理，具柱状节理和垂直节理，天然条件下稳定边坡近直立。

（6）具有湿陷性。

具备上述六项特征的黄土是典型黄土，只具备其中部分特征的黄土称为黄土状土，两者的特征列于表 5－8。

表 5－8　黄土和黄土状土的特征

特征\名称		黄　土	黄　土　状　土
外部特征	颜色	淡黄色为主，还有灰黄、褐黄色	黄色、浅棕黄色或暗灰褐黄色
	结构构造	无层理，有肉眼可见这大孔隙及由生物根茎遗迹形成之管状孔隙，常被钙质或泥填充，质地均一，松散易碎	有层理构造、粗粒（砂粒或细砾）形成的夹层或透镜体，黏土组成微薄层理，可见大孔较少，质地不均一
	产状	垂直节理发育，常呈现大于 70° 的边坡	有垂直节理但延伸较小，垂直陡壁不稳定，常成缓坡

续表 5－8

特征＼名称		黄　土	黄 土 状 土
物质成分	粒度成分	粉土粒为主（0.075～0.005mm），含量一般大于60%；大于0.25mm的颗粒几乎没有。粉粒中0.075～0.01mm的粗粉粒占50%以上，颗粒较粗	粉土粒含量一般大于60%，但其中粗粉粒小于50%；含少量大于0.25mm或小于0.005mm的颗粒有时可达20%以上；颗粒较细
	矿物成分	粗粒矿物以石英、长石、云母为主，含量大于60%；黏土矿物有蒙脱石、伊利石、高岭石等；矿物成分复杂	粗粒矿物以石英、长石、云母为主，含量小于50%；黏土矿物含量较高，仍以蒙脱石、伊利石、高岭石为主
	化学成分	以 SiO_2 为主，其次为 Al_2O_3、Fe_2O_3，富含 $CaCO_3$，并有少量 $MgCO_3$ 及少量易溶盐类如 NaCl 等，常见钙质结核	以 SiO_2 为主，Al_2O_3、Fe_2O_3 次之，含 $CaCO_3$、$MgCO_3$ 及少量易溶盐 NaCl 等，时代老的含碳酸盐多，时代新的含碳酸盐少
物理性质	孔隙度	高，一般大于50%	较低，一般小于40%
	干密度	较低，一般为 $1.4g/cm^3$ 或更低	较高，一般为 $1.4g/cm^3$ 以上，可达 $1.8g/cm^3$
	渗透系数	一般为 0.6～0.8m/d 有时可达 1m/d	透水性小，有时可视为不透水层
	塑性指数	10～12	一般大于12
	湿陷性	显著	不显著，或无湿陷性
成岩作用程度		一般固结较差，时代老的黄土较坚固，称为石质黄土	松散沉积物，或有局部固结
成　因		多为风成，少量水成	多为水成

黄土分布广泛，在欧洲、北美、中亚等地均有分布，在全球分布面积达 $13 \times 10^6 km^2$，占地球表面的 2.5%以上。我国是黄土分布面积最大的国家，总面积约 $64 \times 10^4 km^2$。西北、华北、山东、内蒙及东北等地均有分布。黄河中游的陕、甘、宁及山西、河南等省黄土面积广、厚度大，属黄土高原。

5.5.1.2　黄土的成因

黄土按生成过程及特征可划分为风积、坡积、残积、洪积、冲积等成因类型。

（1）风积黄土　分布在黄土高原平坦的顶部和山坡上，厚度大，质地均匀，无层理。

（2）坡积黄土　多分布在山坡坡脚及斜坡上，厚度不均，基岩出露区常夹有基岩碎屑。

（3）残积黄土　多分布在基岩山地上部，由表层黄土及其岩石风化而成。

（4）洪积黄土　主要分布在山前沟口地带，一般有不规则的层理，厚度不大。

（5）冲积黄土　主要分布在大河的阶地上，如黄河及其支流的阶地上。阶地越高，黄土厚度越大，有明显层理，常夹有粉砂、黏土、砂卵石等，大河阶地下部常有厚数米及数十米的砂卵石层。

5.5.1.3　黄土的工程性质

（1）黄土的颗粒成分

黄土中粉粒约占 60%～70%，其次是砂粉和黏粒，各占 1%～29% 和 8%～26%。我国从西向东，由北向南黄土颗粒有明显变细的分布规律。陇西和陕北地区黄土的砂粒含量大于黏粒，而豫西地区黏粒含量大于砂粒。黏土颗粒含量大于 20% 的黄土，湿陷性明显减小或无湿陷性。因此，陇西和陕北黄土的湿陷性通常大于豫西黄土，这是由于均匀分布在黄土骨架中的黏土颗粒起胶结作用，湿陷性减小。

（2）黄土的密度

土粒密度在 $2.54 \sim 2.84 \mathrm{g/cm^3}$ 之间，黄土的密度为 $1.5 \sim 1.8 \mathrm{g/cm^3}$，干密度为 $1.3 \sim 1.6 \mathrm{g/cm^3}$。干密度反映了黄土的密实程度，干密度小于 $1.5 \mathrm{g/cm^3}$ 的黄土具有湿陷性。

（3）黄土的含水量

黄土天然含水量一般较低。含水量与湿陷性有一定关系。含水量低，湿陷性强，含水量增加，湿陷性减弱，当含水量超过 25% 时就不再湿陷了。

（4）黄土的压缩性

土的压缩性用压缩系数 a 表示：

$$a < 0.1 \mathrm{MPa^{-1}} \qquad 低压缩性土$$
$$a = 0.1 \sim 0.4 \mathrm{MPa^{-1}} \qquad 中压缩性土$$
$$a > 0.5 \mathrm{MPa^{-1}} \qquad 高压缩性土$$

黄土多为中压缩性土；近代黄土为高压缩性土；老黄土压缩性较低。

（5）黄土的抗剪强度

一般黄土的内摩擦角 $\phi = 15° \sim 25°$，凝聚力 $c = 30 \sim 40 \mathrm{kPa}$，抗剪强度中等。

（6）黄土的湿陷性和黄土陷穴

天然黄土在一定的压力作用下，浸水后产生突然的下沉现象，称为湿陷。这个一定的压力称为湿陷起始压力。在饱和自重压力作用下的湿陷称为自重湿陷；在自重压力和附加压力共同作用下的湿陷，称为非自重湿陷。

黄土湿陷性评价多采用浸水压缩试验的方法，将原状黄土放入固结仪内，在无侧限膨胀条件下进行压缩试验。当变形稳定后，测出试样高 h_2，再测当浸水饱和、变形稳定后的试样高度 h'_2，计算相对湿陷性因数 δ_s：

$$\delta_s < 0.02 \qquad 非湿陷性黄土$$
$$0.02 \leq \delta_s \leq 0.03 \qquad 轻微湿陷性黄土$$
$$0.03 < \delta_s \leq 0.07 \qquad 中等湿陷性黄土$$
$$\delta_s > 0.07 \qquad 强湿陷性黄土$$

此外，黄土地区常常有天然或人工洞穴，由于这些洞穴的存在和不断发展扩大，往往引起上覆建筑物突然塌陷，称为陷穴。黄土陷穴的发展主要是由于黄土湿陷和地下水的潜蚀作用造成的。为了及时整治黄土洞穴，必须查清黄土洞穴的位置、形状及大小，然后有针对性地采取有效整治措施。

5.5.2　膨胀土

膨胀土是一种富含亲水性黏土矿物，并且随含水量增减，体积发生显著胀缩变形的高塑性黏土。其黏土矿物主要是蒙脱石和伊利石，二者吸水后强烈膨胀，失水后收缩，长期反复多次胀缩，强度衰减，可能导致工程建筑物开裂、下沉、失稳破坏。膨胀土全世界分布广泛，我国是世界上膨胀土分布广、面积大的国家之一，20 多个省市自治区都有分布。我国亚热带气候区的广西、云南等地的膨胀土，与其他地区相比，胀缩性强烈。形成时代自第三纪的上新世（N_2）开始到上更新世（Q_3），多为上更新统地层。成因有洪积、冲积、湖积、坡积、残积等。

5.5.2.1　膨胀土的工程性质

（1）膨胀土多为灰白、棕黄、棕红、褐色等，颗粒成分以黏粒为主，含量在35%～50%以上，粉粒次之，砂粒很少。黏粒的矿物成分多为蒙脱石和伊利石，这些黏土颗粒比表面积大，有较强的表面能，在水溶液中吸引极性水分子和水中离子，呈现强亲水性。

（2）天然状态下，膨胀土结构紧密、孔隙比小，干密度达 $1.6～1.8g/cm^3$，塑性指数为18～23，天然含水量接近塑限，一般为18%～26%，土体处于坚硬或硬塑状态，有时被误认为良好地基。

（3）膨胀土中裂隙发育，是不同于其他土的典型特征，膨胀土裂隙可分为原生裂隙和次生裂隙两类。原生裂隙多闭合，裂面光滑，常有蜡状光泽，次生裂隙以风化裂隙为主，在水的淋滤作用下，裂面附近蒙脱石含量增高，呈白色，构成膨胀土中的软弱面，膨胀土边坡失稳滑动常沿灰白色软弱面发生。

（4）天然状态下膨胀土抗剪强度和弹性模量比较高，但遇水后强度显著降低，凝聚力一般小于 0.05MPa。有的 c 值接近于零，ϕ 值从几度到十几度。

（5）膨胀土具有超固结性。超固结性是指膨胀土在历史上曾受到过比现在的上覆自重压力更大的压力，因而孔隙比小，压缩性低，一旦被开挖外露，卸荷回弹，产生裂隙，遇水膨胀，强度降低，造成破坏。膨胀土固结度用固结比 R 表示：

$$R = p_c / p_0 \qquad\qquad (5-16)$$

式中　　p_c——土的前期固结压力；

　　　　p_0——目前上覆土层的自重压力。

正常土层 $R=1$，超固结膨胀土 $R>1$，如成都黏土 $R=2～4$。成昆铁路的狮子山滑坡就是由成都黏土造成的，施工后强度衰减，导致滑坡。

5.5.2.2　膨胀土的胀缩性指标

常见的膨胀土指标有：

（1）膨胀率（C_{sw}）

在室内试验，C_{sw} 是烘干土在一定压力（p_{sw}）下，而且不允许侧向膨胀的条件下浸水膨胀测定的，膨胀变形仅反映在高度上的变化。C_{sw} 可用下式计算：

$$C_{sw} = \frac{\Delta h}{h_0} \times 100\% = \frac{h - h_0}{h_0} \times 100\% \qquad\qquad (5-17)$$

式中　　h_0——土样原始高度，cm；

　　　　Δh——土样变形后的高度增量，cm；

　　　　h——土样膨胀后的高度，cm。

$C_{sw} > 4\%$，$p_{sw} \geqslant 0.025MPa$ 时为膨胀土。

（2）自由膨胀率（F_s）

自由膨胀率是烘干土粒全部浸水膨胀后增加的体积 ΔV 与原体积 V_0 之比，以百分数表示：

$$F_s = \frac{\Delta V}{V_0} = \frac{V - V_0}{V_0} \times 100\% \qquad (5-18)$$

式中　　V——烘干土样浸水膨胀后的体积。

$F_s \geqslant 40\%$ 为膨胀土。

（3）线缩率（e_{sl}）

饱水土样收缩后高度减小量（$h_0 - h$）与原高度（h_0）之比：

$$e_{sl} = \frac{h_0 - h}{h_0} \times 100\% \qquad (5-19)$$

式中　　h_0——饱水土样高度，cm；

　　　　h——收缩后土样高度，cm。

$e_{sl} \geqslant 50\%$ 时为膨胀土。

5.5.2.3　膨胀土的防治措施

（1）地基的防治措施

1）防水保湿措施　防止地表水下渗和土中水分蒸发，保持地基土湿度稳定，控制胀缩变形。在建筑物周围设置散水坡，设水平和垂直隔水层；加强上下水管道防漏措施及热力管道隔热措施；建筑物周围合理绿化，防止植物根系吸水造成地基土不均匀收缩；选择合理的施工方法，基坑不宜曝晒或浸泡，应及时处理夯实。

2）地基土改良措施　地基土改良的目的是消除或减少土的胀缩性能，常采用：①换土法，挖除膨胀土，换填砂、砾石等非膨胀性土；②压入石灰水法，石灰与水相互作用产生氢氧化钙，吸收周围水分，氢氧化钙与二氧化碳形成碳酸钙，起胶结土粒的作用；③钙离子与土粒表面的阳离子进行离子交换，使水膜变薄脱水，使土的强度和抗水性提高。

（2）边坡的防治措施

1）地表水防护　防止水渗入土体，冲蚀坡面，设截排水天沟、天台纵向排水沟、侧沟等排水系统。

2）坡面加固　植被防护，植草皮、小乔木、灌木，形成植物覆盖层防止地表水冲刷。

3）骨架护坡　采用浆砌片石方形及拱形骨架护坡，骨架内植草效果更好。

4）支挡措施　采用抗滑挡墙、抗滑桩、片石垛等。

5.5.3　软土

5.5.3.1　软土及其特征

软土是天然含水量大、压缩性高、承载力和抗剪强度很低的呈软塑—流塑状态的黏性土。软土是一类土的总称，还可以将它细分为软黏性土、淤泥质土、淤泥、泥炭质土和泥炭等。我国软土分布广泛，主要位于沿海平原地带，内陆湖盆、洼地及河流两岸地区。我国软土成因类型主要有：①沿海沉积型（滨海相、泻湖相、溺谷相、三角洲相）；②内陆湖盆沉积型；③河滩沉积型；④沼泽沉积型。

软土主要是静水或缓慢流水环境中沉积的以细颗粒为主的第四纪沉积物。通常在软土形成过程中有生物化学作用参与，这是因为在软土沉积环境中生长有喜湿植物，植物死亡后遗体埋在沉积物中，在缺氧条件下分解，参与软土的形成。我国软土有下列特征：

（1）软土的颜色多为灰绿、灰黑色，手摸有滑腻感，能染指，有机质含量高时有腥臭味。

（2）软土的颗粒成分主要为黏粒及粉粒，黏粒含量高达 60%～70%。

（3）软土的矿物成分，除粉粒中的石英、长石、云母外，黏土矿物主要是伊利石，高岭石次之。此外软土中常有一定量的有机质，可高达 8%～9%。

（4）软土具有典型的海绵状或蜂窝状结构，其孔隙比大，含水量高，透水性小，压缩性大，是软土强度低的重要原因。

（5）软土具层理构造，软土、薄层粉砂、泥炭层等相互交替沉积，或呈透镜体相间沉积，形成性质复杂的土体。

5.5.3.2 软土的工程性质

（1）软土的孔隙比和含水量

软土的颗粒分散性高，联结弱，孔隙比大，含水量高，孔隙比一般大于 1，可高达 5.8，如云南滇池淤泥，含水量大于液限达 50%～70%，最大可达 300%。沉积年代久，埋深大的软土，孔隙比和含水量降低。

（2）软土的透水性和压缩性

软土孔隙比大，孔隙细小，黏粒亲水性强，土中有机质多，分解出的气体封闭在孔隙中，使土的透水性很差，渗透系数 $k < 10^{-6}$ cm/s；荷载作用下排水不畅，固结慢，压缩性高，压缩系数 $a = 0.7～20$ MPa^{-1}，压缩模量 E_s 为 1～6MPa。软土在建筑物荷载作用下容易发生不均匀下沉和大量下沉，而且下沉缓慢，完成下沉的时间很长。

（3）软土的强度

软土强度低，无侧限抗压强度在 10～40kPa 之间。不排水直剪试验的 $\phi = 2°～5°$，$c = 10～15$kPa；排水条件下 $\phi = 10°～15°$，$c = 20$kPa。所以在确定软土抗剪强度时，应据建筑物加载情况选择不同的试验方法。

（4）软土的触变性

软土受到振动，颗粒联结破坏，土体强度降低，呈流动状态，称为触变，也称振动液化。触变可以使地基土大面积失效，导致建筑物破坏。触变的机理是吸附在土颗粒周围的水分子的定向排列被破坏，土粒悬浮在水中，呈流动状态。当振动停止，土粒与水分子相互作用的定向排列恢复，土强度可慢慢恢复。软土触变用灵敏度 S_τ 表示：

$$S_\tau = \frac{\tau_f}{\tau_f'} \tag{5-20}$$

式中 τ_f——天然结构的抗剪强度；

τ_f'——结构扰动后的抗剪强度。

S_τ 一般为 3～4，个别达 8～9，灵敏度愈大，强度降低愈明显，造成的危害也愈大。

（5）软土的流变性

在长期荷载作用下，变形可延续很长时间，最终引起破坏，这种性质称为流变性。破坏时土强度低于常规试验测得的标准强度。软土的长期强度只有平时强度的 40%～80%。

5.5.3.3 软土的变形破坏和地基加固

（1）软土的变形破坏

软土地基变形破坏的主要原因是承载力低，地基变形大或发生挤出。建筑物变形破坏的主要形式是不均匀沉降，使建筑物产生裂缝，影响正常使用。修建在软土地基上的公路、铁路路堤高度受软土强度的控制，路堤过高，将导致挤出破坏，产生坍塌。如浙江肖穿铁路线，经过厚62m的淤泥层，8m高的桥头路堤一次整体下沉4.3m，坡脚隆起2m，变形范围波及到路堤外56m远。

（2）软土地基的加固措施

软土地基采用以下加固措施：

1）砂井排水　在软土地基中按一定规律设计排水砂井（图5-4），井孔直径多在0.4～2.0m，井孔中灌入中、粗砂，砂井起排水通道作用，加快软土排水固结过程，使地基土强度提高。

2）砂垫层　在建筑物（如路堤）底部铺设一层砂垫层（图5-5），其作用是在软土顶面增加一个排水面。在路堤填筑过程中，由于荷载逐渐增加，软土地基排水固结，渗出的水可以从砂垫层排走。

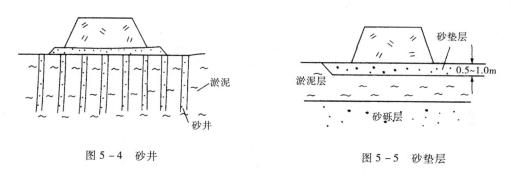

图5-4　砂井　　　　　　　　　　　　　　　图5-5　砂垫层

3）生石灰桩　在软土地基中打生石灰桩的原理是：生石灰水化过程中强烈吸水，体积膨胀，产生热量，桩周围温度升度，使软土脱水压密强度增大。

4）强夯法　是目前加固软土常用的方法之一。强夯法采用10～20t垂锤，从10～40m高处自由落下，夯实土层，强夯法产生很大的冲击能，使软土迅速排水固结，加固深度可达11～12m。

5）旋喷注浆法　将带有特殊喷嘴的注浆管置入软土层的预定深度，以20MPa左右压力高压喷射水泥砂浆或水玻璃和氯化钙混合液，强力冲击土体，使浆液与土搅拌混合，经凝结固化，在土中形成固结体，形成复合地基。提高地基强度，加固软土地基。

6）换填土　将软土挖除，换填强度较高的黏性土、砂、砾石、卵石等渗水土。这一方法从根本上改善了地基土的性质。此外还有化学加固、电渗加固、侧向约束加固、堆载预压等加固方法。

5.5.4　冻土

冻土是指湿度等于或低于零摄氏度，并含有冰的各类土。冻土可分为多年冻土和季节冻土。多年冻土是冻结状态持续三年以上的土。季节冻土是随季节变化周期性冻结融化的土。

5.5.4.1　季节冻土及其冻融现象

我国季节冻土主要分布在华北、西北和东北地区。随着纬度和地面高度的增加，冬季气温愈来愈低，季节冻土厚度增加。季节冻土对建筑物的危害表现在冻胀和融沉两个方面。冻胀是冻结时水分向冻结部位转移、集中、体积膨胀，对建筑物产生危害。融化时，地基土局部含水量增大，土呈软塑或塑流状态，出现融沉，严重时使建筑物开裂变形。季节冻土的冻胀和融沉与土的颗粒成分和含水量有关。按土的颗粒成分可将土的冻胀性分为四类，见表

5 - 9；按土的含水量可将土的冻胀性分为四级，见表 5 - 10。

表 5 - 9　土的冻胀性分类

分　类	土的名称	冻　胀		融化后土的状态
		冻结期内胀起（cm）	为 2m 冻土层厚的百分数（%）	
不冻胀土	碎石—砾石层、胶结砂砾层			固态外部特征不变
稍冻胀土	小碎石、砾石、粗砂、中砂	3 ~ 7 以下	1.5 ~ 3.5 以下	致密的或松散的，外部特征不变
中等冻胀土	细砂、粉质黏土、黏土	10 ~ 20 以下	5 ~ 10 以下	致密的或松散的，可塑结构常被破坏
极冻胀土	粉土、粉质黄土、粉质黏土、泥炭土	30 ~ 50 以下	15 ~ 25 以下	塑性流动，结构扰动，在压力下变为流砂

表 5 - 10　土的冻胀性分级

土的名称	天然含水量 w（%）	潮湿程度	冻结期间地下水位低于冻深的最小距离 h_w（m）	冻胀性分级
粉、黏粒含量 ≤ 15% 的粗颗粒土	$w \leqslant 12$	稍湿、潮湿	不考虑	不冻胀
	$w > 12$	饱和		弱冻胀
粉、黏粒含量为 15% 的粗颗粒土，细砂、粉砂	$w \leqslant 12$	稍湿	$h_w > 1.5$	不冻胀
	$12 < w \leqslant 17$	潮湿		弱冻胀
	$w > 17$	饱和		冻胀
黏性土	$w < w_P$	半坚硬	$h_w > 2.0$	不冻胀
	$w_P < w \leqslant w'_P + 7$	硬塑		弱冻胀
	$w_P + 7 < w \leqslant w_P + 15$	软塑		冻胀
黏性土	$w > w_P + 15$	流塑	不考虑	强冻胀

从表 5 - 9 和表 5 - 10 可知，土的细颗粒（粉粒和黏粒）含量愈多、含水量愈大，冻胀愈严重，对建筑物危害愈大。在地下水埋藏较浅时，季节冻土区能得到地下水的不断补充，地面明显冻胀隆起，形成冻胀土丘，又称冰丘，是冻土区的一种不良地质现象。

5.5.4.2　多年冻土及其工程性质

（1）多年冻土的分布及其特征

我国多年冻土可分为高原冻土和高纬度冻土。高原冻土主要分布在青藏高原及西部高山（天山、阿尔泰山、祁连山等）地区；高纬度冻土主要分布在大、小兴安岭，满洲里 - 牙克石 - 黑河以北地区。多年冻土埋藏在地表面以下一定深度。从地表到多年冻土，中间常有季节冻土分布。高纬度冻土由北向南厚度逐渐变薄。从连续的多年冻土区到岛状多年冻土区，最后尖灭于非多年冻土区，其分布剖面如图 5 - 6 所示。

多年冻土具有以下特征：

1）组成特征　冻土由矿物颗粒、冰、未冻结的水和空气组成。其中矿物颗粒是主体，

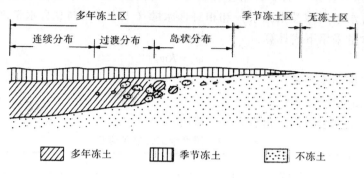

图 5-6　多年冻土分布剖面图

它的大小、形状、成分比表面积、表面活动性等对冻土性质及冻土中发生的各种作用都有重要影响。冻土中的冰是冻土存在的基本条件，也是冻土各种工程性质的形成基础。

2）结构特征　冻土结构有整体结构、网状结构和层状结构三种。

整体结构是温度降低很快，冻结时水分来不及迁移和集中，冰晶在土中均匀分布，构成整体结构。

网状结构是在冻结过程中，由于水分转移和集中，在土中形成网状交错冰晶，这种结构对土原状结构有破坏，融冻后土呈软塑和流塑状态，对建筑物稳定性有不良影响。

层状结构是在冻结速度较慢的单向冻结条件下，伴随水分转移和外界水的充分补给，形成土层、冰透镜体和薄冰层相间的结构，原有土结构完全被分割破坏，融化时产生强烈融沉。

3）构造特征　多年冻土的构造是指多年冻土层与季节冻土层之间的接触关系，见图5-7。

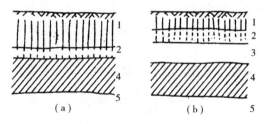

图 5-7　多年冻土构造类型
（a）衔接型；（b）非衔接型
1—季节冻土层；2—季节冻土最大冻结深度变化范围；
3—融土层；4—多年冻土层；5—不冻层

衔接型构造是指季节冻土的下限，达到或超过了多年冻土层的上限的构造。这是稳定的和发展的多年冻土区的构造。

非衔接型构造是季节冻土的下限与多年冻土上限之间有一层不冻土。这种构造属退化的多年冻土区。

（2）多年冻土的工程性质

1）物理及水理性质 为了评价多年冻土的工程性质，必须测定天然冻土结构下的重度、密度、总含水量（冰及未冻水）和相对含冰量（土中冰重与总含水量之比）四项指标。其中未冻结水含量采用下式计算：

$$w_c = K w_P$$

式中 w_c——未冻结水含量；

w_P——土的塑限含水量；

K——温度修正因数（由表 5-11 选用）。

表 5-11 湿度修正因数 K 值表

土的名称	塑性指数 I_P	地温（℃）							
		-0.3	-0.5	-1.0	-2.0	-4.0	-6.0	-8.0	-10.0
砂类土、粉土	$I_P \leqslant 2$	0	0	0	0	0	0	0	0
粉 土	$2 < I_P \leqslant 7$	0.6	0.5	0.4	0.35	0.3	0.28	0.26	0.25
粉质黏土	$7 < I_P \leqslant 13$	0.7	0.65	0.6	0.5	0.45	0.43	0.41	0.4
粉质黏土	$13 < I_P \leqslant 17$		0.75	0.65	0.55	0.5	0.48	0.46	0.45
黏 土	$I_P > 17$		0.95	0.9	0.65	0.6	0.58	0.56	0.55

总含水量 w_n 和相对含冰量 w_i 按下式计算：

$$w_n = w_b + w_c \tag{5-21}$$

$$w_i = w_b / w_n \tag{5-22}$$

式中 w_b——在一定湿度下冻土中的含冰量，%；

w_c——在一定温度下，冻土中的未冻水量，%。

2）力学性质 多年冻土的强度和变形主要反映在抗压强度、抗剪强度和压缩系数等方面。由于多年冻土中冰的存在，使冻土的力学性质随湿度和加载时间而变化的敏感性大大增加。在长期荷载作用下，冻土强度明显衰减，变形显著增大。温度降低时，土中含冰量增加，未冻结水减少，冻土在短期荷载作用下强度大增，变形可忽略不计。

（3）多年冻土的分类 多年冻土的冻胀和融沉是重要的工程性质，按冻土的冻胀率和融沉情况对其进行分类。

冻胀率 n 是土在冻结过程中土体积的相对膨胀量，以百分数表示：

$$n = \frac{h_2 - h_1}{h_1} \times 100\% \tag{5-23}$$

式中 h_1 和 h_2——分别表示土体冻结前、后高度，cm。

按冻胀率 n 值的大小，可将多年冻土分为四类：

强冻胀土 $n > 6\%$

冻胀土 $6\% \geqslant n > 3.5\%$

弱冻胀土 $3.5\% \geqslant n > 2\%$

不冻胀土 $n \leqslant 2\%$

冻土融化下沉包括两部分：一是外力作用下的压缩变形；二是温度升高引起的自身融化下沉。

（4）多年冻土的工程地质问题

1）道路边坡及基底稳定问题 在融沉性多年冻土区开挖道路路堑，使多年冻土上限下降，由于融沉可能产生基底下沉，边坡滑塌；如果修筑路堤，则多年冻土上限上升，路堤内形成冻土结核，发生冻胀变形，融化后路堤外部沿冻土上限发生局部滑塌。

2）建筑物地基问题　桥梁、房屋等建筑物地基的主要工程地质问题包括冻胀、融沉及长期荷载作用下的流变，以及人为活动引起的热融下沉等问题。

3）多年冻土区主要不良地质现象——冰丘和冰锥　多年冻土区的冰丘、冰锥和季节冻土区类似，但规模更大，而且可能延续数年不融。它们对工程建筑有严重危害，基坑工程和路堑应尽量绕避。

5.5.4.3　冻土病害的防治措施

（1）排水

水是影响冻胀融沉的重要因素，必须严格控制土中的水分。在地面修建一系列排水沟、排水管，用以拦截地表周围流来的水，汇集、排除建筑物地区和建筑物内部的水，防止这些地表水渗入地下。在地下修建盲沟、渗沟等拦截周围流来的地下水，降低地下水位，防止地下水向地基土集聚。

（2）保温

应用各种保温隔热材料，防止地基土温度受人为因素和建筑物的影响，最大限度地防止冻胀融沉。如在基坑或路堑的底部和边坡上或在填土路堤底面上铺设一定厚度的草皮、泥炭、苔藓、炉渣或黏土，都有保温隔热作用，使多年冻土上限保持稳定。

（3）改善土的性质

1）换填土　用粗砂、砾石、卵石等不冻胀土代替天然地基的细颗粒冻胀土，是最常采用的防治冻害的措施。一般基底砂垫层厚度为 0.8～1.5m，基侧面为 0.2～0.5m。在铁路路基下常采用这种砂垫层，但在砂垫层上要设置 0.2～0.3m 厚的隔水层，以免地表水渗入基底。

2）物理化学法　在土中加某种化学物质，使土粒、水和化学物质相互作用，降低土中水的冰点，使水分转移受到影响，从而削弱和防止土的冻胀。

学 习 要 求

本章是本课程的重点章节之一，通过本章的学习要求掌握第四纪沉积物的主要成因类型及残积层、坡积层、洪积层及冲积层的主要工程地质特征；掌握土的物质成分、结构和构造；掌握土的工程分类、土的物理性质指标、物理含义和计算方法；熟悉土的基本分类等；掌握黄土、膨胀土、软土、冻土等特殊土的基本工程特性。

习 题 与 思 考 题

1. 第四纪沉积物的主要成因类型有哪几种？
2. 试述不同成因类型土体的工程地质特征。
3. 土的颗粒分析涉及哪些概念？
4. 土中水有哪些形态，各种形态的水分别具有哪些特性、对工程建设有何影响？
5. 何谓土的结构和构造？土的结构形式有哪些，主要构造特征是什么？举例说明土的结构和构造对土木工程的影响。

6. 简述土的冻胀机理。影响土冻胀性的主要因素有哪些？

7. 土的三相比例指标有哪些？哪几个是实测得到的，如何确定各换算指标？

8. 为什么要引入无黏性土相对密度的概念？

9. 掌握黏性土塑性指数和液性指数的概念及其工程意义。

10. 土的工程分类体系有哪些？

11. 常见的特殊土有哪些？简述它们的工程性质。

第6章 岩体的工程特性

6.1 岩体及岩体结构

6.1.1 基本概念

岩体是指在一定工程范围内，由包含软弱结构面的各类岩石所组成的具有不连续性、非均质性和各向异性的地质体。

岩体是在漫长的地质历史过程中形成的，具有一定的结构和构造，并与工程建筑有关。岩体由各种各样的岩石组成，并在其形成过程中经受了构造变动、风化作用和卸荷作用等各种内外力地质作用的破坏和改造。因此，岩体经常被各种结构面（如层面、节理、断层、片理等）所切割，使岩体成为一种多裂隙的不连续介质。

岩体的多裂隙性特点决定了岩体与岩石（单一岩块）的工程地质性质有明显不同。两者最根本的区别，就是岩体中的岩石被各种结构面所切割。这些结构面的强度与岩石相比要低得多，并且破坏了岩体的连续完整性。岩体的工程性质首先取决于这些结构面的性质，其次才是组成岩体的岩石性质。此外，在大自然中，多数岩石的强度都是很高的，对于一般工程建筑物的要求来说，是能够满足的，而岩体的强度，特别是沿软弱结构面方向的强度却往往很低，不能满足建筑物的要求。因此，从工程实践的客观需要来看，研究岩体的特征比研究岩石的特征更为重要。

工业与民用建筑地基、道路与桥梁地基、隧道与地下洞室围岩、水工建筑地基的岩体，道路工程边坡、港口岸坡、桥梁岸坡、库岸边坡的岩体等，都属于工程岩体。在工程施工过程中和在工程使用与运转过程中，这些岩体自身的稳定性和承受工程建筑及运转过程传来的荷载作用下的稳定性，直接关系着施工期间和运转期间部分工程甚至整个工程的安全与稳定，关系着工程的成功与失败，故岩体稳定性分析与评价是工程建设中十分重要的问题。

岩体稳定是指在一定的时间内，一定的自然条件和人为因素的影响下，岩体不产生破坏性的剪切滑动、塑性变形或张裂破坏。岩体的稳定性、岩体的变形与破坏，主要取决于岩体内各种结构面的性质及其对岩体的切割程度。大量的工程实践表明，边坡岩体的破坏，地基岩体的滑移，以及隧道围岩的塌落，大多数是沿着岩体中的软弱结构面发生的。岩体结构在岩体的变形与破坏中起到了主导作用。因此，在岩体稳定性分析中，除了力学分析和对比分析外，对岩体的结构分析也具有重要意义。而要从岩体结构的观点分析岩体的稳定性，首先就必须研究岩体的结构特征。

岩体结构包括结构面和结构体两个要素。结构面是指存在于岩体中的各种不同成因、不同特征的地质界面，如断层、节理、层理、软弱夹层及不整合面等。结构体是指岩体被结构面切割后形成的岩石块体。结构面和结构体的排列与组合特征便形成了岩体结构。所谓岩体结构，就是指岩体中结构面和结构体两个要素的组合特征，它既表达岩体中结构面的发育程度及组合，又反映了结构体的大小、几何形式及排列。图6-1表示了结构面和结构体的相互关系。

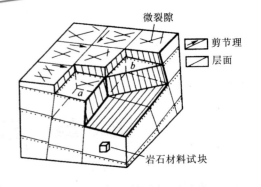

图6-1　岩体结构示意图

a—方块状结构体；*b*—三棱柱状结构体

6.1.2　岩体的结构特征

6.1.2.1　结构面的成因类型

结构面的成因不同，其性质及形态特征也不同。按地质成因，结构面可分为原生的、构造的和次生的三大类。

（1）原生结构面

在成岩阶段形成的结构面称为原生结构面，可分为沉积、火成和变质三种类型。

1）沉积结构面　在沉积岩成岩过程中形成的地质界面，如层理面、沉积间断面及原生软弱夹层等。

一般层面结合良好，原始抗剪强度不一定很低，但其性能常因构造或风化作用而恶化。

沉积间断面包括假整合面和不整合面，它们反映了在沉积历史中的一段风化剥蚀过程。这些面一般起伏不平，并有古风化残积物，常常构成一个形态多变的软弱带。

对岩体稳定影响最显著的是原生软弱夹层。因为它们的力学强度低，遇水易软化，最容易引起滑动。如碳酸岩类岩层中的泥灰岩夹层，火山碎屑岩系中的凝灰质页岩夹层，砂岩砾岩中的黏土岩及黏土质页岩夹层等。它们分布广泛并在一定条件下会产生泥化。因此原生软弱夹层常常是岩体中最薄弱的环节，对岩体稳定起着极为重要的控制作用。

2）火成结构面　指岩浆侵入、喷溢及冷凝过程中形成的结构面，包括岩浆岩中的流层、流线、原生节理、侵入体与围岩的接触面及岩浆间歇喷溢所形成的软弱接触面等。

火成结构面的工程性质极不均一。一般流层和流线不易剥开，但一经风化变形，则变成了易于剥离和脱落的弱面。侵入体与围岩的接触面有时熔合得很好，有时则形成软弱的蚀变带或接触破碎带。岩浆岩的原生节理一般多为张性破裂面，对岩体的透水性及稳定性都有重要影响。

3）变质结构面　主要是指在区域变质作用中形成的结构面，如片麻理、片理、板理等。在变质岩体中所夹的薄层云母片岩、绿泥石片岩和滑石片岩等，由于岩层软弱，片理极发育，易于风化，常构成相对的软弱夹层。

（2）构造结构面

在构造应力作用下于岩体中形成的破裂面或破碎带称为构造结构面，其中包括劈理、节理、断层和层间错动带等。

劈理和节理是规模较小的构造结构面，其特点是比较密集且多呈一定方向排列，常导致岩体的各向异性。

断层为规模较大的构造结构面，常形成各种软弱的构造岩并有一定的厚度。因此，它是最不利的软弱构造面之一。

层间错动系指岩层在发生构造变动时，在派生力的作用下使岩层间产生相对的位移或滑动。这种现象在褶皱岩层地区和大断层的两侧分布相当普遍。

自然界中层间错动常常沿着原生结构面产生，因而使软弱夹层形成碎屑状、片状或鳞片状。在黏土岩夹层中还可以看到由于层间剪切所造成的光滑镜面，并在地下水作用下产生泥化现象。实践证明，岩体中的破碎夹层及泥化夹层多与层间错动有关。

（3）次生结构面

次生结构面系指岩体在形成后经风化、卸荷及地下水等作用在岩体中形成的结构面，如风化裂隙、卸荷裂隙和次生充填夹泥等。

风化裂隙一般分布无规律，连续性不强并多为泥质碎屑所充填。风化裂隙还常沿原有的结构面发育，可形成不同的风化夹层、风化沟槽或风化囊以及地下水淋滤沉淀形成的次生夹泥层等。

卸荷裂隙是由于岩体受到剥蚀、侵蚀或人工开挖，引起垂直方向卸荷和水平应力的释放，使临空面附近岩体回弹变形，应力重分布所造成的破裂面。卸荷裂隙在河谷地区分布比较普遍。在卸荷过程中，平行谷坡常常产生一系列张性破裂面（图 6-2a、b）。在高地应力区，当人工开挖坝基过程中，由于垂直卸荷，在水平应力作用下，会使谷底产生隆起变形，并形成一些近水平的张性板状节理和倾斜的剪切裂隙或逆断层（图 6-2c），恶化了坝基的工程地质条件。

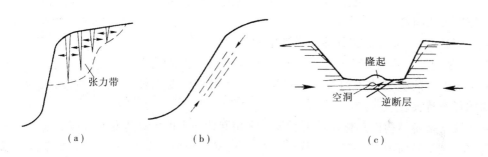

（a）　　　　　　　　　（b）　　　　　　　　　（c）

图 6-2　河谷地区的卸荷裂隙

由此可见，岩体由于卸荷作用，可以产生新的裂隙或使原有的结构面张开或错动，从而导致岩体松弛，增加了岩体的透水性和降低了岩体的强度。因此，卸荷裂隙是不利的软弱结构面之一。

6.1.2.2　结构面的特征

结构面的特征包括结构面的规模、形态、密集程度、连通性、胶结及充填情况等，它们对结构面的物理力学性质有很大的影响。

（1）结构面的规模

实践证明，结构面对岩体力学性质及岩体稳定的影响程度，首先取决于结构面的延展性及其规模。中国科学院地质研究所将结构面的规模分为五级：

1）一级结构面　区域性的断裂破碎带，延展数十公里以上，破碎带的宽度从数米至数十米，它直接关系到工程所在区域的稳定性，一般在规划选点时，应尽量避开一级结构面。

2）二级结构面　一般指延展性较强，贯穿整个工程地区或在一定范围内切断整个岩体的结构面，长度可由数百米至数千米，宽由一米至数米，主要包括断层、层间错动带、软弱夹层、沉积间断面及大型接触破碎带等。它们控制了山体及工程岩体的破坏方式及滑动边界。

3）三级结构面   包括在走向和倾向方向延伸有限，一般在数十米至数百米范围内的小断层、大型节理、风化夹层和卸荷裂隙等。这些结构面控制着岩体的破坏和滑移机理，常常是工程岩体稳定的控制性因素及边界条件。

4）四级结构面   包括延展性差，一般在数米至数十米范围内的节理、片理、劈理等，它们仅在小范围内将岩体切割成块状。这些结构面的不同组合，可以将岩体切割成各种形状和大小的结构体，它是岩体结构研究的重点问题之一。

5）五级结构面   延展性极差的一些微小裂隙，它主要影响岩块的力学性质，岩块的破坏由于微裂隙的存在具有随机性。

（2）结构面的形态

结构面的平整、光滑和粗糙程度对结构面的抗剪性能有很大的影响。

自然界中结构面的几何形状是非常复杂的，大体上可分为四种类型（图6-3）：

1）平直的   包括大多数层面、片理和剪切破裂面等。

2）波状的   如具有波痕的层面、轻度揉曲的片理、呈舒缓波状的压性及压扭性结构面等。

3）锯齿状的   如多数张性或张扭性结构面。

4）不规则的   结构面曲折不平，如沉积间断面、交错层理及沿原裂隙发育的次生结构面等。一般用起伏度和粗糙度表征结构面的形态特征。

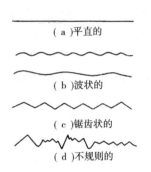

（a）平直的

（b）波状的

（c）锯齿状的

（d）不规则的

图6-3   结构面起伏形态示意图

起伏度是衡量结构面总体起伏的程度，常用起伏角 i 和起伏高度 h 来描述（图6-4）。

粗糙度是结构面表面的粗糙程度。一般多根据手摸时的感觉而定，很难进行定量的描述，大致可分为极粗糙、粗糙、一般、光滑和镜面五个等级。

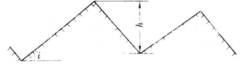

图6-4   结构面的起伏程度

结构面的形态对结构面抗剪强度有很大的影响。一般平直光滑的结构面有较低的摩擦角，粗糙起伏的结构面则有较高的抗剪强度。

（3）结构面的密集程度

结构面的密集程度反映了岩体的完整性，它决定了岩体变形和破坏的力学机制。试验证明，岩体结构面越密集，岩体变形越大，强度越低，而渗透性越高。通常用下列一些指标表征结构面的密集程度。

1）线密集度 K 指单位长度上的结构面条数，即

$$K = n/L \qquad (6-1)$$

式中 K——线密集度，条/m；

L——测线长度，m；

n——在 L 长度内结构面的总数，条。

在实际测定线密集度时，测线的长度可为20~50m。如果测线不能沿结构面法线方向布设时，应使测线水平并与结构面走向垂直。

如果在测线方向上有数组结构面时，则用如图 6-5 所示的方法测量其近似线密集度 K_c。图中有两组结构面 a 和 b，x 为测线方向。如 a 组结构面在 x 方向的平均距离为 M_{ax}，b 组结构面在 x 方向的平均距离为 M_{bx}，则在 x 方向上的 a 组结构面的线密集度 $K_a = 1/M_{ax}$，b 组结构面的线密集度 $K_b = 1/M_{bx}$，结构面在 x 方向总的线密集度 K_c 为

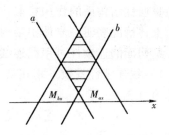

图 6-5　多组节理时节理线密集度的确定

$$K_c = 1/M_{ax} + 1/M_{bx} \qquad (6-2)$$

显然，如在 x 方向上有 n 组结构面，则

$$K_c = 1/M_{1x} + 1/M_{2x} + \cdots + 1/M_{nx} \qquad (6-3)$$

线密集度的数值越大，说明结构面越密集。不同测量方向的 K 值往往不等，因此，两垂直方向的 K 值之比，可以反映岩体的各向异性程度。

2）结构面间距 d　在生产实践中，经常用结构面的间距表征岩体的完整程度。结构面间距是指同一组结构面的平均间距，它和结构面线密集度间是倒数关系。

目前，国内外对结构面间距的分级很不一致。表 6-1 是我国水电部门节理间距分级情况。

表 6-1　节理间距分级

分　级	Ⅰ	Ⅱ	Ⅲ	Ⅳ
间　距（m）	>2	0.5~2	0.1~0.5	<0.1
描　述	不发育	较发育	发育	极发育
完整性	完　整	块　状	碎　裂	破　碎

（4）结构面的连续性

结构面的连续性，或称贯通性和延展性，是指结构面在其走向和倾斜线方向二维方向上的长短程度。结构面在一定尺寸岩体中的贯通性有三种情况：非贯通的、半贯通的和贯通的（图 6-6）。

 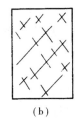 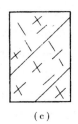

（a）　　　　　　（b）　　　　　　（c）

图 6-6　岩体结构面贯通性类型
（a）非贯通性的；（b）半贯通性的；（c）贯通性的

含有非贯通性结构面的岩体，具有完整和连续介质的特点，其破坏常以追踪原有结构面的方式破坏。

含有贯通性结构面的岩体，其力学性能和破坏机制主要受贯通性结构面控制。

含有半贯通性结构面的岩体，当结构面较小时，其作用与非贯通性结构面相似；否则，

则与贯通性结构面的作用相似。

上述情况表明，岩体中结构面的连续性不同时，岩体的力学性质及破坏机制也不同。

结构面的连续性可用线连续性系数及面连续性系数来表示。

1）线连续性系数　指在某一结构面的延长线上，结构面各段长度之和与整个线段长度的比值（图 6 - 7），即

$$K_L = \sum a / (\sum a + \sum b) \qquad (6 - 4)$$

式中　K_L——线连续性系数；

　　　a——结构面长度，m；

　　　b——结构面间断长度，m。

K_L 的值在 0 ~ 1 间变化。K_L 越大，说明结构面的连续性越好，当 $K_L = 1$ 时，说明结构面是贯通的。

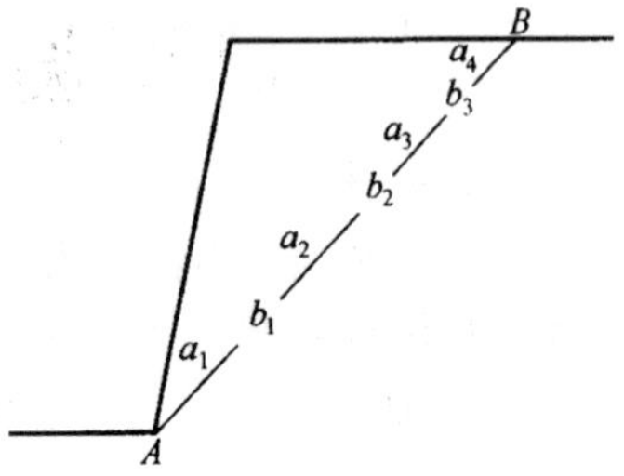

2）面连续性系数　指在岩体内包含结构面的断面上，结构面面积之和与整个断面面积的比值（图 6 - 8）。米勒（L. Mtiller）将这一比值称为二维裂隙度，即

图 6 - 7　结构面 AB 的线连续性

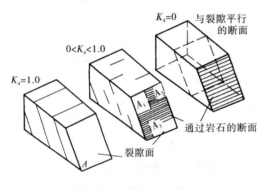

图 6 - 8　岩体的面连续性

$$K_A = (A_1 + A_2 + A_3 + \cdots + A_n) / A \qquad (6 - 5)$$

式中　K_A——面连续性系数；

　　　A——总的岩石断面积；

　　　A_i——各结构面的面积。

K_A 表达了结构面连续性的真正含义。如果 K_A 的数值等于 1，说明结构面完全连续。此时，断面的抗剪强度完全取决于结构面的性质。当 K_A 等于 0 时，断面的抗剪强度完全取决于岩块的性质。K_A 的数值介于 0 ~ 1 之间时，断面的抗剪强度受结构面和岩块性质的双重控制。

（5）结构面的张开度及充填情况

结构面的张开、充填及胶结情况是结构面的重要特征之一。

按结构面的张开度可将结构面分为四级：

1）密闭　张开度小于 0.2mm；

2）微张　张开度在 0.2 ~ 1.0mm 之间；

3）张开　张开度在 1.0 ~ 5.0 mm 之间；

4）宽张　张开度大于 5.0 mm。

密闭结构面的力学性质，取决于岩石成分及结构面的粗糙程度。总体是张开的结构面，其两侧壁之间有时保持点接触，其抗剪强度较完全张开者要大。当结构面完全张开时，其抗剪强度取决于充填物情况及胶结情况。

试验证明，结构面内夹有软弱物质时，其强度显著降低。据此可将结构面分为硬性结构面和软弱结构面两种。前者结构面两壁结合牢固或无软弱物质充填，后者则夹有软弱物质。结构面间常见的充填物质成分有黏土质、砂质、角砾质、钙质及石膏质沉淀物和含水蚀变矿物等，其相对强度的次序为：钙质≥角砾质＞砂质≥石膏质＞含水蚀变矿物≥黏土。

6.1.2.3　软弱夹层

软弱夹层，特别是其中的泥化夹层是一种非常软弱的结构面。工程实践证明，软弱夹层是控制岩体稳定的极其重要的因素，国内外很多工程的失事皆与此有关。据不完全统计，在我国已建成或正在设计、施工的九十余座大坝中，由于软弱夹层而改变设计、降低坝高、增加工程量或在后期加固的共有三十余座。近年来为此而使工程停工、改变坝址或限制水库水位的情况仍有发生。因此，在工程建设中非常重视对软弱夹层的调查与研究。

（1）软弱夹层的成因和分类

1）软弱夹层的成因　软弱夹层的成因和结构面的成因一样，也有原生型、构造型和次生型三类。原生型软弱夹层在沉积岩、岩浆岩和变质岩中均有分布。构造岩的软弱夹层主要有层间错动带和断层破碎带。次生型软弱夹层多为原生软弱夹层风化的产物，或为地下水淋滤而充填于裂隙中的泥质及岩屑等。

2）软弱夹层的分类　关于软弱夹层的分类，目前国内外尚无统一的划分标准。有的根据成因类型划分，有的着重于形态，有的则根据岩性组合划分。根据软弱夹层的形态，常见的类型有破碎夹层、破碎夹泥层、片状破碎层、泥化夹层等。根据岩性组合划分的软弱夹层类型有黏土岩夹层、黏土质粉砂岩夹层、炭质夹层、凝灰岩夹层、风化泥灰岩夹层、各种软弱片岩夹层及各种泥化夹层等。软弱夹层的类型不同，它们的抗剪强度也不同。表6-2列举了一些常见软弱夹层摩擦系数的范围及其工程地质特征。

表 6-2　常见软弱夹层的摩擦系数及其工程地质特征

夹层名称	摩擦系数	性　状	工程地质特征
黏土岩夹层 透镜状或轩块状黏土岩夹层 炭质夹层 黏土质粉细砂岩夹层 片状粉细砂岩夹层 破碎夹层	0.35～0.6	一般或较坏	大部分夹层性能较好，不需要特殊处理。但对于破碎夹泥层，则可能由于渗透变形引起夹层性质恶化，需采取严格的防渗措施。当稳定性不良时，尚需采取灌浆和锚固措施
片状黏土夹层 页岩破碎夹泥层 风化凝灰岩夹层 风化泥灰岩夹层 泥化板岩夹层 糜棱状碎屑夹泥层	0.25～0.35	坏	抗滑稳定性低、抗水性差，并易于产生渗透变形。经常需要采取严格的防渗措施和专门的加固处理措施
泥化夹层	<0.25	极坏	夹层处于流塑状态，抗滑稳定性低，岩体变形的时间效应显著，需采用专门的处理措施

（2）泥化夹层的形成及特征

黏土岩类岩石经一系列地质作用变成塑泥的过程称为泥化。泥化的标志是其天然含水量等于或大于塑限。因此，泥化夹层具有湿度高、密度小、强度低、变形大等特点，是软弱夹层中性质最坏的一类。

1）泥化夹层的形成　泥化夹层的形成过程比较复杂。卸荷带、围岩蚀变带、断层带及层间错动带等均可形成泥化夹层。但在自然界中分布最广泛、连续性最好的是层间错动夹泥。

通过大量的野外调查和室内试验研究，层间泥化夹层的形成必须具备下列三个条件：

①物质基础   国内外大量的泥化夹层矿物分析结果表明，泥化夹层的黏土矿物组成与母岩的矿物组成明显一致，即泥化夹层的物质来源于母岩。构成泥化夹层物质基础的母岩通常是黏土矿物含量较高的原生软弱夹层，如坚硬岩石中的黏土岩、黏土质页岩、黏土质粉砂岩、泥质板岩、泥灰岩、千枚岩等夹层。

②构造作用   软硬相间组合的岩层，在构造应力作用下易产生层间错动，在软硬岩层分界面（或软弱岩层中）常形成连续的主滑动面，软岩层本身也产生强烈的剪切变形，形成大量的节理或劈理，结果使原岩的结构遭受严重的破坏，岩石破碎并增加了细颗粒成分，在地下水作用下逐渐泥化。因此，构造作用是形成泥化夹层非常重要的条件。

在层间剪切作用下，于夹层上下界面或内部可形成一至数条主滑动面，在主滑动面两侧可形成劈理或节理带。

在层间剪切带的不同部位，由于原岩遭受破坏程度的不同，其泥化的程度也不同。

主滑动面的分布常与岩层的产状近于一致，在主滑动面上可见有擦痕、镜面等摩擦的痕迹。由于主滑动面上下岩层互相错动时的研磨作用，使细颗粒的黏土矿物及水分沿错动面富集，形成泥化膜或泥化带。

鳞片状劈理带是剪切破裂高度发育的结果。片状黏土颗粒沿劈理面定向排列，水极易沿劈理浸入，故劈理带也常易产生泥化。

节理带的岩石结构基本未遭受破坏，仅节理表面破坏，因此不能形成泥化带。

③地下水的作用   软弱夹层经层间剪切错动，原岩结构产生强烈破坏后，主滑移破裂面及劈理带的岩石具有很强的吸水性。水在黏粒周围形成结合水膜，使颗粒进一步分散，颗粒间联结力减弱，含水量增加，使岩石处于塑态甚至接近流态，即产生了泥化。水在泥化夹层的形成中，还伴有溶解盐类、水化和水解某些矿物等复杂的物理化学作用。

2）泥化夹层的特征   泥化夹层在矿物组成上的特征是黏粒含量明显增多。有些母岩为细粒分散矿物绢云母（高分散的白云母）的岩石，当其结构遭受严重破坏后，在地下水的长期水化水解作用下也会形成高岭石等黏土矿物。因此，泥化夹层的性质主要和其中的黏粒含量及黏土矿物成分有关。

在结构上由原来是固结或超固结的母岩，变成泥质分散结构。在主滑面上黏土矿物或其他片状矿物呈高度的定向排列。因此，泥化夹层中的主滑面是抗剪强度最低的弱面。

在物理状态方面，泥化夹层的干容重比母岩小，通常在 $20kN/m^3$ 以下。天然含水量高，接近或超过塑限。

泥化夹层在力学强度上极为软弱，泥化带的摩擦系数通常只有 0.2 左右。

6.1.2.4 结构体

结构体的地质特征（成因、成分、结构和构造）及工程性质（物理、水理及力学性质）在前面有关章节中已讨论过，这里仅讨论结构体的形状、大小及与工程的相互位置等方面的特征。

结构体的形状取决于结构面的组数及产状。一般情况下，结构体的几何形状都是不规则的。常见的形状有立方体、四面体、菱面体、板状、柱状及楔状六种（图 6 - 9）。

结构体大小由结构面组数及各组间距决定。实际上，结构体大小还与结构面持续性有密

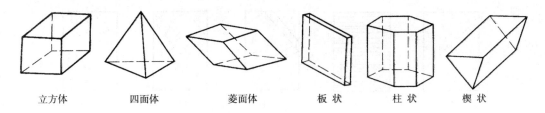

立方体　　　　四面体　　　　菱面体　　　　板状　　　　柱状　　　　楔状

图 6 - 9　结构体的形状

切关系。巨大岩块组成的岩体不易变形，在地下结构中还能发挥有利的成拱和锁合作用；很小的岩块可能引起类似土的潜在破坏形式，由不连续岩体通常出现的平移或倾倒破坏变为圆弧旋转型破坏，很小的岩块可能产生流动破坏。在野外地质调查中，结构体尺寸可以用典型岩块的平均尺寸描述，也可用 A. Palmstram 建议的体积裂隙数 J_v 来表示。J_v 被定义为岩体裂隙数（条/m³）。根据 J_v 值可将结构体的块度分为：巨型块体（$J_v < 1$）、大型块体（$1 \leqslant J_v < 3$）、中型块体（$3 \leqslant J_v < 10$）、小型块体（$10 \leqslant J_v < 30$）及碎块体（$J_v \geqslant 30$）。

尽管结构体的形状大小相同，当其产状不同时，在同一工程部位有不同的稳定性；当产状相同而处于不同的工程部位时，稳定性也不同。如位于隧道拱顶的楔状结构体，当刃角朝下时，比刃角朝上更稳定；水平板状结构体在重力作用或垂直节理切割下，处于拱顶部位时不稳定，处于边墙部位稳定。在坝基下平卧的板状结构体，稳定性较差，但当竖直埋藏于坝基之下时，稳定性则大为增加，甚至可以不必作为一个结构体的稳定性问题来研究。竖直埋藏的平板状结构体，在坝基下是稳定的，但它在坝肩斜坡上并倾向河谷时，稳定性就很差，此时平卧的板状结构体的稳定性较高。

6.1.2.5　岩体结构类型

为了概括岩体的力学特性及评价岩体稳定性，可以根据结构面对岩体的切割程度及结构体的组合形式，将岩体划分成不同的结构类型。一般把岩体划分成整体结构、层状结构、块状结构、碎裂结构及散体结构五种大的类型。

（1）整体结构岩体

该类岩体不存在连续的软弱结构面，虽有各种裂隙，但它们多是闭合的，未将岩体交错切割成分离结构体（图 6 - 10a）。完整岩体可视为各向同性连续介质，其力学性质及稳定性受岩性控制，结构面的影响较小，可用连续介质力学理论来分析总体应力、变形、强度与稳定性问题。

（2）层状结构岩体

主要指层厚小于 0.5mm 的沉积岩和变质岩层，其特征是岩体主要被一组相互平行的原生结构面所切割，各种裂隙不发育，具有叠置梁的特征（图 6 - 10b）。该类岩体的岩性组合比较复杂，有单一岩性的组合，也有软硬相间岩层的组合。在自然界中，层状结构岩体均在不同程度上经受了层间错动或扭动的影响。因此，其层面强度低、黏结力小、经常构成软弱结构面。

层状岩体属各向异性的非均匀介质，在工程荷载作用下，岩体破坏与失稳的形式有顺层滑动、层间张裂及岩层弯曲折断等多种类型，其力学性质及稳定性主要受层厚、岩性及原生

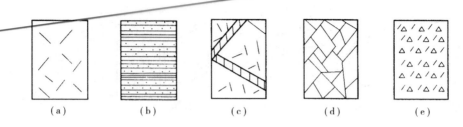

图 6-10　岩体结构类型示意图

（a）整体结构；（b）层状结构；（c）块状结构；（d）碎裂结构；（e）散体结构

结构面性能控制。

（3）块状结构岩体

其主要特征是岩体被软弱夹层等软弱结构面切割形成分离体（图 6-10c），该类岩体破坏与失稳的主要形式是沿软弱夹层滑动。其变形和破坏机制主要受结构面力学性能控制。在工程上校核其稳定性时，经常采用块体极限平衡的分析方法。因此，控制该类岩体稳定性的主要因素是软弱夹层的产状及性能。

（4）碎裂结构岩体

其主要特征是岩体被各种硬性结构面（如节理）切割成各种大小和形状不同的分离体（图 6-10d），其中尚可分为块状的、砌块状和碎块状的几种类型。该类岩体的破坏机制相当复杂，既有沿结构面的滑移和张裂，也有结构体的剪切、张裂及塑性流动等。碎裂岩体强度的结构效应显著，通常随着结构体数的增加，岩体的整体强度随之降低。因此，控制该类岩体稳定性的主要因素是岩体的完整性、结构面的性能及结构体的强度，一般采用块体力学方法进行其力学行为分析。

（5）散体结构岩体

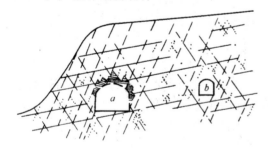

图 6-11　工程规模与岩体结构类型的关系

主要见于大型断裂破碎带、大型岩浆岩侵入接触破碎带及强烈风化带中，其主要特征是结构面密集杂乱，从而导致岩体完全解体（图 6-10e）。这类岩体的不良作用非常明显，岩体具有塑性和流变特征。该类岩体已接近于松散介质，宜用松散介质力学来分析其变形与强度。

应该指出，在工程上划分岩体的结构类型时，必须考虑到工程的规模。因为，同样节理化程度的岩体的稳定性，可以因工程规模不同而不同。如图 6-11 所示的边坡与结构体尺寸相比，两者相差几十倍以上。因此，对边坡工程而言，岩体应划分为碎裂块状结构类型。但对于地下室洞 a，由于其尺寸大于结构体的尺寸，岩体可视为块状结构类型。地下洞室 b 的尺寸小于结构体的尺寸，当结构面连通性差且为硬性结构面时，可将岩体视为整体结构；当结构面虽为硬性结构面，但已将顶拱或边墙切割成分离体时，可划分为碎裂块状结构；当结构面夹泥时，可划分为块状结构类型。

6.1.3　结构面的力学性质

6.1.3.1　结构面的变形特征

结构面的应力 – 应变关系很复杂，根据其变形曲线，可归纳为脆性破坏变形和塑性破坏变形。

脆性破坏变形可分出几个阶段：在受力的初期阶段，应力 – 应变关系呈直线变化，切向变形是持续的，该阶段终于点 1（图 6 – 12A 曲线）。第二阶段，即结构面开始张裂，随着剪应力的增加，结构面上的裂缝继续扩展，以致全部错断，而终于点 2。第三阶段，两侧岩石沿着结构面摩擦滑动，至点 3 达到极限状态后，应力突然或迅速降至点 4，这时应变值和变形速率都相应增大。这种破坏形式多发生在坚硬岩体的高强度结构面中。

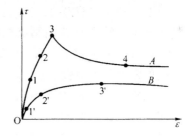

图 6 – 12　结构面的变形曲线
A—脆性破坏变形；
B—塑性破坏变形

塑性破坏变形，多发生在半坚硬或较软弱的岩体结构面中，或结构面光滑并附着有相当多的松散物质条件下。其应力 – 应变曲线近似抛物线或双曲线（图 6 – 12B 曲线）。按其曲线形状，也可分为三个阶段：第一阶段，应力 – 应变曲线开始亦呈直线，但由于结构面强度较低，曲线便很快向横坐标方向弯曲，点 1′比点 1 的位置低，有时甚至很难辨别。继续施加剪力，进入第二阶段，位移速率逐渐增大，终于点 2′。第三阶段，变形速率显著增大，并随着施加剪力而逐渐产生塑性流动。达点 3′后，荷载维持不变而岩体仍以一定速率沿结构面滑动。塑性破坏形式的全过程是持续的，这与脆性破坏变形迥然不同。

6.1.3.2　结构面的强度特征

岩体结构面往往是经受多次地壳构造运动作用而形成的，由于地应力大小和方向都会有变化，并由于岩体的相互制约，仍然具有一定强度。但其强度总小于其侧岩强度。它的抗拉强度很低，特别是那些没有填充物的结构面，在一定范围内，可认为没有抗拉强度；有填充物的结构面，其抗拉强度与充填物性质有关。结构面强度最有意义的是抗剪强度。抗剪强度的大小又取决于其上下盘的表面形态，且与结构面的附着物质有关。

张性结构面多粗糙、起伏，抗剪强度较高；扭性结构面多光滑、平直，抗剪强度很低。按粗糙度在结构面上的力学效应来看，镜面的抗剪强度最低，粗糙的抗剪强度较高，且与面上起伏不平的情况有关。

帕顿（F. D. Patton）和戈尔茨坦（M. Goldstein）等在对岩石裂隙的抗剪强度研究中（图 6 – 13）发现，在裂隙抗剪强度中除包括众所周知的与剪应力方向一致的摩擦成分外，存在于结构面上的凸起体也对抗剪起着非常重要的作用。平直光滑结构面的摩擦强度曲线为一通过原点的斜线（图 6 – 13 中①），其表达式为

$$\tau = \sigma \tan\varphi \tag{6 - 6}$$

对于粗糙起伏的结构面，当应力较小时，在滑移过程中允许岩石向上膨胀，结构面的凸起部分可以互相骑越，其摩擦强度曲线如图 6 – 13 中②的形式。这时结构面的抗剪强度为

$$\tau = \sigma \tan(\varphi + i) \tag{6 - 7}$$

式中　i——起伏角，或称爬坡角。

当正应力较大时，剪切滑移可以使结构面凸起部分剪断，其摩擦强度曲线如图 6 – 13 中

③所示，其表达式为

$$\tau = c' + \sigma\tan\varphi \qquad (6-8)$$

式中 c'——因粗糙面凸起部分被剪断而呈现的似黏聚力。

上述理论，提供了用平直结构面试件进行试验，结合结构面形态的野外地质研究，通过爬坡角修正，给出工程岩体结构面抗剪强度的可能性。

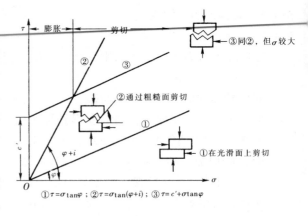

图 6-13 不同摩擦特征结构面的强度曲线

试验表明，结构面内泥质充填物厚度的变化，对结构面的抗剪强度有重大影响。一般当充填物的厚度很薄时，结构面具有较高的抗剪强度。随着充填物厚度的增加，抗剪强度迅速降低，当厚度达到一定值后，充填物就起控制作用，结构面的抗剪强度趋于稳定。

充填物起控制作用的厚度，因充填物的颗粒组成、矿物成分、含水量不同而不同。如拉玛（Lama）用劈裂法制备的砂岩结构面内夹有高岭土时的试验结果表明，此厚度约为 0.2~0.5mm 左右（图 6-14）。中国科学院地质研究所利用平直结构面夹泥进行模拟试验，当夹泥厚度超过 2mm 后，摩擦系数趋于稳定（图 6-15）。武汉水利电力学院利用含水量低于塑限的黏土和砂质黏土填料作试验，得出黏土厚度在 4.5mm 以后，砂质黏土厚度在 7mm 以后摩擦系数才趋于稳定。

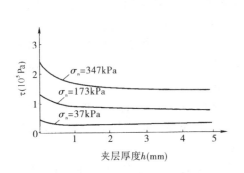

图 6-14 充填物厚度对抗剪强度的影响

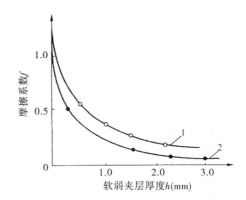

图 6-15 充填物厚度对摩擦系数的影响
1—淋滤沉积黏土夹层塑性指数 $I_p = 18$；
2—溶蚀残积黏土夹层塑性指数 $I_p = 40$

6.1.4 岩体的力学性质

岩石本身由于成因不同和存在着一定的结构、构造，其工程性质也具有一定的不均匀性和各向异性。但在工程范围内的地基、边坡和围岩中，岩石的这种不均匀性和各向异性的影响是很小的。岩体与岩石不同，由于存在着结构面和软弱夹层，又延展到相当广阔的空间范围，所以必然显著地影响岩体的工程性质（包括物理、水理及力学性质），使岩体具有显著的不均匀性和各向异性，一般也存在着明显的不连续性和非线性。总的说来，岩体较岩块易于变形，并且岩体强度显著低于岩块强度。

6.1.4.1 岩体应力分布的不连续性

由结构面和软弱夹层切割的岩体传递应力的性能，与理想弹性均质体有很大区别，一般在岩体的某些部位或某些方向上易产生应力集中，而另一些部分或方向上应力反而有所削弱。另外，还会出现应力集中轨迹的转折、弯曲和应力值不连续现象。实验证明，岩体应力分布的复杂情况，主要是受结构面和软弱夹层影响，是岩体不均匀性和不连续性造成的结果。

节理发育的块状及碎裂结构岩体，在法向应力作用下，结构面趋于闭合，呈刚性接触。因此，对垂直于结构面及软弱夹层的法向应力的传递影响较小。而对于平行结构面及软弱夹层的应力的侧向传递有所限制，引起应力集中。对于这一类岩体，必须充分考虑结构面组合网络与主应力方向的关系，对其应力集中作确切的估计。通过灌浆固结后，裂隙填充，可改善应力分配条件。对碎裂结构的边坡岩体和周围岩体，由于结构面组合网络的不同，也会产生不同的应力不连续及应力集中现象。

6.1.4.2 岩体强度的各向异性

大量实验证明，结构面和软弱夹层是岩体抗剪强度的控制性因素，而且又表现出明显的各向异性。

垂直结构面方向的岩体抗剪强度，接近于岩石的抗剪强度，但并不等于岩石抗剪强度，其或多或少地受到岩体中结构面、特别受具有一定充填物的结构面和软弱夹层的密度和厚度的影响。其密度与厚度越大，岩体抗剪强度越低于岩石抗剪强度。

平行结构面或软弱夹层的岩体抗剪强度一般很低，它取决于岩体结构面或软弱夹层的抗剪强度。而岩体结构面和软弱夹层的抗剪强度又与其上下盘面粗糙程度，特别是粗糙面的起伏度有关。此外，结构面或软弱夹层中充填物的组成物质、结构和构造等，对抗剪强度也有明显的影响。

斜交结构面方向的岩体抗剪强度，在其他条件相同情况下，主要随剪切面与结构面夹角而变化。垂直结构面方向的抗剪强度大，平行结构面方向的抗剪强度小，斜交结构面方向的抗剪强度介于二者之间。由试验得知，剪切方向与结构面倾向相反的"正向结构面系统"（图 6 – 16a），与剪切方向与结构面倾向相同的"负向结构面系统"（图 6 – 16b），两者剪切面与结构面夹角虽然相同，但其抗剪强度是不同的。前者显然大于后者。

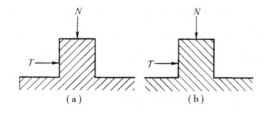

图 6 – 16 剪切方向与结构面倾向的关系

（a）正向结构面系统；（b）负向结构面系统

6.1.4.3 岩体的变形特征

岩体的变形通常包括结构面变形和结构体变形两部分，实测的岩体应力 – 应变曲线，是上述两种变形叠加的结果（图 6 – 17）。图 6 – 18 中分别绘出了坚硬岩石、软弱结构面与岩

体的三条应力 - 应变曲线，由图可见三条曲线的特征是不同的。坚硬岩石曲线的特点是弹性关系特别显著。软弱面曲线的特征表明了以塑性变形为主，而岩体的曲线则比它们都复杂。

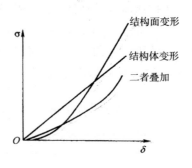

图 6 - 17　岩体的变形成分

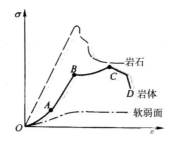

图 6 - 18　岩石、岩体与弱面的应力 - 应变关系曲线

岩体应力 - 应变曲线一般可分为四个阶段，如图 6 - 18 中的 OA 段曲线呈凹状缓坡，这是由于节理压密闭合造成的；AB 段是结构面压密后弹性变形阶段；BC 段为曲线，它表明岩体产生塑性变形或开始破裂；C 点的应力值就是岩体的极限强度。过 C 点后曲线开始下降，表明岩体进入全面的破坏阶段。

由于岩体结构类型的不同，实际的岩体应力 - 应变曲线也不同。如完整结构岩体的应力 - 应变曲线，其特点是弹性阶段明显，压密阶段没有或不显著；块状或块状碎裂结构岩体的变形曲线具有明显的上述四个阶段；碎块状碎裂结构和散体结构的岩体，其变形曲线中弹性阶段很短，塑性阶段很长，岩体破坏后的应力降不显著。

变形模量或弹性模量是表征岩体变形的重要参数。就大多数岩体而言，一般建筑物对岩体所产生的荷载远达不到岩体的极限强度值。因此设计人员所关心的主要是岩体的变形特性。由于岩体中发育有各种结构面，所以岩体变形的弹塑性特征较岩石更为显著。如图 6 - 19 所示，岩体在反复荷载作用下，对应于每一级压力的变形，均有弹性变形 ε_e 和残余变形 ε_p 两部分。则弹性模量 E_e 和变形模量 E 分别为：

$$E_e = \sigma / \varepsilon_e \tag{6-9}$$

$$E = \sigma / (\varepsilon_p + \varepsilon_e) \tag{6-10}$$

岩体的变形模量也是表征岩体质量的一种指标。坚硬岩体的变形模量高，软弱破碎岩体则低。另外，用静力法测得的坚硬完整岩体的弹性模量 E_e 和变形模量 E 数值较接近，而软弱破碎岩体，因其残余变形大，所以 E_e 和 E 二者往往相差很大。

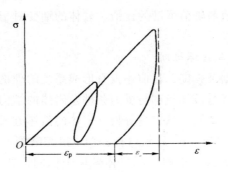

图 6 - 19　岩体的弹性变形和残余变形

6.1.4.4　岩体的流变特性

物体在外部条件不变的情况下，应力或应变随时间变化的性质称为流变性。流变性有蠕变和松弛两种表现形式。

蠕变是指在应力一定的条件下，变形随时间的持续而逐渐增长的现象。

松弛是指在变形保持一定时，应力随时间的增长而逐渐减小的现象。

试验和工程实践证明，岩石和岩体均有流变性，特别是蠕变现象较为普遍。很多建筑物的失事，往往不是由于荷载过高，而是在应力较低的情况下岩体发生了蠕变。

在自然界中，由软弱岩石组成的岩体、软弱夹层和碎裂岩体变形的时间效应明显。一般岩体的典型蠕变曲线可分为三个阶段（图 6 - 20）。

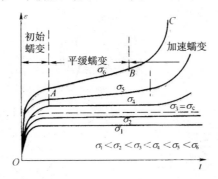

图 6 - 20　不同应力条件下岩体的
蠕变曲线

第一阶段（OA 段）称初始蠕变阶段，其特点是变形速度逐渐减小，至 A 点达到最小值。

第二阶段（AB 段）称平缓蠕变阶段，其变形缓慢平稳，变形速度保持常量，一直持续到 B 点。

第三阶段（BC 段）称加速蠕变阶段，其特点是变形速度加快直至岩体破坏。

研究表明，岩体的蠕变有两种情况：当恒定的应力值较小时，只出现第一或第二阶段的蠕变，并不引起岩体的破坏。当应力等于或超过某一数值时（如图 6 - 20 中的 σ_c），才出现加速蠕变阶段而导致岩体破坏。通常把出现蠕变破坏的最低应力值，称为长期强度。

岩体的长期强度取决于岩石及结构面的性质、含水量等因素。根据原位剪切试验资料，软弱岩体和泥化夹层的长期剪切强度（f_c）与短期剪切强度（f_0）的比值，约为 0.8，大体上相当于快剪试验的屈服值与峰值强度的比值。岩体的蠕变对于工程岩体的稳定分析具有重要意义。

6.1.4.5　岩体的破坏方式与破坏机制

　　岩体的破坏、破坏判据及强度，目前还没有形成系统的理论，这主要是因为岩体比岩石复杂得多。岩体的破坏方式与破坏机制与受力条件及岩体的结构特征有关。一般当岩体结构类型不同时，其破坏方式也不同。从宏观分析，岩体的破坏方式主要有4种，如图6-21所示：（a）脆性破裂、块体滑移；（b）层状弯折；（c）追踪破裂；（d）塑性流动。岩体的剪切破坏是一种占优势的破坏方式。正确判断岩体破坏失稳的形式，是进行岩体稳定分析的基础。

图6-21　不同结构类型岩体的破坏形式
（a）脆性破裂、块体滑移；（b）层状弯折；（c）追踪破裂；（d）塑性流动

岩体的剪切破坏大致有三种情况：一是沿着软弱结构面的剪切破坏，称为重剪破坏，此时软弱结构面的抗剪强度代表了岩体的抗剪强度；二是受结构面控制的剪切破坏，称为复合剪切破坏，破裂面追踪结构面的不利组合面发育，岩体强度取决于结构面和结构体两个方面；三是受结构体控制的剪切破坏，称为剪断破坏，是因整个岩体的抗剪强度不够而发生的破坏。

通过剪应力 – 剪位移曲线的分析，岩体的剪切破坏有脆性破坏和塑性破坏两种类型。

（1）脆性破坏型

坚硬完整岩体多属此种类型，其剪应力 – 剪位移曲线的主要特征是岩体在破坏前剪位移较小，破坏后有明显的应力降，变形曲线可分为如下三个阶段（图 6 – 22）：

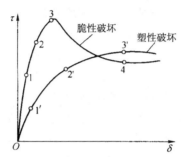

图 6 – 22　岩体两种典型剪应力 – 剪位移曲线

第一阶段应力应变呈线性关系，该阶段终止于点 1，该点的应力值称为比例极限强度。

剪力如果继续施加，即进入第二阶段。此时岩体部分出现微裂隙，位移曲线开始向横轴弯曲。该阶段终止于点 2，该点的应力值称为屈服极限。

第三阶段位移速度明显增加，当剪应力达到峰值点 3 后，试件全部剪断，应力骤然下降直至点 4 后才趋于一个定值。3 点的应力值称为破坏极限或峰值强度。4 点以后的应力值称残余强度。

（2）塑性破坏型

半坚硬或软弱破碎岩体多数属此种类型，其剪应力 – 剪位移曲线的主要特征是在峰值破坏前剪位移较大，过峰值后剪应力基本保持不变，试件以一定的位移速率沿剪切面滑移。

上述的比例极限、屈服极限、峰值强度及残余强度为岩体的特征强度值。

6.2　工程岩体分级

6.2.1　分级的目的

岩体工程分级的目的，是对作为工程建筑物地基或围岩的岩体，从工程的实际要求出发，对它们进行分级；并根据其特性，进行试验，得出相应的设计计算指标或参数，以便使工程建设达到经济、合理、安全的目的。

根据用途的不同，岩体工程分级有通用的分级和专用的分级两种。前者是供各个学科领域、各国民经济部门笼统使用的分级，是一种较少针对性的、原则性的、大致的分析；而专用的分级，是针对某一学科领域，某一具体工程，或某一工程的具体部位岩体的特殊要求，或专为某种工程目的服务而专门编制的分级。与通用分级相比，专用分级所涉及的面要窄一些，考虑的影响因素要少一些，但更深入和细致。

分级的目的不同，其要求也不一样。对水利水电工程来讲，须着重考虑水的影响这一特点；对于地下工程，则应着重研究地压问题；对于为钻进、开挖用的分级，则主要是考虑岩石的坚硬程度。一般对大工程要求高些，小工程就可放宽一些。同是大型工程，初设阶段和施工图设计阶段的要求也各不相同。

总之，岩体工程分级是为一定的具体工程服务的，是为某种目的编制的，其内容和要求须视工程类型、不同设计阶段和所要解决的问题而定。

6.2.2 影响岩体工程性质的主要因素

影响岩体工程性质的因素，从地质观点来看是很多的；但从工程观点来看，影响岩体工程性质的因素，起主导和控制作用的，则为数不多，主要有：岩石强度、岩体完整性、风化程度、水的影响等。

6.2.2.1 岩石强度和质量

岩石质量的优劣对岩体质量的好坏有着明显的影响。

从工程的观点来看，岩石质量的好坏主要表现在它的强度（软、硬）和变形性（结构上的致密、疏松）方面。而作为工程建筑物基础和围岩的岩体，欲衡量其工程性质属性的好坏，主要也表现在岩体的强度和变形性这两个方面。评价和衡量岩石质量好坏，至今没有统一的方法和标准，目前多沿用室内单轴抗压强度指标来反映。

6.2.2.2 岩体的完整性

一般来说，岩体工程性质的好坏基本上不取决于或很少取决于组成岩体的岩块力学性质，而是取决于包括受到各种地质因素和地质条件影响而形成的软弱面、软弱带和其间充填的原生或次生物质的性质。因此，即使组成岩体的岩质相同，其岩体的完整性却不一定相同，其工程性质也会迥然不同。

岩体被断层、节理、裂隙、层面、岩脉破碎带等所切割是导致岩体完整性遭到破坏和削弱的根本原因。因此，岩体的完整性可以用被节理切割之岩块的平均尺寸来反映；也可以用节理裂隙出现的频度、性质、闭合程度等来表达；还可以根据灌浆时的耗浆量，施工中选用的掘进工具、开挖方法、日进尺量，钻孔钻进时的岩心获得率，抽水试验中的渗流量，弹性波在地层中的传播速度，甚至变形试验中的变形量、室内外弹模比和现场动静弹模的比值等多种途径去定量地反映岩体的完整性。总之，岩体的完整性可用地质、试验和施工等各种定性、定量指标参数来表达。

6.2.2.3 水的影响

水对岩体质量的影响表现在两个方面：一是使岩石的物理力学性质恶化；二是沿岩体的裂隙形成渗流，影响岩体的稳定性。

考虑到水对岩石的影响主要表现在其强度的削弱方面，而理论上和实践中均知道，岩石的各种强度可用它的抗压强度来表示。因此，水对岩石的影响就有可能用岩石浸水饱和前后的单轴干、湿抗压强度之比来表示。

6.2.3 工程岩体分级的代表性方案

20 世纪 70 年代以来，国内外提出了许多工程岩体的分级方法，其中影响较大的有 RMR 系统、RSR 系统，Q 系统和 Z 系统（表 6-3）。

表 6 – 3　工程岩全分级的若干代表性方案

分级方案	计算公式	参　数	等级划分
RMR 系统	$RMR = A + B + C + D + E + F$ (T. Bieniawski, 1973)	A——岩石强度, 分数 15～0 B——RQD (岩石质量指标), 分数 20～3 C——不连续面间距 (2～6m), 分数 20～5 D——不连续面性状 (粗糙–夹泥) 分数 30～0 E——地下水 (干燥–流动) 分数 15～0 F——不连续面产状条件 (很好–很差), 分数 0～12 个	Ⅰ 很好　$KMR = 100～81$ Ⅱ 好　　$RMR = 80～61$ Ⅲ 中等　$KMR = 60～41$ Ⅳ 差　　$RMR = 21～40$ Ⅴ 很差　$RMR \leqslant 20$
RSR 系统	$RSR = A + B + C$ (G. E. Wickham, 1974)	A——地质 (岩石类型: 按三大岩类由硬到破碎划为 4 个等级; 构造由整体到强烈断裂褶皱分为 4 个等级), 分数 30～6 B——节理裂隙特征 (按整体到极密集分为 6 个等级, 按走向倾角与掘进方向关系折减), 分数 45～7 C——地下水 (无至大量), 分数 25～6	RSR 变化范围为 25～100
Q 系统	$Q = (RQD/J_n)(J_r/J_a)(J_w/SRF)$ (Barton, 1974)	RQD——岩石质量指标, 0～100 J_n——裂隙组数 (无到碎裂), 0.5～20 J_r——裂隙粗糙度 (粗糙到镜面), 4～0.5 J_a——裂隙蚀变系数 (新鲜到蚀变夹泥), 0.75～20 J_w——裂隙水折减系数 (干燥到特大水流), 1～0.05 SRF——应力折减系数 (高应力状态趋于流动的岩石到接近地表的坚固岩石), 20～2.5	特好　$Q = 400～1000$ 极好　$Q = 100～400$ 很好　$Q = 40～100$ 好　　$Q = 10～40$ 一般　$Q = 4～10$ 坏　　$Q = 1～4$ 很坏　$Q = 0.1～1$ 极坏　$Q = 0.01～0.1$ 特坏　$Q = 0.001～0.01$
Z 系统	$Z = IfR$ (谷德振, 1979)	I——完整性系数, $I = (V_m/V_r)^2$, V_m—岩体中纵波波速, V_r—岩石中纵波波速 f——结构面抗剪强度系数 R——岩石坚固系数, $R = [\sigma_湿]/100$, $[\sigma_湿]$ 为岩石湿单轴抗压强度	Z 的变化范围为 0.01～20
BQ 系统	$BQ = 90 + 3R_c + 250K_V$ $[BQ] = BQ - 100(K_1 + K_2 + K_3)$ (GB 50218 – 94)	R_c——岩石单轴饱和抗压强度 K_V——岩体完整性指数 (岩体速度指数) K_1——地下水影响修正系数 K_2——主要软弱结构面产状影响修正系数 K_3——初始应力状态影响修正系数	Ⅰ　BQ 或 $[BQ]$　>550 Ⅱ　BQ 或 $[BQ]$　$=550～451$ Ⅲ　BQ 或 $[BQ]$　$=450～351$ Ⅳ　BQ 或 $[BQ]$　$=350～251$ Ⅴ　BQ 或 $[BQ]$　$\leqslant250$

6.2.4　工程岩体分级标准 (GB 50218—94)

　　影响工程岩体稳定的因素是多种多样的, 但只有岩体的物理力学性质和构造发育情况是独立于各种工程类型的, 反映了岩体的基本特征。而在岩体的各项物理力学性质中, 对稳定性关系最大的是岩石坚硬程度。岩体的构造发育状况体现了岩体是地质体的基本属性; 岩体的不连续性及不完整性是这一属性的集中反映。这两者是各种类型岩石工程的共性，对各种类型工程岩体的稳定性都是重要的，是控制性的。因此，岩体基本质量分级的因素应是岩石坚硬程度和岩体完整程度。岩石坚硬程度已在第2章讲述，这里主要对岩体完整程度进行讨论。

6.2.4.1 工程岩体质量的初步分级

（1）岩体完整程度的确定

1）定性划分　岩体完整程度的定性划分见表6-4。其中，结构面的结合程度按表6-5确定。

表6-4　岩体完整程度的定性划分

名　称	结构面发育程度		主要结构面的结合程度	主要结构面类型	相应结构类型
	组　数	平均间距（m）			
完　整	1~2	>1.0	结合较好或一般	节理、裂隙、层面	整体状或巨厚层状结构
较完整	1~2	1>1.0	结合差	节理、裂隙、层面	块状或厚层状结构
	2~3	1.0~0.4	结合好或一般		块状结构
较破碎	2~3	1.0~0.4	结合差	节理、裂隙、层面、小断层	裂隙块状或中厚层状结构
	≥3	0.4~0.2	结合好		镶嵌碎裂结构
			结合一般		中、薄层状结构
破　碎	≥3	0.4~0.2	结合差	各种类型结构面	裂隙块状结构
		≤0.2	结合一般或差		碎裂状结构
极破碎	无序		结合很差		散体状结构

表6-5　结构面结合程度的划分

名　称	结　构　面　特　征
结合好	张开度小于1mm，无充填物；张开度1~3mm，为硅质或铁质胶结；张开度大于3mm，结构面粗糙，为硅质胶结
结合一般	张开度1~3mm，为钙质或泥质胶结；张开度大于3mm，结构面粗糙，为铁质或钙质胶结
结合差	张开度1~3mm，结构面平直，为泥质或泥质和钙质胶结；张开度大于3mm，结构面粗糙，多为泥质或岩屑充填
结合很差	泥质充填或泥夹岩屑充填，充填物厚度大于起伏差

2）定量确定　岩体完整程度的定量指标采用岩体完整性指数（K_V）的实测值。当无条件取得实测值时，也可采用岩体体积节理数（J_V）按表6-6确定。岩体完整性指数（K_V）与定性划分的岩体完整程度的对应关系按表6-7确定。

表6-6　J_V 与 K_V 对照表

J_V（条/m³）	<3	3~10	10~20	20~35	>35
K_V	>0.75	0.75~0.55	0.55~0.35	0.35~0.15	<0.15

表6-7　K_V 与定性划分的岩体完整程度的对应关系

K_V	>0.75	0.75~0.55	0.55~0.35	0.35~0.15	<0.15
完整程度	完整	较完整	较破碎	破碎	极破碎

（2）岩体基本质量分级

在上述岩体质量评价的基础上，可据下式确定岩体基本质量指标（BQ）：

$$BQ = 90 + 3R_c + 250K_v$$

式中 R_c 的单位为 MPa。

根据岩体基本质量的定性特征和岩体基本质量指标两方面的特征，按表 6-8 对岩体质量进行初步定级。

表 6-8　岩体基本质量分级

基本质量级别	岩体基本质量的定性特征	岩体基本质量指标（BQ）
I	坚硬岩，岩体完整	>550
II	坚硬岩，岩体较完整； 较坚硬岩，岩体完整	550~451
III	坚硬岩，岩体较破碎； 较坚硬岩或软硬互层，岩体较完整； 较软岩，岩体完整	450~351
IV	坚硬岩，岩体破碎； 较坚硬岩，岩体较破碎~破碎； 较软岩或软硬岩互层，且以软岩为主，岩体较完整~较破碎软岩； 岩体完整~较完整	350~251
V	较软岩，岩体破碎； 软岩，岩体较破碎~破碎； 全部极软岩及全部极破碎岩	≤250

6.2.4.2　工程岩体质量的详细分级

当遇有地下水、岩体稳定性受软弱结构面影响且由一组起控制作用或存在表 6-9 所列的高初始应力现象时，应利用岩体基本质量指标修正值（$[BQ]$），按表 6-8 对岩体质量进行详细定级。岩体基本质量指标修正值的计算式如下：

$$[BQ] = BQ - 100(K_1 + K_2 + K_3)$$

式中　K_1——地下水影响修正系数；

　　　K_2——主要软弱结构面产状影响修正系数；

　　　K_3——初始应力状态影响修正系数。

K_1、K_2、K_3 值分别按表 6-10、表 6-11、表 6-12 确定。无表中所列情况时，修正系数取 0。$[BQ]$ 出现负值时，应按特殊情况处理。

表 6-9　高初始应力地区岩体在开挖过程中出现的主要现象

应力情况	主要现象	R_c/σ_{max}
极高应力	1. 硬质岩：开挖过程中时有岩爆发生，有岩块弹出，洞壁岩体发生剥离，新生裂隙多，成洞性差；基坑有剥离现象，成形性差 2. 软质岩：岩心常有饼化现象，开挖过程中洞壁岩体有剥离，位移极为显著，甚至发生大位移，持续时间长，不易成洞；基坑发生显著隆起或剥离，不易成形	<4
高应力	1. 硬质岩：开挖过程中可能出现岩爆，洞壁岩体有剥离和掉块现象，新生裂隙较多，成洞性较差；基坑时有剥离现象，成形性一般尚好 2. 软质岩：岩心时有饼化现象，开挖过程中洞壁岩体位移显著，持续时间较长，成洞性差；基坑有隆起现象，成形性较差	4~7

注：σ_{max} 为垂直洞轴线方向的最大初始应力。

表 6 – 10　地下水影响修正系数（K_1）

BQ	>450	450～351	350～251	≤250
潮湿或点滴状出水	0	0.1	0.2～0.3	0.4～0.6
淋雨状或涌流状出水，水压≤0.1MPa或单位出水量≤10L/min·m	0.1	0.2～0.3	0.4～0.6	0.7～0.9
淋雨状或涌流状出水，水压>0.1MPa或单位出水量>10L/min·m	0.2	0.4～0.6	0.7～0.9	1.0

表 6 – 11　主要软弱结构面产状影响修正系数（K_2）

结构面产状及其与洞轴线的组合关系	结构面走向与洞轴线夹角<30°，结构面倾角 30°～75°	结构面走向与洞轴线夹角>60°，结构面倾角>75°	其他情况
K_2	0.4～0.6	0～0.2	0.2～0.4

表 6 – 12　初始应力状态影响修正系数（K_3）

BQ	>550	550～451	450～351	350～251	≤250
极高应力区	1.0	1.0	1.0～1.5	1.0～1.5	1.0
高应力区	0.5	0.5	0.5	0.5～1.0	0.5～1.0

6.2.5　工程岩体分级的发展趋势

为了既全面地考虑各种影响因素，又能使分级形式简单、使用方便，工程岩体分级将向以下方向发展。

（1）逐步向定性和定量相结合的方向发展。对反映岩体性状固有地质特征的定性描述，是正确认识岩体的先导，也是岩体分级的基础和依据。然而，如果只有定性描述而无定量评价是不够的，因为这将使岩体类别的判定缺乏明确的标准，应用时随意性大，失去分类意义。因此，应采用定性与定量相结合的方法。

（2）采用多因素综合指标的岩体分级。为了比较全面地反映影响工程岩体稳定性的各种因素，倾向于用多因素综合指标进行岩体分级。在分级中，主要考虑的是岩体结构、结构面特征、岩块强度、岩石类型、地下水、风化程度、天然应力状态等。在进行岩体分级时，因力图充分考虑各种因素的影响和相互关系，根据影响岩体性质的主要因素和指标进行综合分级评价。近年来，许多分级都很重视岩体的不连续性，把岩体的结构和岩石质量因素作为影响岩体质量的主要因素和指标。

（3）岩体工程分级与地质勘探结合起来。利用钻孔岩心和钻孔等进行简易岩体力学测试（如波速测试，回弹仪及点荷载试验等）研究岩体特性，初步判别岩类，减少费用昂贵的大型试验，使岩体分级简单易行，这也是国内外岩体分级的一个发展趋势。

（4）新理论、新方法在岩体分级中的应用。电子计算机等先进手段的出现，使一些新理论、新方法（如专家系统、模糊评价等）也相继应用于岩体分类中，出现了一些新的分级方法。可以预见这也是岩体工程分级的一个新的发展趋势。

（5）强调岩体工程分级结果与岩体力学的参数估算的定量关系的建立，重视分级结果与工程岩体处理方法、施工方法相结合。

6.3　岩体稳定性分析

6.3.1　岩体稳定性分析方法简述

由于不同类型工程的岩体对稳定性要求的不同，不同结构特征及边界条件的岩体的变形与失稳机制的不同，因此，岩体稳定性分析的方法亦不尽相同。归纳起来，国内外应用于岩体稳定性分析的方法有：地质分析类比法、岩体结构分析与计算法、岩体稳定性分类法、数值模拟计算法、地质模拟试验法等。

（1）地质分析类比法　是以待建工程地区的工程地质条件与具有类似工程地质条件相邻地区的已建工程，进行比较分析而获得对待建工程岩体稳定性程度的认识；

（2）岩体结构分析与计算法　是从分析岩体的结构特征和岩体的边界条件与受力状态入手，通过必要的室内外试验，获取岩体稳定性计算的参数，进行稳定性计算；

（3）岩体稳定性分类法　是以大量岩体质量与性质的实践性数据为基础，从岩体稳定性角度出发，对岩体的质量进行单指标的分类或多指标综合评判分类，以评价岩体的稳定性；

（4）数值模拟计算法　是从研究岩体的应力与应变的结构方程和获取岩体变形参数入手，建立岩体在承受工程荷载条件下的数学力学模型，计算与评价岩体的稳定性；

（5）地质模拟试验法　是在岩体结构特征、岩体边界条件分析和室内外力学试验所得参数的基础上，以相似材料制作按比例缩小的地质试验模型，施加按比例缩小的荷载，观测其变形、破坏过程及所需计算参数，进而通过反馈分析，定量和定性地计算分析岩体的稳定性和破坏规律。

以上五种方法，有时是互相配合的，但对中小工程则常用地质类比法和简单的分析、计算。

对于岩体的稳定分析，最重要的是确定被结构面分割的滑动割离体、其受力条件以及计算的参数。

6.3.2　岩体稳定性的结构分析

岩体的失稳破坏，往往是一部分不稳定的结构体沿着某些结构面拉开，并沿着另外一些结构面向着一定的临空面滑移的结果，这就揭示了切割面、滑动面和临空面是岩体稳定性破坏必备的边界条件。因此，通过对岩体结构要素（结构面和结构体）的分析，弄清岩体滑移的边界条件是否具备，就可以对岩体的稳定性作出评价判断。这是岩体稳定性结构分析的基本内容和实质。

岩体稳定性结构分析的步骤：第一步，对岩体结构面的类型、产状及其特征进行调查、统计、分类研究。第二步，对各种结构面及其空间组合关系等进行图解分析，在工程实践中多采用赤平极射投影的图解分析方法。第三步，根据上述分析，对岩体的稳定性作出评价。

6.3.2.1　赤平极射投影的原理

赤平极射投影，是利用一个球体作为投影工具，如图 6 - 23 所示。

通过球心作一球体赤道平面 $EAWC$，称为赤平面。以球体的一个极点 S 或 N（南极或北极）为视点，发出射线（视

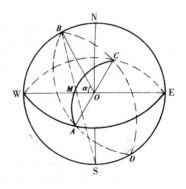

图 6 - 23

线）SB，称极射。射线与赤平面的交点 M，即为 B 点的赤平极射投影。所以，赤平极射投影，实质上就是把物体置于球体中心，将物体的几何要素（点、线、面）投影于赤平面上，化立体为平面的一种投影。如图 6 - 23 中的 $ABCD$ 为一通过球心的倾斜结构面，与赤平面相

交于 A、C，与赤平面的夹角为 α。自 S 极仰视上半球 ABC 面，则其在赤平面上的投影为一圆弧 AMC。若将赤平面 $AWCE$ 从球体中拿出来，即如图 6 - 24 所示。从图中可知：AC 线实际上是结构面 $ABCD$ 的走向；MO 线段的方向实际上就是结构面的倾向；OM 线段的长短随 $ABCD$ 面与赤平面的夹角 α 的大小而变，如图 6 - 25 所示，当 α 等于 90°时，M 点落在球心上，O 与 M 重合，长度为零；当 α 等于 0°时，M 点落在圆周上，与 F 点重合，这时 OM 最长，等于圆的半径，若把 FO 划分为 90°，则 FM 的长度实际上就表示结构面 $ABCD$ 的倾角。

由此可知，赤平极射投影能以二维平面的图形来表达结构体几何要素（点、线、面）的空间方位及它们之间的夹角与组合关系。因此，凡具有方向性的岩体滑动边界条件、受力条件等，都可纳入统一的投影体系中进行分析，判断岩体稳定性。

6.3.2.2　赤平极射投影的作图方法

从上述可知，利用赤平极射投影，可以把空间线段或平面的产状化为平面来反映，且可以在投影图上简便地确定它们之间的夹角、交线和组合关系。因此，如果已知结构面的产状，就可以通过赤平极射投影的作图方法来表示。

在实际工作中，为了简化制图方法，常采用预先制成的投影网来制图。常用的投影网是俄国学者吴尔夫制作的投影网（图 6 - 26）。吴氏投影网的网格为由 2°分格的一组经线和一组纬线组成。

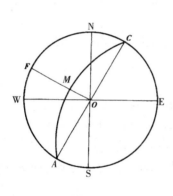

图 6 - 24

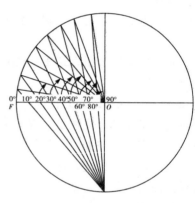

图 6 - 25

由于赤平极射投影表达的内容较为广泛，且作图方法又不尽相同，下面只就最基本的面（结构面、边坡面等）的产状、面与面交线的产状的作图方法作如下介绍。

如已测得两结构面的产状如表 6 - 13 所示。

表 6 - 13　两组结构面的产状要素

结构面	走　向	倾　向	倾　角	结构面	走　向	倾　向	倾　角
J_1	N30°E	SE	40°	J_2	N20°W	NE	60°

作此两结构面的赤平极射投影图，并求其交线的倾向和倾角。其方法大致如下：

（1）先准备一个等角度赤平极射投影网（亦称吴尔夫网），如图 6 - 26 所示。

（2）将透明纸放在投影网上，按相同半径画一圆，并注上南北、东西方向（图 6 - 27）。

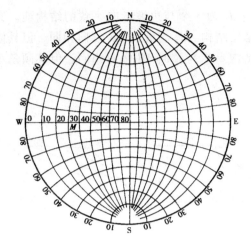

图 6 - 26　吴尔夫投影网

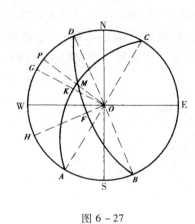

图 6 - 27

（3）利用投影网在圆周的方位度数上，经过圆心绘 N30°E 及 N20°W 的方向线，分别注为 AC 及 BD。

（4）转动透明纸，分别使 AC、BD 与投影网的上下垂直线（南北线）相合，在投影网的水平线（东西线）上找出倾角为 40° 及 60° 的点（倾向为 NE、SE 时在网的左边找，倾向为 NW、SW 时在网的右边找），分别注上 K 及 F。通过 K、F 点分别描绘 40°、60° 的经度线，即得结构面 J_1、J_2 的赤平极射投影弧 AKC 和 BFD。再分别延长 OK、OF 至圆周交于 G、H 点，就完成所求结构面 J_1、J_2 的投影图（图 6 - 27）。图中 AC、BD 分别为 J_1、J_2 走向；GK、HF 表示 J_1、J_2 的倾角；KO、FO 线的方向为 J_1、J_2 的倾向。

（5）找弧 AKC 和弧 BFD 的交点，注上 M，连 OM 并延长至圆周交于 P。MO 线的方向即为 J_1、J_2 交线的倾向，PM 表示 J_1、J_2 交线的倾角。

6.3.2.3　赤平极射投影的应用

赤平极射投影广泛应用于天文学、地图学、晶体学、构造地质学；在洞室及边坡等工程勘察中也较广泛应用。用赤平极射投影可表示各种软弱结构面（层面、断层面、矿脉等）的产状，也可表示各种构造线（擦痕、倾斜线、断层面交线及各结构面交线等）的产状。同时可定性评价岩质边坡稳定问题。下面以边坡岩体为例，介绍岩体稳定的结构分析。

从边坡岩体的结构特点，分析边坡岩体稳定的主要任务是：初步判断岩体结构的稳定性和推断稳定坡角，同时为进一步进行定量分析提供边界条件及部分参数。诸如确定滑动面、切割面、临空面的方位及其组合关系和不稳定结构体（滑动体）的形态、大小以及滑动的方向等。

（1）一组结构面的分析

1）结构推断

①当岩层（结构面）的走向与边坡的走向一致时，边坡岩体的稳定性可直接应用赤平极射投影图来判断。

在赤平极射投影图上，当结构面投影弧形与边坡投影弧形的方向相反时，边坡属稳定边坡；两者的方向相同且结构面投影弧形位于坡面投影弧形之内时，边坡属基本稳定；当两者的方向相同，而结构面的投影弧形位于坡面投影弧之外时，边坡属不稳定边坡。

如图 6-28a 中边坡的投影为弧 *AMB*。J_1、J_2、J_3 为 3 个与边坡走向一致的结构面。其中 J_1 与坡面 *AB* 倾向相反（图 6-28b），边坡属稳定结构。J_2 与坡面 *AB* 倾向相同，但其倾角大于边坡倾角（图 6-28c），边坡属基本稳定结构。J_3 与坡面 *AB* 倾向相同，但其倾角小于边坡倾角，边坡属不稳定结构（图 6-28d）。

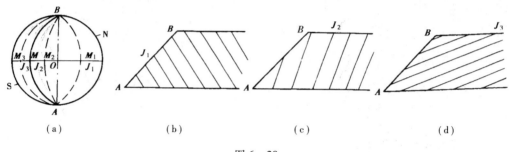

图 6-28

至于稳定坡角，对于反向边坡，如图 6-28b 所示，结构面对边坡的稳定性没有直接影响，从岩体结构的观点来看，即使坡角达到 90°也还是比较稳定的。对于顺向边坡，如图 6-28c、图 6-28d，结构面的倾角即可作为稳定坡角。

②当岩层（单一结构面）的走向与边坡的走向斜交时，若边坡的稳定性发生破坏，从岩体结构的观点来看，必须同时具备两个条件：第一，边坡稳定性的破坏一定是沿着结构面发生的；第二，必须有一个直立的并垂直于结构面的最小抗切面($\tau = c$)*DEK*，如图 6-29 所示。图中最小抗切面是推断的，边坡破坏之前是不存在的。但是，如果发生破坏，则首先沿着最小抗切面发生。这样，结构面与最小抗切面就组合成不稳定体 *ADEK*。为了求得稳定的边坡，将此不稳定体清除，即可得到稳定坡角 θ_v。这个稳定坡角是大于结构面倾角，且不受边坡高度的控制。其作法如下（图 6-30）：

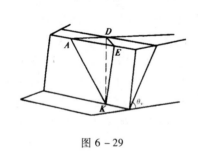

图 6-29

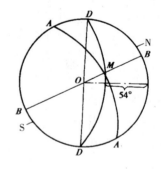

图 6-30

如已知结构面走向 N80°W，倾向 SW，倾角 50°，与边坡斜交。边坡走向 N50°W，倾向 SW。求稳定坡角。

（a）根据结构面的产状，绘制结构面的赤平投影 *A-A*。

（b）因最小抗切面垂直于结构面，并直立，因此，最小抗切面的走向为 N10°E，倾角 90°按此产状绘制其赤平投影 *B-B*，与结构面 *A-A* 交于 *M*。*MO* 即为两者的组合交线。

（c）根据边坡的走向和倾向，通过 M 点，利用投影网求得边坡投影弧 DMD。

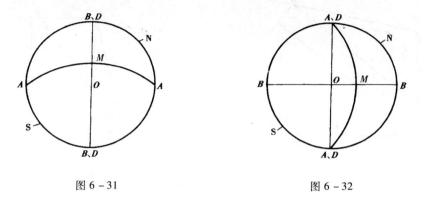

图 6 – 31　　　　　　　　　　　　　　　　图 6 – 32

（d）根据边坡投影弧 DMD，利用投影网可求得坡面倾角为 50°。此角即为推断的稳定坡角。

当结构面走向与边坡走向成直交时（图 6 – 31），稳定坡角最大，可达 90°；当结构面走向与边坡走向平行时（图 6 – 32），稳定坡角最小，即等于结构面的倾角。由此可知，结构面走向与边坡走向的夹角由 0°变到 90°时，则稳定坡角 θ_v，可由结构面倾角 α 变到 90°。

2）力学分析

分析边坡岩体在自重作用下的稳定性时，如图 6 – 33 所示。其总下滑力就是由岩体重力 G 产生的平行于滑动面的分力 T。而抗滑力 F，按库仑定律，由滑动面上的摩擦力和黏聚力组成。由此

$$K = \frac{F}{T} = \frac{N\tan\varphi + cL}{T} = \frac{G\cos\alpha\tan\varphi + cL}{G\sin\alpha} \tag{6 – 11}$$

式中　　K——岩体稳定安全系数；

　　　　G——滑动岩体自重；

　　　　N——由 G 产生的法向分力；

　　　　T——由 G 产生的切向分力；

　　　　φ——滑动面上岩体的内摩擦角；

　　　　c——滑动面上岩体的黏聚力；

　　　　L——滑动面的长度；

　　　　α——滑动面的倾角。

当结构面走向与边坡走向一致（图 6 – 33），边坡稳定系数 $K = 1$ 时，极限平衡状态下的滑动体高度 h_v 为

$$h_v = \frac{2c}{\gamma \cdot \cos^2\alpha\ (\tan\alpha - \tan\varphi)} \tag{6 – 12}$$

在给定边坡高度的情况下，只要求得 h_v，即可通过作图求得极限稳定坡角 θ_v 的大小。如图 6 – 34 所示，某一不稳定结构面 AB 的倾角为 α，需要开挖的深度为 H，在不稳定面 AB 上选 C 点作垂线 CD，恰好使 CD 等于滑动体极限高度 h_v，联结 AD，即为所求的开挖边坡线，它与水平线的夹角 θ_v，即为求得的极限稳定坡角。一般来说，滑动体的实际高度 h 小于极限高度 h_v 时，边坡处于稳定状态；反之处于不稳定状态。

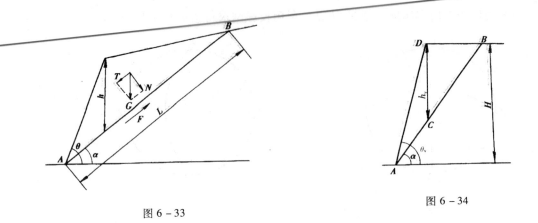

图 6 – 33　　　　　　　　　　　　　　　　图 6 – 34

　　当结构面走向与边坡走向斜交时，可以分直立边坡和倾斜边坡两种情况来分析。

　　（2）二组结构面的分析

　　1）结构推断　对这类边坡，主要分析结构面组合交线与边坡的关系，一般有五种情况，图 6 – 35 所示。

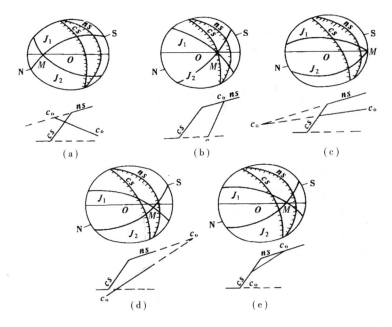

（a）　　　　　　　　（b）　　　　　　　　（c）

（d）　　　　　　　　（e）

图 6 – 35

　　①在图 6 – 35a 中，两结构面 J_1、J_2 的交点 M，在赤平极射投影图上位于边坡面投影弧（cs 及 ns）的对侧，说明组合交线 MO 的倾向与边坡倾向相反（即倾向坡里），所以没有发生顺层滑动的可能性，属最稳定结构。

　　②在图 6 – 35b 中，结构面的交点 M 虽与坡面处于同侧，但位于开挖坡面投影弧 cs 的内部，说明结构面交线倾向与坡面倾向一致，但倾角大于坡角，故仍属稳定结构。

③在图 6 - 35c 中，结构面交点 M 与坡面处于同侧，但是位于天然边坡投影弧 ns 的外部，说明结构面交线倾向与坡面倾向一致，且倾角虽小于坡角，但在坡顶尚未出露，因而也比较稳定，应属较稳定结构。

④在图 6 - 35d 中，结构面交点 M 与坡面处于同侧，但是位于边坡投影弧 cs 与 ns 之间，说明结构面交线倾向与边坡倾向一致，倾角小于开挖坡角而大于天然坡角，而且在坡顶上有出露点 c_0，这种情况一般是不稳定的。但在特定情况下，例如，在坡顶的出露点 c_0 距开挖坡面较远，而交线在开挖边坡上不致出露，而插于坡脚以下，因而对不稳定的结构体尚有一定支撑，有利于稳定，所以，在这种特定情况下的边坡，则属于较不稳定的边坡。

⑤图 6 - 35e 是图 6 - 35d 的一般情况。结构面组合交线在两部分边坡面（cs 及 ns）都有出露（c_0 及 c'_0）。这种情况即属于不稳定结构。

两组结构面组成的边坡的稳定坡角的推断，其原理和方法同单一结构面与边坡走向斜交的情况下求稳定坡角的原理，方法基本相同，如图 6 - 36 所示。

2）力学讨论　由两组结构面组成的边坡，结构体的形式呈楔形体。一般情况下，这类边坡的两个结构面均为预测的滑动面，且两组结构面的产状是任意的，边坡为直立平顶边坡，如图 6 - 37 所示。计算如下：

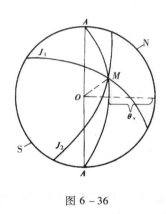

图 6 - 36

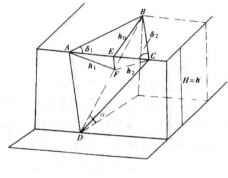

图 6 - 37

楔形体的体积：

$$V_{ABCD} = \frac{1}{3} \cdot \triangle ABC \cdot h$$

$$\triangle ABC = \frac{1}{2} \cdot \overline{AC} \cdot h_0$$

楔形体的重力

$$G = \frac{\gamma h}{6} \cdot \overline{AC} \cdot h_0$$

两个结构面的面积

$$\triangle ABD = \frac{1}{2} \cdot \overline{BD} \cdot h_1 ; \quad \triangle BCD = \frac{1}{2} \cdot \overline{BD} \cdot h_2$$

令 $\overline{BD} = L$，设 c_1、c_2 分别为两结构面的粘聚力，且两结构面的 φ 值相等，则岩体的稳定系数为

$$K = \frac{Gcos\alpha tan\varphi + c_1 \triangle ABD + c_2 \triangle BCD}{Gsin\alpha} = \frac{tan\varphi}{tan\alpha} + \frac{3L\ (c_1h_1 + c_2h_2)}{\gamma \cdot H \cdot AC \cdot h_0 sin\alpha} \tag{6-13}$$

极限滑动体高度为

$$h_v = \frac{3L\ (c_1h_1 + c_2h_2)}{\gamma \cdot \overline{AC} \cdot h_0 cos\alpha\ (tan\alpha - tan\varphi)} \tag{6-14}$$

式中 L、$\overline{AC}$、h_0、h_1、h_2 等数据可由实体比例投影图中求得。

至于由三组或多组结构面组成的边坡，其分析的基本原理和方法与两组结构面一样，所不同的只是组合交线的交点增多了，分析时一般只选择其中最不利的交点来考虑。

学 习 要 求

本章是本课程的重点章节之一，通过本章学习要求掌握岩体、结构面、软弱夹层、泥化夹层、岩体结构的概念；熟悉软弱夹层的成因和形成特征；熟悉结构面的主要类型及主要特征；了解岩体结构的主要类型及其特征；了解结构面和结构体的基本力学特性；正确认识工程岩体分级的意义和影响分级的主要因素，熟悉工程岩体分级标准；熟悉岩体稳定分析的主要方法及特点；掌握用赤平投影的作图方法分析边坡岩体稳定性的方法。

习 题 与 思 考 题

1. 何谓岩体？试说明岩体与岩石的区别。
2. 简述软弱夹层的成因及形成条件。
3. 什么叫结构面？结构面的主要特征有哪些？
4. 简述结构面的力学性质（变形特性和强度特性）。
5. 按成因，结构面可划分为哪几种类型？研究结构面有何工程意义？
6. 什么叫结构体？常见的结构体的形态有哪几种？
7. 何谓岩体结构？岩体结构有哪些主要类型？它们的特征如何？研究岩体结构有何工程意义？
8. 简述岩体的力学性质（不均匀性、各向异性、流变特性）。
9. 简述岩体的破坏方式与破坏机制。
10. 工程岩体分级的目的和意义？
11. 试比较工程岩体分级代表性方案的异同点。
12. 为什么说岩石坚硬程度和岩体完整性程度是控制岩体质量的基本因素？
13. 试说明岩体稳定结构分析的基本步骤。
14. 已知两结构面 J_1 和 J_2 的产状如下表所示

结构面	走向	倾向	倾角	结构面	走向	倾向	倾角
J_1	N30°E	SE	40°	J_2	N20°W	NE	60°

试作此结构面的赤平极射投影，并求其交线的倾向和倾角。

15. 如何根据赤平极射投影对具有一组结构面和两组结构面的边坡岩体进行稳定性分析。

第7章 不良地质条件下的工程地质问题

在地壳上部的岩土层在遭受各种内外力地质作用,如地壳运动、地震、大气营力作用、流水作用以及人类工程活动等因素的作用,形成了许多不利于工程的不良地质条件,并在此条件下形成了许多不良地质现象。不良地质现象通常也叫地质灾害,是指自然地质作用和人类活动造成的恶化地质环境,降低环境质量,直接或间接危害人类安全,并给社会和经济建设造成损失的地质事件。我国是地质灾害较多的国家,每年因地质灾害造成的经济损失约为200~500亿元,给人类生命财产造成了极大危害。上述地质灾害主要是崩塌、滑坡、泥石流、岩溶、地震等造成的损失。随着国民经济的发展,特别是西部大开发战略的实施,人类工程活动的数量、速度及规模越来越大,因此研究不良地质条件下工程地质问题具有重要意义。本章将重点介绍在工程中最常见的几种地质灾害。

7.1 滑坡与崩塌

7.1.1 滑坡的定义及构造

滑坡是斜坡土体和岩体在重力作用下失去原有的稳定状态,沿着斜坡内某些滑动面(或滑动带)作整体向下滑动的现象。首先,滑动的岩土体具有整体性,除了滑坡边缘线一带和局部一些地方有较少的崩塌和产生裂隙外,总的来看它大体上保持着原有岩土体的整体性;其次,斜坡上岩土体的移动方式为滑动,不是倾倒或滚动,因而滑坡体的下缘常为滑动面或滑动带的位置。此外,规模大的滑坡一般是缓慢地往下滑动,其位移速度多在突变加速阶段才显著。有时会造成灾难性的。有些滑坡滑动速度一开始也很快,这种滑坡经常是在滑坡体的表层发生翻滚现象,因而称这种滑坡为崩塌性滑坡。

一个发育完全的比较典型的滑坡具有如下的基本构造特征(图7-1):

(1)滑坡体 斜坡内沿滑动面向下滑动的那部分岩土体。这部分岩土体虽然经受了扰动,但大体上仍保持有原来的层位和结

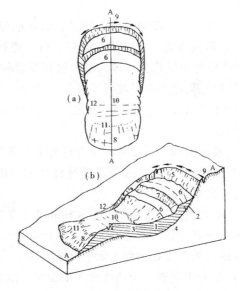

图7-1 滑坡形态和构造示意图

(a)平面图;(b)块状图

1—滑坡体;2—滑动面;3—滑动带;4—滑坡床;
5—滑坡后壁;6—滑坡台地;7—滑坡台地陡坎;
8—滑坡舌;9—拉张裂缝;10—滑坡鼓丘;
11—扇形张裂缝;12—剪切裂缝

构构造的特点。滑坡体和周围不动岩土体的分界线叫滑坡周界。滑坡体的体积大小不等，大型滑坡体可达几千万立方米。

（2）滑动面、滑动带和滑坡床 滑坡体沿其滑动的面称滑动面。滑动面以上，被揉皱了的厚数厘米至数米的结构扰动带，称滑动带。有些滑坡的滑动面（带）可能不止一个，在最后滑动面以下稳定的岩土体称为滑坡床。

滑动面的形状随着斜坡岩土的成分和结构的不同而各异。在均质黏性土和软岩中，滑动面近于圆弧形。滑坡体如沿着岩层层面或构造面滑动时，滑动面多呈直线形或折线形。多数滑坡的滑动面由直线和圆弧复合而成，其后部经常呈弧形，前部呈近似水平的直线。

滑动面大多数位于黏土夹层或其他软弱岩层内。如页岩、泥岩、千枚岩、片岩、风化岩等。由于滑动时的摩擦，滑动面常常是光滑的，有时有清楚的擦痕；同时，在滑动面附近的岩土体遭受风化破坏也较厉害。滑动面附近的岩土体通常是潮湿的，甚至达到饱和状态。许多滑坡的滑动面常常有地下水活动，在滑动面的出口附近常有泉水出露。

（3）滑坡后壁 滑坡体滑落后，滑坡后部和斜坡未动部分之间形成的一个陡度较大的陡壁称滑坡后壁。滑坡后壁实际上是滑动面在上部的露头。滑坡后壁的左右呈弧形向前延伸，其形态呈"圈椅"状，称为滑坡圈谷。

（4）滑坡台地 滑坡体滑落后，形成阶梯状的地面称滑坡台地。滑坡台地的台面往往向着滑坡后壁倾斜。滑坡台地前缘比较陡的破裂壁称为滑坡台坎。有两个以上滑动面的滑坡或经过多次滑动的滑坡，经常形成几个滑坡台地。

（5）滑坡鼓丘 滑坡体在向前滑动的时候，如果受到阻碍，就会形成隆起的小丘，称为滑坡鼓丘。

（6）滑坡舌 滑坡体的前部如舌状向前伸出的部分称为滑坡舌。

（7）滑坡裂缝 在滑坡运动时，由于滑坡体各部分的移动速度不均匀，在滑坡体内及表面所产生的裂缝称为滑坡裂缝。根据受力状况不同，滑坡裂缝可以分为四种：

1）拉张裂缝 在斜坡将要发生滑动的时候，由于拉力的作用，在滑坡体的后部产生一些张口的弧形裂缝。与滑坡后壁相重合的拉张裂缝称主裂缝。坡上拉张裂缝的出现是产生滑坡的前兆。

2）鼓张裂缝 滑坡体在下滑过程中，如果滑动受阻或上部滑动较下部为快，则滑坡下部会向上鼓起并开裂，这些裂缝通常是张口的。鼓张裂缝的排裂方向基本上与滑动方向垂直，有时交互排列成网状。

3）剪切裂缝 滑坡体两侧和相邻的不动岩土体发生相对位移时，会产生剪切作用；或滑坡体中央部分较两侧滑动快而产生剪切作用，都会形成大体上与滑动方向平行的裂缝。这些裂缝的两侧常伴有如羽毛状平行排列的次一级裂缝。

4）扇形张裂缝 滑坡体向下滑动时，滑坡舌向两侧扩散，形成放射状的张开裂缝，称为扇形张裂缝，也称滑坡前缘放射状裂缝。

（8）滑坡主轴 滑坡主轴也称主滑线，为滑坡体滑动速度最快的纵向线，它代表整个滑坡的滑动方向。滑动迹线可以为直线，也可以是折线，如图 7-2 所示。运动最快之点相连的主轴为折线形。

7.1.2 滑坡的分类

为了滑坡的认识和治理，需要对滑坡进行分类。但由于自然界的地质条件和作用因素复

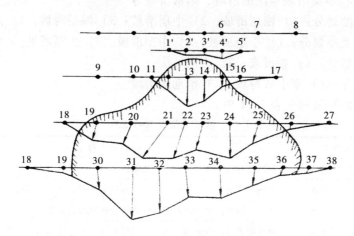

图 7 - 2　滑坡运动矢向平面图

杂，各种工程分类的目的和要求又不尽相同，因而可从不同角度进行滑坡分类。根据我国的滑坡类型可有如下的滑坡划分：

按滑坡体的主要物质组成和滑坡与地质构造关系划分：

（1）覆盖层滑坡　本类滑坡有黏性土滑坡、黄土滑坡、碎石滑坡、风化壳滑坡。

（2）基岩滑坡　本类滑坡与地质结构的关系可分为：均质滑坡（图 7 - 3a）、顺层滑坡（图 7 - 3b、c）、切层滑坡（图 7 - 3d）。顺层滑坡又可分为沿层面滑动或沿基岩面滑动的滑坡。

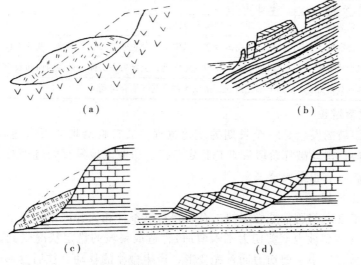

图 7 - 3　滑坡与地质结构关系示意图
（a）均质土滑坡；（b）沿岩层层面滑坡；
（c）沿坡积层与基岩交界面滑坡；（d）切层滑坡

（3）特殊滑坡　本类滑坡有融冻滑坡、陷落滑坡等。

按滑坡体的厚度划分：1）浅层滑坡；2）中层滑坡；3）深层滑坡；4）超深层滑坡。

按滑坡的规模大小划分：1）小型滑坡；2）中型滑坡；3）大型滑坡；4）巨型滑坡。

按形成的年代划分：1）新滑坡；2）古滑坡。

按力学条件划分：1）牵引式滑坡；2）推动式滑坡。

以上各种滑坡的特征列于表 7-1 中。

表 7-1　滑坡类型及其特征表

划分依据	名称类型		滑坡的特征
按滑坡物质组成成分	覆盖层滑坡	黏性土滑坡	黏性土本身变形滑动，或与其他成因的土层接触面或沿基岩接触面而滑动
		黄土滑坡	不同时期的黄土层中的滑坡，并多群集出现，常见于高阶地前缘斜坡上
		碎石滑坡	各种不同成因类型的堆积层体内滑动或沿基岩面滑动
		风化壳滑坡	风化壳表层间的滑动。多见于岩浆岩（尤其是花岗岩）风化壳中
	基岩滑坡	均质滑坡	发生在层理不明显的泥岩、页岩，泥灰岩等软弱岩层中，滑动面均匀光滑
		切层滑坡	滑动面与层面相切的滑坡，在坚硬岩层与软弱岩层相互交替的岩体中的切层滑坡等
		顺层滑坡	沿岩层面或裂隙面滑动，或沿坡积层与基岩交界面或基岩间不整合面等滑动
	特殊滑坡		如融冻滑坡、陷落滑坡等
按滑坡体厚度	浅层滑坡		滑坡体厚度在 6m 以内
	中层滑坡		6~20m 左右
	深层滑坡		20~30m 左右
	超深层滑坡		超过 30m 以上
按滑坡规模的大小	小型滑坡		滑坡体体积小于 3 万 m^3
	中型滑坡		3 万~50 万 m^3
	大型滑坡		50 万~300 万 m^3
	巨型滑坡		超过 300 万 m^3
按的形年成代	新滑坡		由于开挖山体所形成的滑坡
	古滑坡		久已存在的滑坡，其中又可分为死滑坡、活滑坡、及处于极限平衡状态的滑坡
按力学条件	牵引式滑坡		滑坡体下部先行变形滑动，上部失去支撑力量，因而随着变形滑动
	推动式滑坡		上部先滑动、挤压下部引起变形和滑动

7.1.3　滑坡的发育过程

一般说来，滑坡的发生是一个长期的变化过程，通常将滑坡的发育过程划分为三个阶段：蠕动变形阶段、滑动破坏阶段和渐趋稳定阶段。研究滑坡发育的过程对于认识滑坡和正确地选择防滑措施具有很重要意义。

（1）蠕动变形阶段

斜坡在发生滑动之前通常是稳定的。有时在自然条件和人为因素作用下，可以使斜坡岩土强度逐渐降低（或斜坡内部剪切力不断增加），造成斜坡的稳定状况受到破坏。在斜坡内部某一部分因抗剪强度小于剪切力而首先变形，产生微小的移动，往后变形进一步发展，直至坡面出现断续的拉张裂缝。随着拉张裂缝的出现，渗水作用加强，变形进一步发展，后缘拉张，裂缝加宽，开始出现不大的错距，两侧剪切裂缝也相继出现。坡脚附近的岩土被挤压、滑坡出口附近潮湿渗水，此时滑动面已大部分形成，但尚未全部贯通。斜坡变形再进一步继续发展，后缘拉张裂缝不断加宽，错距不断增大，两侧羽毛状剪切裂缝贯通并撕开，斜坡前缘的岩土挤紧并鼓出，出现较多的鼓张裂缝，滑坡出口附近渗水混浊，这时滑动面已全部形成，接着便开始整体地向下滑动。从斜坡的稳定状况受到破坏，坡面出现裂缝，到斜坡开始整体滑动之前的这段时间称为滑坡的蠕动变形阶段。蠕动变形阶段所经历的时间有长有短。长的可达数年之久，短的仅数月或几天的时间。一般说来，滑动的规模愈大，蠕动变形阶段持续的时间愈长。斜坡在整体滑动之前出现的各种现象，叫做滑坡的前兆现象，尽早发现和观测滑坡的各种前兆现象，对于滑坡的预测和预防都是很重要的。

（2）滑动破坏阶段

滑坡在整体往下滑动的时候，滑坡后缘迅速下陷，滑坡壁越露越高，滑坡体分裂成数块，并在地面上形成阶梯状地形，滑坡体上的树木东倒西歪地倾斜，形成"醉林"（图 7－4）。滑坡体上的建筑物（如房屋、水管、渠道等）严重变形以致倒塌毁坏。随着滑坡体向前滑动，滑坡体向前伸出，形成滑坡舌。在滑坡滑动的过程中，滑动面附近湿度增大，并且由于重复剪切，岩土的结构受到进一步破坏，从而引起岩土抗剪强度进一步降低，促使滑坡加速滑动。滑坡滑动的速度大小取决于滑动过程中岩土抗剪强度降低的绝对数值，并和滑动面的形状，滑坡体厚度和长度，以及滑坡在斜坡上的位置有关。如果岩土抗剪强度降低的数值不多，滑坡只表现为缓慢的滑动，如果在滑动过程中，滑动带岩土抗剪强度降低的绝对数值较大，滑坡的滑动就表现为速度快、来势猛，滑动时往往伴有巨响并产生很大的气浪，有时造成巨大灾害。

（3）渐趋稳定阶段

由于滑坡体在滑动过程中具有动能，所以滑坡体能越过平衡位置，滑到更远的地方。滑动停止后，除形成特殊的滑坡地形外，在岩性、构造和水文地质条件等方面都相继发生了一些变化。例如：地层的整体性已被破坏，岩石变得松散破碎，透水性增强含水量增高，经过滑动，岩石的倾角或者变缓或者变陡，断层，节理的方位也发生了有规律的变化；地层的层序也受到破坏，局部的老地层会覆盖在第四纪地层之上等。

在自重的作用下，滑坡体上松散的岩土逐渐压密，地表的各种裂缝逐渐被充填，滑动带附近岩土的强度由于压密固结又重新增加，这时对整个滑坡的稳定性也大为提高。经过若干时期后，滑坡体上的东倒西歪的"醉林"又重新垂直向上生长，但其下部已不能伸直，因而树干呈弯曲状，有时称它谓"马刀树"（图 7－5），这是滑坡趋于稳定的一种现象。当滑坡体上的台地已变平缓，滑坡后壁变缓并生长草木，没有崩塌发生；滑坡体中岩土压密，地表没有明显裂缝，滑坡前缘无水渗出或流出清凉的泉水时，就表示滑坡已基本趋于稳定。

图 7－4　醉林

图 7－5　马刀树

滑坡趋于稳定之后，如果滑坡产生的主要因素已经消除，滑坡将不再滑动，而转入长期稳定。若产生滑坡的主要因素并未完全消除，且又不断积累，当积累到一定程度之后，稳定的滑坡便又会重新滑动。

7.1.4 影响滑坡的因素

凡是引起斜坡岩土体失稳的因素称为滑坡因素。这些因素可使斜坡外形改变、岩土体性质恶化以及增加附加荷载等而导致滑坡的发生。概括起来，主要的滑坡因素有：

（1）斜坡外形 斜坡的存在，使滑动面能在斜坡前缘临空出露。这是滑坡产生的先决条件。同时，斜坡不同高度、坡度、形状等要素可使斜坡内力状态变化，内应力的变化可导致斜坡稳定或失稳。当斜坡愈陡、高度愈大以及当斜坡中上部突起而下部凹进，且坡脚无抗滑地形时，滑坡容易发生。

（2）岩性 滑坡主要发生在易亲水软化的土层中和一些软岩中。例如黏质土、黄土和黄土类土、山坡堆积、风化岩以及遇水易膨胀和软化的土层。软岩有页岩、泥岩和泥灰岩、千枚岩以及风化凝灰岩等。

（3）构造 斜坡内的一些层面、节理、断层、片理等软弱面若与斜坡坡面倾向近于一致，则此斜坡的岩土体容易失稳成为滑坡。这时，此等软弱面组合成为滑动面。

（4）水 水的作用可使岩土软化、强度降低，可使岩土体加速风化。若为地表水作用还可以使坡脚侵蚀冲刷；地下水位上升可使岩土体软化、增大水力坡度等。不少滑坡有"大雨大滑、小雨小滑、无雨不滑"的特点，说明水对滑坡作用的重要性。

（5）地震 地震可诱发滑坡发生，此现象在山区非常普遍。地震首先将斜坡岩土体结构破坏，可使粉砂层液化，从而降低岩土体抗剪强度；同时地震波在岩土体内传递，使岩土体承受地震惯性力，增加滑坡体的下滑力，促进滑坡的发生。

（6）人为因素

1）在兴建土建工程时，由于切坡不当，斜坡的支撑被破坏，或者在斜坡上方任意堆填岩土方、兴建工程、增加荷载，都会破坏原来斜坡的稳定条件。

2）人为地破坏表层覆盖物，引起地表水下渗作用的增强，或破坏自然排水系统，或排水设备布置不当，泄水断面大小不合理而引起排水不畅，漫溢乱流，使坡体水量增加。

3）引水灌溉或排水管道漏水将会使水渗入斜坡内，促使滑动因素增加。

7.1.5 滑坡的治理

7.1.5.1 治理原则

滑坡的治理，要贯彻以防为主、整治为辅的原则；尽量避开大型滑坡所影响的位置；对大型复杂的滑坡，应采用多项工程综合治理；对中小型滑坡，就注意调整建筑物或构筑物的平面位置，以求经济技术指标最优；对发展中的滑坡要进行整治，对古滑坡要防止复活，对可能发生滑坡的地段要防止滑坡的发生；整治滑坡应先做好排水工程，并针对形成滑坡的因素，采取相应措施。

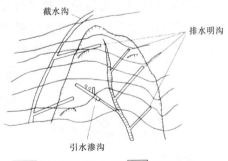

图 7-6 树枝状排水系统

7.1.5.2 治理措施

（1）排水

1）地表排水 主要是设置截水沟和排水明沟系统。截水沟是用来截排来自滑坡体外的坡面径流，在滑坡体上设置树枝状的排水明沟系统，以汇集坡面径流引导出滑坡体外（图 7 - 6）。

2）地下排水　为了排除地下水可设置各种形式的渗沟（图 7 - 8）或盲沟系统，以截排来自滑坡体外的地下水流（图 7 - 7）。

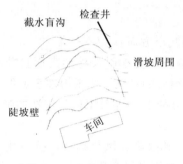

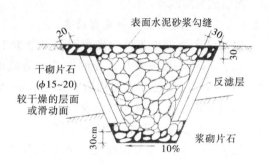

图 7 - 7　盲沟截水布置图　　　　图 7 - 8　渗水沟（小盲沟）示意剖面

（2）支挡

在滑坡体下部修筑挡土墙（图 7 - 9a）、抗滑桩或用锚杆加固（图 7 - 9b）等工程以增加滑坡下部的抗滑力。在使用支挡工程时，应该明确各类工程的作用。如滑坡前缘有水流冲刷，则应首先在河岸作支挡等防护工程，然后又考虑滑体上部的稳定。

（3）刷方减重

主要是通过削减坡角或降低坡高，以减轻斜坡不稳定部位的重量，从而减少滑坡上部的下滑力。如拆除坡顶处的房屋和搬走重物等。

（4）改善滑动面（带）的岩土性质

主要是为了改良岩土性质、结构，以增加坡体强度。本类措施有：对岩质滑坡采用固结灌浆；对土质滑坡采用电化学加固、冻结、焙烧等。

此外，还可针对某些影响滑坡滑动因素进行整治，如防水流冲刷、降低地下水位、防止岩石风化等具体措施。

7.1.6　崩塌

7.1.6.1　概述

陡峻或极陡斜坡上，某些大块或巨块岩块，

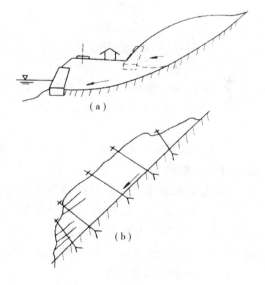

图 7 - 9　滑坡的支挡加固

突然地崩落或滑落，顺山坡猛烈地翻滚跳跃，岩块相互撞击破碎，最后堆积于坡脚，这一过程称为崩塌，堆积于坡脚的物质为崩塌堆积物，也称岩堆。崩塌的发生是突然地，但是不平衡因素却是长期积累的。崩塌的规模往往很大，有时成千上万方石块崩落而下。崩塌堆积以大块岩石为主，直径大于 0.5m 者往往达 50%～70% 以上。在我国西南、西北地区铁路两侧的崩塌以数百万立方米为最常见。规模极大的崩塌可称为山崩，而仅个别巨石崩落称坠石。

崩塌会使建筑物遭到毁坏，有时甚至使整个居民点遭到毁坏，使公路和铁路被掩埋。由崩塌带来的损失，不单是建筑物毁坏的直接损失，并且常因此而使交通中断，给运输带来重大损失。我国兴建天兰铁路时，为了防止崩塌掩埋铁路耗费大量工程量。崩塌有时还会使河流堵塞形成堰塞湖，这样就会将上游建筑物及农田淹没，在宽河谷中，由于崩塌能使河流改道及改变河流性质，而造成急湍地段。

7.1.6.2　崩塌发生条件和发育因素

崩塌的主要发生条件和发育因素可分为下列几个方面：

（1）山坡的坡度及其表面的构造：造成崩塌作用要求斜坡外形高而且陡峻，其坡度往往达55°～75°。山坡的表面构造对发生崩塌也有很大的意义。如果山坡表面凹凸不平，则沿突出部分可能发生崩塌。然而山坡表面的构造并不能作为评价山坡稳定性的唯一依据，还必须结合岩层的裂隙、风化等情况来评价。

（2）岩石性质和节理程度：岩石性质不同，其强度、风化程度、抗风化和抗冲刷的能力及其渗水程度都是不同的。如果陡峻山坡是由软硬岩层互层组成，由于软岩层易于风化，硬岩层失去支持而引起崩塌（图7-10）。

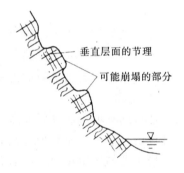

图7-10　软硬岩层互层，软岩石
风化后使硬岩石失去支持而引起崩塌

图7-11　节理与崩塌关系示意图

一般形成陡峻山坡的岩石，多为坚硬而性脆的岩石，属于这种岩石的有厚层灰岩、砂岩、砾岩及喷出岩。

在大多数情况下，岩石的节理程度是决定山坡稳定性的主要因素之一。虽然岩石本身可能是坚固的，风化轻微的，但其节理发育亦会使山坡不稳定。当节理顺山坡发育时，特别是当发育在山坡表面的突出部分时（图7-11）最有利于发生崩塌。

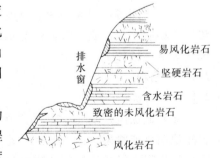

图7-12　用砌石护面防止
易风化岩层风化

（3）地质构造：岩层产状对山坡稳定性也有重要的意义。如果岩层倾斜方向和山坡倾向相反，则其稳定程度较岩层顺山坡倾斜的大。岩层顺山坡倾斜其稳定程度的大小还取决于倾角大小和破碎程度。

一切构造作用，正断层、逆断层和逆掩断层在地震强烈地带对山坡的稳定程度有着不良影响，而其影响的大小又决定于构造破坏的性质、大小、形状和位置。

7. 1. 6. 3　崩塌的防治

只有小型崩塌，才能防止其不发生，对于大的崩塌只好绕避。路线通过小型崩塌区时，防止的方法分防止崩塌产生的措施及拦挡防御措施。

防止产生的措施包括削坡、清除危石、胶结岩石裂隙、引导地表水流，以避免岩石强度迅速变化，防止差异风化以避免斜坡进一步变形及提高斜坡稳定性等。

（1）爆破或打楔　将陡崖削缓，并清除易坠的岩石。

（2）堵塞裂隙或向裂隙内灌浆　有时为使单独岩坡稳定，可采用铁链锁绊或铁夹，以提高有崩塌危险岩石的稳定性。

（3）调整地表水流　在崩塌地区上方修截水沟，以阻止水流流入裂隙。

（4）为了防止风化将山坡和斜坡铺砌覆盖起来（图7－12），或在坡面上喷浆。

（5）筑明洞或御塌棚（图7－13）。

（6）筑护墙及围护棚（木的、石的、铁丝网）以阻挡坠落石块，并及时清除围护建筑物中的堆积物。

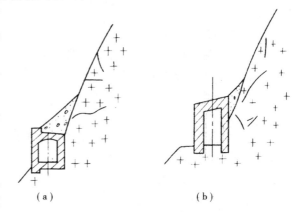

（a）　　　　　　　　（b）

图7－13　明洞和御塌棚
（a）明洞；（b）御塌棚

（7）在软弱岩石出露处修筑挡土墙，以支持上部岩石的质量（这种措施常用于修建铁路路基而需要开挖很深的路堑时）。

7.2　泥石流

7. 2. 1　泥石流的定义

泥石流是一种水与泥沙和石块混合在一起流动的特殊洪流，具有突然暴发、流速快、流量大、物质容量大和破坏力强的特点。在泥石流发育区，经常发生泥石流冲毁公路、铁路、桥梁等交通设施的现象，大型泥石流甚至可以冲毁工厂、城镇和农田水利工程，给人民生命财产和国家建设造成巨大损失。我国泥石流主要分布在西南、西北和华北山区，华东、中南部分山地及东北辽西、长白山区也有分布。

7. 2. 2　泥石流的形成条件

泥石流的形成与所在地区的自然条件和人类经济活动密切相关。

7. 2. 2. 1　地质条件

凡是泥石流发育地区都是地质构造复杂，岩性软弱，风化强烈，褶皱、断裂发育，新构造运动强烈，地震频繁的地区。由于这些原因，导致岩层破碎、崩塌、滑坡等各种不良地质现象普遍发育，为泥石流的形成提供了丰富的固体物质。

7. 2. 2. 2　地形条件

泥石流流域的地形特征，是山高谷深，地形陡峻，沟床纵坡大。流域的形状便于松散物质和水汇集。为此，沟上游应有一个面积很大、便于汇水的区域，此区域多为三面环山、一面出口的瓢形围谷地形。区内山坡较陡，约为30°～60°，坡面岩土裸露，植被稀少，沟谷狭窄幽深，沟壁陡峭，沟床坡降大。沟的下游多位于沟口外大河河谷地两侧，地形开阔、平坦，是泥石流的沉积处所。

典型的泥石流沟可分为三个区段（图 7 - 14）：

（1）形成区

一般位于泥石流沟的上、中游。它又可分为汇水
动力区及固体物质供应区，汇水区是汇聚和提供水源
的地方，物质供应区山体裸露、风化严重、不良地质
作用广泛分布，是为泥石流储备与提供大量泥沙石块
的地方。

（2）流通区

位于泥石流沟中、下游，多为一段较短的深陡峡
谷，谷底纵坡大，便于泥石流的迅猛通过。非典型的
泥石流沟，可能没有明显的流通区。

（3）沉积区

位于泥石流沟下游，一般多为山口外地形较开阔地段，泥石流至此流速变缓，大量固体
物质呈扇形沉积。

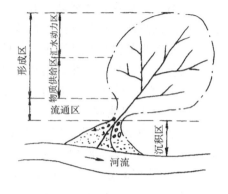

图 7 - 14　典型的泥石流沟分区

7.2.2.3　水文气象条件

水既是泥石流的组成部分，又是泥石流的搬运介质。松散固体物质大量充水达到饱和
或过饱和状态后，结构破坏，摩阻力降低，滑动力增大，从而产生流动。泥石流的形成
是与短时间内突然性的大量流水密切相关，突然性的大量流水来自：（1）强度较大的暴
雨；（2）冰川、积雪的短期强烈消融；（3）冰川湖、高山湖、水库等的突然溃决。我国
形成泥石流的主要水源是暴雨，由冰川、积雪的强烈消融而形成泥石流，在西藏山区有
所发生。因为我国的降雨多集中在 5 ~ 10 月，因此，在此期间，也是泥石流暴发频繁的
季节。

7.2.2.4　人类活动的影响

人类工程活动不当可促使泥石流发生、发展或加剧其危害。乱砍滥伐森林、开垦陡
坡，破坏了植被，使山体裸露，开矿、采石、筑路中任意堆放弃渣，都直接、间接地为
泥石流提供了物质条件和地表流水迅速汇聚的条件，将导致泥石流逐渐形成。

综上所述，形成泥石流有三个基本条件：（1）有陡峻便于集水集物的适当地形；
（2）上游堆积有丰富的松散固体物质；（3）短期内有突然性的大量流水的来源。此三个
条件缺一不可。

7.2.3　泥石流的发育特点

7.2.3.1　泥石流分布的区域性

由于水文气象、地形、地质条件的分布有区域性的规律，因此，泥石流的发育分布也
具有区域性的特点。

（1）多分布在地质构造复杂、新构造运动强烈、地震活动频繁，岩石破碎，植被稀
少的山区，这些区域为泥石流形成和发育提供丰富的固体物质。

（2）多分布在温带和半干旱山区，特别是干湿季节分明，降水集中的山区。干湿两
季分明的区域，一般岩石物理风化强烈，大量风化碎屑在旱季积累，而雨季时雨水又集
中，极易激发成泥石流。

7.2.3.2　泥石流活动的时间性

由于水文气象具有周期性变化的特点，同时泥石流流域内大量松散固体物质的再积累，也不是短期内所能完成的，因此，泥石流的活动具有一定的时间性。

（1）明显的季节性

中国大部分地区处于东南季风和西南季风的影响范围内，季风盛行时带来充沛的降雨，为泥石流的形成提供了水的来源。季风盛行期为每年 5 ~ 10 月，更集中于 6 ~ 9 月，这期间亦为泥石流的激发期。

（2）多发生在傍晚和夜间

由于中国大部分山区在夏季的午后及傍晚多有雷雨、暴雨，以及冰川亦在午后消融，易激发泥石流。

（3）多发生在较长的干旱年头之后

因较长的干旱期间积累了大量碎屑物质，而且较长干旱后，多有丰富的降水，给泥石流的形成创造了条件。

（4）泥石流发生多具有周期性

因同一个区域影响泥石流形成的条件如丰雨期、融冰期以及地震等，多是周期性出现。此外，形成泥石流的某一条件，要达到形成泥石流的程度，须有一个从量变到质变的积累过程，而这个过程就导致了泥石流发生的周期性。但在某一周期内，同一流域泥石流形成条件的组合不会相同，影响形成条件的因素复杂，因此，泥石流虽有周期性，但其规模大小、流体性质以及危害程度等不完全相同。

7.2.4　泥石流的分类

为了深入研究和有效整治泥石流，必须对泥石流进行合理分类。

7.2.4.1　按泥石流固体物质组成分类

（1）水石流型泥石流

固体物质主要是非常不均匀的粗碎屑颗粒如块石、漂砾、碎石、岩屑及砂等，黏土质细粒物质含量少，且它们在泥石流运动过程中极易被冲洗掉。所以水石流型泥石流的堆积物常常是很粗大的碎屑物质。

（2）泥石流型泥石流

它既含有很不均匀的粗碎屑物质如块石、漂石、碎石、砾石、砂砾等，又含有相当多的黏土质细粒物质如黏粒、粉黏，因黏土有一定的粘结性，所以堆积物常形成联结较牢固的土石混合物质。

（3）泥流型泥石流

固体物质基本上由细碎屑和黏土物质组成，仅含少量岩屑碎石，黏度大，呈不同稠度的泥浆状。此类泥石流主要分布在我国黄土高原地区。

7.2.4.2　按泥石流流域的形态特征分类

（1）标准型泥石流　为典型的泥石流，流域呈扇形，流域面积较大，能明显地划分出形成区、流通区和堆积区。

（2）河谷型泥石流　流域呈狭长条形，其形成区多为河流上游的沟谷，固体物质来源较分散，沟谷中有时常年有水，故水源较丰富，流通区与堆积区往往不能明显分出。

（3）山坡型泥石流　沟小流短，流域呈斗状，其面积一般小于 $1 km^2$，无明显流通区，形成区与堆积区直接相连。

7.2.4.3 按泥石流流体性质分类

（1）黏性泥石流

这类泥石流含有大量细粒黏土物质，固体物质含量占 40%~60%，最高可达 80%，水和泥沙、石块凝集成一个黏稠的整体，具有很大的黏性。它的容重大（16~24kN/m³），浮托力强，当它在流途上经过弯道时，有明显的爬高和截弯取直作用，并不一定循沟床运动。黏性泥石流在堆积区不发生散流现象，而是以狭窄条带状如长舌一样向下奔泻和堆积，堆积物的地面坎坷不平。停积时堆积物无分选性，且结构往往与运动时相同，很密实。

（2）稀性泥石流

这类泥石流中水是主要成分，固体物质占 10%~40%，且细粒物质少，因此在运动过程中，水泥浆速度远远大于石块的运动速度，石块以滚动或跃移方式下泄。它具有极强的冲刷力，常在短时间内将原先填满堆积物的沟床下切成几米至十几米的深槽。

稀性泥石流在堆积区呈扇状散流，将原先的堆积扇切成条条深沟，停积后水泥浆慢慢流失，堆积扇表面较平坦。堆积物结构较松散，层次不明显，沿流途的停积物有一定的分选性。

7.2.5 泥石流的防治

7.2.5.1 泥石流的防治原则

（1）路线跨越泥石流沟时，首先应考虑从流通区或沟床比较稳定、冲淤变化不大的堆积扇顶部用桥跨越。这种方案可能存在平面线形较差，纵坡起伏较大，沟口两侧路堑边坡容易发生崩塌、滑坡等病害。因此，应注意比较。

（2）当河谷比较开阔，泥石流沟距大河较远时，路线可以考虑走堆积扇的外缘。这种方案线形一般比较舒顺，纵坡也比较平缓，但可能存在以下问题：堆积扇逐年向下延伸，淤埋路基；河床摆动，路基有遭受水毁的威胁。

（3）对泥石流分布较集中，规模较大，发生频繁，危害严重的地带，应通过经济和技术比较，在有条件的情况下，可以采取跨河绕道走对岸的方案或其他绕避方案。

（4）如泥石流流量不大，在全面考虑的基础上，路线也可以在堆积扇中部以桥隧或过水路面通过。采用桥隧时，应充分考虑两端路基的安全措施。这种方案往往很难克服排导沟的逐年淤积问题。

（5）通过散流发育并有相当固定沟槽的宽大堆积扇时，宜按天然沟床分散设桥，不宜改沟归并。如堆积扇比较窄小，散流不明显，则可集中设桥，一桥跨过。

（6）在处于活动阶段的泥石流堆积扇上，一般不宜采用路堑。路堤设计应考虑泥石流的淤积速度及公路使用年限，慎重确定路基标高。

7.2.5.2 泥石流的防治措施

防治泥石流应全面考虑跨越、排导、拦截以及水土保持等措施，根据因地制宜和就地取材的原则，注意总体规划，采取综合防治措施。

（1）水土保持

水土保持包括封山育林、植树造林、平整山坡、修筑梯田；修筑排水系统及支挡工程等措施。水土保持虽是根治泥石流的一种方法，但需要一定的自然条件，收效时间也较长，一般应与其他的措施配合进行。

（2）跨越

根据具体情况，可以采用桥梁、涵洞、过水路面、明洞及隧道、渡槽等方式跨越泥石流。采用桥梁跨越泥石流时，既要考虑淤积问题，也要考虑冲刷问题。确定桥梁孔径时，除考虑设计流量外，还应考虑泥石流的阵流特性，应有足够的净空和跨径，保证泥石流能顺利通过。桥位应选在沟道顺直、沟床稳定处，并应尽量与沟床正交，不应把桥位设在沟床纵坡由陡变缓的变坡点附近。

（3）排导

采用排导沟、急流槽、导流堤等措施使泥石流顺利排走，以防止掩埋道路，堵塞桥涵。泥石流排导沟是常用的一种建筑物。设计排导沟应考虑泥石流的类型和特征。为减小沟道冲淤，防止决堤漫溢，排导沟应尽可能按直线布设。必须转弯时，应有足够大弯道半径。排导沟纵坡宜一坡到底，如必须变坡时，从上往下应逐渐变陡。排导沟的出口处最好能与地面有一定的高差，同时必须有足够的堆淤场地，最好能与大河直接衔接。

（4）滞流与拦截

滞流措施是在泥石流沟中修筑一系列低矮的拦挡坝，其作用是：拦蓄部分泥砂石块，减弱泥石流的规模；固定泥石流沟床，防止沟床下切和谷坡坍塌；缓减沟床纵坡，降低流速。拦截措施是修建拦渣坝或停淤场，将泥石流中的固体物质全部拦淤，只许余水过坝。

7.3　岩溶

7.3.1　岩溶的定义

岩溶，也称喀斯特（Karst），它是由于地表水或地下水对可溶性岩石溶蚀的结果而产生的一系列地质现象。如溶沟、溶槽、溶洞、暗河等。岩溶与工程建设的关系很密切。在水利水电建设中，岩溶造成的库水渗漏是水工建设中主要的工程地质问题。在岩溶地区修建隧洞，一旦揭穿高压岩溶管道水时，就会造成大量突水，有时夹有泥沙喷射，给施工带来严重困难，甚至淹没坑道，造成机毁人亡事故。在地下洞室施工中遇到巨大溶洞时，洞中高填方或桥跨施工困难，造价昂贵，有时不得不另辟新道，因而延误工期。在岩溶地区修筑公路时，由于地下岩溶水的活动，导致路基基底冒水，水淹路基、水冲路基及隧道涌水等。

7.3.2　岩溶的形态特征

在可溶性岩石分布地区，溶蚀作用在地表和地下形成了一系列溶蚀现象，称为岩溶的形态特征。这些形态既是岩溶区所特有的，使该地区地表形态奇特，景致优美别致，常被开发为旅游景点，如广西桂林山水和云南路南石林；同时，这些形态，尤其是地下洞穴、暗河，也是造成工程地质问题的根源。常见的岩溶形态有以下几种（图 7 - 15）。

7.3.2.1　溶沟、石芽和石林

地表水沿地表岩石低洼处或沿节理溶蚀和冲刷，在可溶性岩石表面形成的沟槽称溶沟。其宽深可由数十厘米至数米不等。在纵横交错的沟槽之间，残留凸起的牙状岩石称石芽。如果溶沟继续向下溶蚀，石芽逐渐高大，沟坡近于直立，且发育成群，远观像石芽林，称为石林。云南路南石林发育完美，堪称世界之最。

7.3.2.2　漏斗及落水洞

地表水顺着可溶性岩石的竖直裂隙下渗，最先产生溶隙。待顶部岩石溶蚀破碎及竖直溶隙扩大，岩层顶部塌落形成近乎圆形坑。圆形坑多具向下逐渐缩小的凹底，形状酷似漏斗称

为溶蚀漏斗。在漏斗底部常堆积有岩石碎屑或其他残积物。

如果岩石的竖直溶隙连通大溶洞或地下暗河，溶隙可能扩大成地面水通向地下暗河或溶洞的通道称落水洞。其形态有垂直的、倾斜的或弯曲的，直径也大小不等，深度可达数百米。

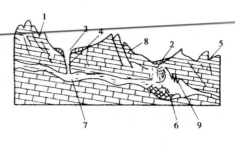

图7-15　岩溶形态示意图
1—石芽、石林；2—塌陷洼地；3—漏斗；
4—落水洞；5—溶沟、溶槽；6—溶洞；
7—暗河；8—溶蚀裂隙；9—钟乳石

7.3.2.3　溶蚀洼地和坡立谷

由溶蚀作用为主形成的一种封闭、半封闭洼地称溶蚀洼地。溶蚀洼地多由地面漏斗群不断扩大汇合而成，面积由数十平方米至数万平方米。

坡立谷是一种大型封闭洼地，也称溶蚀盆地。面积由数平方公里至数百平方公里，进一步发展则成溶蚀平原。坡立谷谷底平坦，常有较厚的第四纪沉积物，谷周为陡峻斜坡，谷内有岩溶泉水形成的地表流水至落水洞又降至地下，故谷内常有沼泽、湿地或小型湖泊。

7.3.2.4　峰丛、峰林和孤峰

此三种形态是岩溶作用极度发育的产物。溶蚀作用初期，山体上部被溶蚀，下部仍相连通称峰丛；峰丛进一步发展成分散的、仅基底岩石稍许相连的石林称峰林；耸立在溶蚀平原中孤立的个体山峰称孤峰，它是峰林进一步发展的结果。

7.3.2.5　干谷

原来的河谷，由于河水沿谷中漏斗、落水洞等通道全部流入地下，使下游河床干涸而成干谷。

7.3.2.6　溶洞

地下水沿岩石裂隙溶蚀扩大而形成的各种洞穴。溶洞形态多变，洞身曲折、分岔，断面不规则。地面以下至潜水面之间，地表水垂直下渗，溶洞以竖向形态为主；在潜水面附近，地下水多水平运动，溶洞多为水平方向迂回曲折延伸的

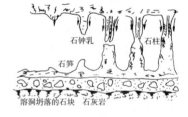

图7-16　石钟乳、石笋和
石柱生成示意图

洞穴。地下水中多含碳酸盐，在溶洞顶部和底部饱和沉淀而成石钟乳、石笋和石柱（图7-16）。规模较大的溶洞，长达数十公里，洞内宽处如大厅，窄处似长廊。水平溶洞有的不止一层，例如轿顶山隧道揭穿的溶洞共有上、下4层，溶洞长80m，宽50～60m，高20～30m。

7.3.2.7　暗河

岩溶地区地下沿水平溶洞流动的河流称暗河。溶洞和暗河对各种工程建筑物特别是地下工程建筑物造成较大危害，应予特别重视。

7.3.3　岩溶的形成条件及发育规律

7.3.3.1　岩溶的形成条件

（1）岩石的可溶性

可溶性岩石是岩溶发育的物质基础，它的成分和结构特征影响岩溶的发育程度。

岩石的成分不同，其溶解度也不一样。按其成分，可溶性岩石分为碳酸盐类岩石（石灰岩、白云岩和大理岩等）、硫酸盐类岩石和氯化盐类岩石。这三类岩石中碳酸盐类岩石溶解度最小，氯化盐类岩石的溶解度最大。但是，在可溶性岩石中，以碳酸盐类岩石分布最

广，其矿物成分均一，可以全部被含有 CO_2 的水溶解，是发育岩溶的最主要的地层。凡是我国分布有碳酸盐类岩层的地方，都有岩溶发育。

（2）岩石的透水性

岩石的透水性是岩溶发育的另一个必要条件，岩石的透水性越高，岩溶发育也越强烈。而岩石的透水性又决定于岩体的裂隙、孔隙的多少和连通情况，所以，岩石中裂隙的发育情况往往控制着岩溶的发育情况。一般在断层破碎带，背斜轴部等地段，岩溶比较发育，原因就在这里。此外，在地表附近，由于风化裂隙增多，有利于地下水的运动，岩溶一般比深部发育。

（3）水的溶蚀性

水对碳酸盐类岩石的溶解能力，主要取决于水中侵蚀性 CO_2 的含量。水中侵蚀性 CO_2 含量越多则溶解能力越强。水中 CO_2 的来源，主要是雨水溶解空气中所含 CO_2 形成的。土壤和地表附近强烈的生物化学作用，也是水中 CO_2 的重要来源之一。当水呈酸性时或含有氯离子（Cl^-）和硫酸根离子（SO_4^{2-}）时，水对碳酸盐类岩石的溶解能力也将增强。由此可见，水的物理化学性质与岩溶的发育有着密切的关系。此外随着水温增高，进入水中的 CO_2 扩散速度增大，使岩溶加强，故热带石灰岩溶蚀速度比温带、寒带快。

（4）水的流动性

水的溶蚀能力与水的流动性关系密切。在水流停滞的条件下，随着二氧化碳不断消耗，水溶液达到平衡状态，成为饱和溶液而完全丧失溶蚀能力，溶蚀作用便告终止。只有当地下水不断流动，与岩石广泛接触，才能不断地将溶解下来的物质带走，同时，又不断补充新的具有侵蚀性的水，因此，岩溶发育速度快；反之则慢，甚至处于停滞状态。一般在地表附近，水循环交替作用强烈，随着深度的增加，水交替作用变慢，甚至停止。故岩溶在地表较发育，而随着深度的增加越来越弱。

7.3.3.2　岩溶发育规律

在岩溶发育地区，各种岩溶形态在空间的分布和排列是有一定规律的，它们主要受岩性、地质构造、地壳运动、地形、气候等因素的控制和影响。

（1）岩性的影响

可溶岩层的成分和岩石结构是岩溶发育和分布的基础。成分和结构均一且厚度很大的石灰岩层，最适合岩溶发育和发展。所以，许多石灰岩地区的岩溶规模很大，形态也比较齐全。广西桂林附近有很多大规模的溶洞，如七星岩、芦笛岩，多发育在层厚质纯的石灰岩岩体中。白云岩略次于石灰岩。含有泥质或其他杂质的石灰岩或白云岩，溶蚀速度和规模都小得多。在石灰岩或白云岩发育地区进行公路选线，必须随时注意岩溶的影响。

（2）地质构造的影响

褶皱、节理和断层等地质构造控制着地下水的流动通道，地质构造不同，岩溶发育的形态、部位及程度都不同。

背斜轴部张节理发育，地表水沿张节理下渗，多形成漏斗、落水洞、竖井等垂直洞穴。

向斜轴部属于岩溶水的聚水区，两翼地下水集中到轴部并沿轴向流动，故水平溶洞及暗河是其主要形态。此外，向斜轴部也有各种垂直裂隙，故也会形成陷穴、漏斗、落水洞等垂直岩溶形态。

褶曲翼部是水循环强烈地段，岩溶一般均较发育，尤以邻近向斜轴部时为最甚。

张性断裂破碎带，宽度较小，结构松散，缺乏胶结，有利于地下水渗透溶解，是岩溶强烈发育地带。

压性断裂带中常有断层泥，裂隙率低，胶结紧密，故此带中岩溶发育较差。但压性断裂的主动盘（多为上升盘），可能有强烈岩溶化现象。因为主动盘影响规模大，次级断裂发育，且多张开，故有利于岩溶发育。

扭性断裂带的情况介于压性和张性断裂带之间，在张扭性断裂带中岩溶可以强烈发育。

岩层的产状对岩溶的发育也有一定的影响。一般情况下，产状倾斜较陡的岩层，岩溶发育比产状平缓的岩层发育弱得多，而且较慢。

可溶岩与非可溶岩的接触带或不整合面，常是岩溶水体的流动的渠道，岩溶沿着这些地方发育较强烈。

（3）地壳运动的影响

正如河流的侵蚀作用受侵蚀基准面控制一样，地下水对可溶岩的溶蚀作用同样受侵蚀基准面的控制。而侵蚀基准面的改变则是由于地壳升降运动所决定。因此，地壳相对上升、侵蚀基准面相对下降时，岩溶以下蚀作用为主，形成垂直的岩溶形态；而地壳相对稳定、侵蚀基准面一段时间也相对不变时，地下水以水平运动为主，形成较大水平溶洞。地壳升降和稳定呈间歇交替变化，垂直和水平溶洞形态也交替变化。水平溶洞成层发育，每层溶洞的水平高程与当地河流阶地高程相对应，是该区地壳某个稳定时期的产物。

（4）地形的影响

在岩层裸露、坡陡的地方，因地表水汇集快、流动快和渗入量少，多发育溶沟、溶槽或石芽；在地势平缓，地表径流排泄慢，向下渗入量多的地方，常发育漏斗、落水洞和溶洞；一般斜坡地段，岩溶发育较弱，分布也较少。

岩溶发育的程度，在地表和接近地表的岩层中最强烈，往下愈深愈减弱。在岩层倾角较大的纯石灰岩层深部，偶尔见到岩溶发育，在富有 CO_2 和循环较快的承压水地区，也可能有深层的岩溶发育。

（5）气候的影响

降水多，地表水体强度就大，气候也潮湿，地下水也能得到补给，岩溶发育就较快，因此，在气候炎热、潮湿、降水量大，地下水充沛和流量大，并分布有碳酸盐岩层的地区，岩溶发育和分布较广，岩溶形态也比较齐全。我国广西属典型的热带岩溶地区，以溶蚀峰林为主要特征；长江流域的川、鄂、湘一带，属亚热带气候，岩溶形态以漏斗和溶蚀洼地为主要特征；黄河流域以北属温带气候，岩溶一般不多发育，以岩溶泉和干沟为主要特征。像辽宁本溪市附近的落水洞那样大规模的溶洞，在我国北方属少见。

7.3.4 岩溶地区工程地质问题及防治措施

7.3.4.1 主要工程地质问题

在岩溶发育的地方，气候潮湿多雨，岩石的富水性和透水性都很强，岩溶作用使岩体结构发生变化，以致岩石强度降低。在岩溶发育地区修建公路、桥梁或隧道，常会给工程设计或施工带来许多困难，如果不认真对待，还可能造成工程失败或返工。

在岩溶发育地区进行工程建设，经常遇到的工程地质问题主要是地基塌陷、不均匀下沉和基坑、洞室涌水等。

各种岩溶形态都造成了地基的不均匀性，因而引起基础的不均匀变形。

在建筑物基坑或地下洞室的开挖中，若挖穿了暗河或地表水下渗通道，则会造成突然涌水，给工程施工和使用造成重大损失和灾难。

在岩溶发育地区修建工程建筑物，首先，必须在查清岩溶分布、发育情况的基础上，选择工程建筑物的位置，尽可能避开危害严重的地段。其次，由于岩溶发育的复杂性，特别是不可能在施工之前全部查清地下岩溶的分布，一旦施工时揭露出来，则必须有针对性地采取必要的工程措施。

一般认为，对于普通建筑物地基，若地下可溶岩石坚硬、完整，裂隙较少，则溶洞顶板厚度 H 大于溶洞最大宽度 b 的 1.5 倍时，该顶板不致塌陷；若岩石破碎、裂隙较多，则溶洞顶板厚度 H 应大于溶洞最大宽度 b 的 3 倍时，才是安全的。对于地质条件复杂或重要建筑物的安全顶板厚度，则需进行专门的地质分析和力学验算才能确定。

7.3.4.2　常用防治措施

对于在建筑物下地基中的岩溶空洞，可以用灌浆、灌注混凝土或片石回填的方法，必要时用钢筋混凝土盖板加固，以提高基底承载力，防止洞顶坍塌（图 7 - 17）。

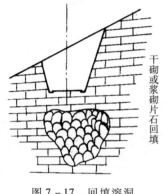
图 7 - 17　回填溶洞

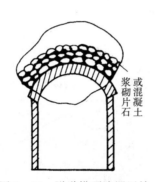
图 7 - 18　隧道拱顶溶洞回填

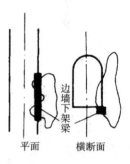
图 7 - 19　隧道边墙下溶洞处理

隧道穿过岩溶区，视所遇溶洞规模及出现部位采取相应措施。若溶洞规模不大且出现于洞顶或边墙部位时，一般可采用清除充填物后回填堵塞（图 7 - 18）；若出现在边墙下或洞底可采用加固或跨越的方案（图 7 - 19）；若溶洞规模较大，甚至有暗河存在时，可在隧道内架桥跨越。

对于岩溶地区的防排水措施应予慎重处理，主要原则是既要有利于工程修建，减轻岩溶发展和危害，又要考虑有利于该区的环境保护，不能由于排水、引水不当，造成新的环境问题。在岩溶区的隧道工程中常遇到岩溶水问题，若岩溶水水量较小，可采用注浆堵水，也可用侧沟或中心沟将水排出洞外；若水量较大，可采用平行导坑作排水坑道。总之，对岩溶一般宜用排堵结合的综合处理措施，不宜强行拦堵，且应做好由于长期排水造成的地面环境问题（如地面塌陷或地表缺水干涸等）的处理补救措施。

7.4　地震

地震是一种破坏性很强的自然灾害。据不完全统计，地壳上每年发生的地震约有 500 万次以上，人们能感觉到的约 5 万次。其中，能造成破坏作用的约有 1000 次，7 级以上的大地震有十几次。

世界上已发生的最大地震震级为8.9级，如1960年5月22日发生在南美智利的地震。1976年7月28日，我国河北省的唐山大地震的震级也达7.8级。强烈的地震会造成巨大的破坏，甚至毁灭性的灾害，使人民的生命财产遭到巨大的损失。因此，在工程活动中，必须考虑地震这个主要的环境地质因素，并采取必要的防震措施。

7.4.1　地震的基本概念

地震是一种地质现象，是地壳构造运动的一种表现。地下深处的岩层，由于某种原因突然破裂、塌陷以及火山爆发等而产生振动，并以弹性波的形式传递到地表，这种现象称为地震。

地壳或地幔中发生地震的地方称为震源。震源在地面上的垂直投影称为震中。震中可以看做地面上振动的中心，震中附近地面振动最大，远离震中地面振动减弱。

震源与地面的垂直距离，称为震源深度（图7-20）。通常把震源深度在70km以内的地震称为浅源地震，70~300km的称为中源地震，300km以上的称为深源地震。目前出现的最深的地震是720km。绝大部分的地震是浅源地震，震源深度多集中于5~20km左右，中源地震比较少，而深源地震为数更少。

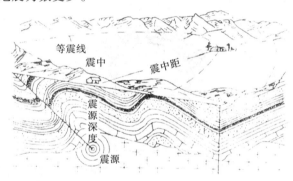

图7-20　震源、震中和等震线示意图

同样大小的地震，当震源较浅时，波及范围较小，破坏性较大；当震源深度较大时，波及范围虽较大，但破坏性相对较小。多数破坏性地震都是浅震。深度超过100km的地震，在地面上不会引起灾害。

地面上某一点到震中的直线距离，称为该点的震中距（图7-20）。震中距在1000km以内的地震，通常称为近震，大于1000km的称为远震。引起灾害的一般都是近震。

围绕震中的一定面积的地区，称为震中区，它表示一次地震时震害最严重的地区。强烈地震的震中区往往又称为极震区。

在同一次地震影响下，地面上破坏程度相同各点的连线，称为等震线。

地震发生时，震源处产生剧烈振动，以弹性波方式向四周传播，此弹性波称地震波。

地震波在地下岩土介质中传播时称体波，体波到达地表面后，引起沿地表面传播的波称面波。

体波包括纵波和横波。纵波又称压缩波或P波，它是由于岩土介质对体积变化的反应而产生的，靠介质的扩张和收缩而传播，质点振动的方向与传播方向一致。纵波传播速度最快，平均为7~13km/s。纵波既能在固体介质中传播，也能在液体或气体介质中传播。横波又称剪切波或 S 波，它是由于介质形状变化反应的结果，质点振动方向与传播方向垂直，各质点间发生周期性剪切振动。横波传播速度平均为 4 ~ 7km/s，比纵波慢。横波只能在固体介质中传播。

面波只限于沿地表面传播，一般可以说它是体波经地层界面多次反射形成的次生波，它包括沿地面滚动传播的瑞利波和沿地面蛇形传播的乐甫波两种。面波传播速度最慢，平均速度约为 3 ~ 4km/s。

地震对地表面及建筑物的破坏是通过地震波实现的。纵波引起地面上、下颠簸，横波使地面水平摇摆，面波则引起地面波状起伏。纵波先到，横波和面波随后到达，由于横波、面波振动更剧烈，造成的破坏也更大。随着与震中距离的增加，振动逐渐减弱，破坏逐渐减小，直至消失。

7.4.2　地震的成因类型

形成地震的原因是各种各样的。地震按其成因，可分为天然地震与人为地震两大类型。人为地震所引起的地表震动都较轻微，影响范围也很小，且能做到事先预告及预防，不是本节所要讨论的对象，下面所讲皆指天然地震。天然地震按其成因可划分为构造地震、火山地震、陷落地震和激发地震。

7.4.2.1　构造地震

由于地质构造作用所产生的地震称为构造地震。这种地震与构造运动的强弱直接有关，它分布于新生代以来地质构造运动最为剧烈的地区。构造地震是地震的最主要类型，约占地震总数的 90%。

构造地震中最为普遍的是由地壳断裂活动而引起的地震。这种地震绝大部分都是浅源地震，由于它距地表很近，对地面的影响最显著，一些巨大的破坏性地震都属于这种类型。一般认为这种地震的形成是由于岩层在大地构造应力的作用下产生应变，积累了大量的弹性应变能，当应变一旦超过极限数值，岩层就突然破裂和位移而形成大的断裂，同时释放出大量的能量，以弹性波的形式引起地壳的震动，从而产生地震。此外，在已有的大断裂上，当断裂的两盘发生相对运动时，如在断裂面上有坚固的大块岩层伸出，能够阻挡滑动作用，两盘的相对运动在那里就会受阻，局部的应力就越来越集中，一旦超过极限，阻挡的岩块被粉碎，地震就会发生。

7.4.2.2　火山地震

由于火山喷发和火山下面岩浆活动而产生的地面震动称为火山地震。在世界一些大火山带都能观测到与火山活动有关的地震。火山活动有时相当猛烈，但地震波及的地区多局限于火山附近数十公里的范围。火山地震在我国很少见，主要分布在日本、印度尼西亚及南美等地。火山地震约占地震总数的 7%。

7.4.2.3　陷落地震

由于洞穴崩塌、地层陷落等原因发生的地震，称为陷落地震。这种地震能量小，震级小，发生次数也很少，仅占地震总数的 3%。

7.4.2.4　激发地震

在构造应力原来处于相对平衡的地区，由于外界力量的作用，破坏了相对稳定的状态，发生构造运动并引起地震，称为激发地震。属于这种类型的地震有水库地震、深井注水地震和爆破引起的地震，为数甚少。

7.4.3　地震震级与地震烈度

7.4.3.1　地震震级

地震震级是指一次地震时，震源处释放能量的大小。它用符号 M 表示。震级是地震固有的属性，与所释放的地震能量有关，释放的能量越大，震级越大。一次地震所释放的能量是固定的，因此无论在任何地方测定都只有一个震级，其数值是根据地震仪记录的地震波图确定的。

我国使用的震级是国际上通用的里氏震级，将地震震级划为 10 个等级，目前记录到的最大地震尚未超出 8.9 级。震级与震源发出的总能量之间的关系是：

$$\lg E = 11.8 + 1.5M$$

式中　E——单位是尔格（erg），地震震级和能量的关系如表 7 - 2 所示。

从表 7 - 2 中可见，震级相差一级，能量相差 32 倍。一次大地震释放的能量是十分惊人的。到目前为止，世界上发生的最大地震是 1960 年智利 8.9 级大地震，其释放的能量转化为电能，相当于一个 122.5 万 kW 的电站 36 年的总发电量。

一般认为，小于 2 级的地震，称微震；2 ~ 4 级为有感地震；5 ~ 6 级以上地震称破坏性地震；7 级以上地震，称强烈地震或大地震。

表 7 - 2　震级与能量关系表

地震震级	能量（erg）	地震震级	能量（erg）
1	2.00×10^{13}	6	6.31×10^{20}
2	6.31×10^{14}	7	2.00×10^{22}
3	2.00×10^{16}	8	6.31×10^{23}
4	6.31×10^{17}	8.5	3.55×10^{24}
5	2.00×10^{19}	8.9	1.41×10^{25}

注：erg 为尔格，$1 erg = 10^{-7} J$。

7.4.3.2　地震烈度

（1）地震烈度

地震烈度是指地震时受震区的地面及建筑物遭受地震影响和破坏的程度。一次地震只有一个震级，而地震烈度却在不同地区有不同烈度。震中烈度最大，震中距愈大，烈度愈小。地震烈度的大小除与地震震级、震中距、震源深浅有关外，还与当地地质构造、地形、岩土性质等因素有关。根据我国 1911 年以来 152 次浅震资料统计，震级（M）和震中烈度（I_0）有如下关系：

$$M = 0.66 I_0 + 0.98$$

（2）地震烈度表

划分具体烈度等级是根据人的感觉、家具和物品所受振动的情况、房屋、道路及地面的破坏现象等因素的综合分析而进行的。世界各国划分的地震烈度等级不完全相同，我国使用的是十二度地震烈度表（表 7 - 3）。表中将地震烈度根据不同地震情况分为 Ⅰ ~ Ⅻ 度，每一烈度均有相应的地震加速度和地震系数，以便烈度在工程上的应用。地震烈度小于 Ⅴ 度的地区，具有一般安全系数的建筑物是足够稳定的；Ⅵ 度地区，一般建筑物不必采取加固措施，但应注意地震可能造成的影响；Ⅶ～Ⅸ度地区，能造成建筑物损坏，必须按工程规范规定进行工程地质勘察，并采取有效防震措施；Ⅹ度以上地区属灾害性破坏，其勘察要求需作专门研究，选择建筑物场地时应尽可能避开不良地段并采取特殊防震措施。

表 7-3　中国地震烈度鉴定标准表

烈度	名称	加速度 a（cm/s^2）	地震系数 K_c	地震情况
Ⅰ	无感震	<0.25	$<\dfrac{1}{4000}$	人不能感觉，只有仪器可以记录到
Ⅱ	微震	0.26～0.50	$\dfrac{1}{4000}\sim\dfrac{1}{2000}$	少数在休息中极宁静的人能感觉，住在楼上者更容易
Ⅲ	轻震	0.6～1.0	$\dfrac{1}{2000}\sim\dfrac{1}{1000}$	少数人感觉地动（像有轻车从旁边过），不能即刻断定是地震。震动来自方向或持续时间有时约略可定
Ⅳ	弱震	1.1～2.5	$\dfrac{1}{1000}\sim\dfrac{1}{400}$	少数在室外的人和绝大多数在室内的人都感觉。家具等有些摇动，盘、碗和窗户玻璃振动有声。屋梁、天花板等略咯作响，缸里的水或敞口皿中的液体有些荡漾，个别情形惊醒睡觉的人
Ⅴ	次强震	2.6～5.0	$\dfrac{1}{400}\sim\dfrac{1}{200}$	差不多人人有感觉，树木摇晃，如有风吹动。房屋及室内物件全部振动，并略咯作响。悬吊物如帘子、灯笼、电灯等来回摆动，挂钟停摆或乱打，盛满器皿中的水溅出。窗户玻璃出现裂纹。睡觉的人惊逃户外
Ⅵ	强震	5.1～10.0	$\dfrac{1}{200}\sim\dfrac{1}{100}$	人人感觉，大部分惊骇跑到户外，缸里的水剧烈荡漾，墙上挂图、架上书籍掉落，碗碟器皿打碎，家具移动位置或翻倒，墙上灰泥发生裂缝，坚固的庙堂房屋亦不免有些地方掉落一些泥灰，不好的房屋受相当的损伤，但较轻
Ⅶ	损害震	10.1～25.0	$\dfrac{1}{100}\sim\dfrac{1}{40}$	室内陈设物品及家具损伤甚大。庙里的风铃叮当作响，池塘里腾起波浪并翻起浊泥，河岸砂碛处有崩滑，井泉水位有改变，房屋有裂缝，灰泥及塑雕装饰大量脱落，烟囱破裂，骨架建筑的隔墙亦有损伤，不好的房屋严重损伤
Ⅷ	破坏震	25.1～50.0	$\dfrac{1}{40}\sim\dfrac{1}{20}$	树木发生摇摆，有的断折。重的家具物件移动很远或抛翻，纪念碑从座下扭转或倒下，建筑较坚固的房屋如庙宇也被损害，墙壁裂缝或部分裂坏，骨架建筑隔墙倾脱，塔或工厂烟囱倒塌，建筑特别好的烟囱顶部亦遭损坏。陡坡或潮湿的地方发生小裂缝，有些地方涌出泥水
Ⅸ	毁坏震	50.1～100.0	$\dfrac{1}{20}\sim\dfrac{1}{10}$	坚固建筑物如庙宇等损坏颇重，一般砖砌房屋严重破坏，有相当数量的倒塌，不能再住人。骨架建筑根基移动，骨架歪斜，地上裂缝颇多
Ⅹ	大毁坏震	100.1～250.0	$\dfrac{1}{10}\sim\dfrac{1}{4}$	大的庙宇，大的砖墙及骨架建筑连基础遭受破坏，坚固砖墙发生危险的裂缝，河堤、坝、桥梁、城垣均严重损伤，个别的被破坏，钢轨亦挠曲，地下输送管道破坏，马路及柏油街道起了裂缝与皱纹，松散软湿之地开裂有相当宽而深的长沟，且有局部崩滑。崖顶岩石有部分剥落，水边惊涛拍岸

烈度	名称	加速度 a（cm/s²）	地震系数 K_c	地震情况
XI	灾震	250.1 ~ 500.0	$\frac{1}{4} \sim \frac{1}{2}$	砖砌建筑全部坍塌，大的庙宇与骨架建筑亦只部分保存，坚固的大桥破坏，桥墩崩裂，钢梁弯曲（弹性大的木桥损坏较轻），城墙开裂崩坏，路基堤坝断开，错离很远，铁轨弯曲且鼓起，地下输送管完全破坏，不能使用，地面开裂甚大，沟道纵横错乱，到处土滑山崩，地下水夹泥沙从地下涌出
XII	大灾震	500.1 ~ 1000	$> \frac{1}{2}$	一切人工建筑物无不毁坏，物体抛掷空中，山川风景变异，范围广大，河流堵塞，造成瀑布，湖底升高，地裂山崩，水道改变等

（3）工程应用地震烈度的划分

在工程建筑设计中，鉴定划分建筑区的地震烈度是很重要的，因为一个工程从建筑场地的选择，到工程建筑的抗震措施等都与地震烈度有密切的关系。

为了把地震烈度应用到工程实际中，地震烈度本身又可分为基本烈度、建筑场地烈度和设计烈度。

1）基本烈度　基本烈度是指一个地区在今后 100 年内，在一般场地条件下可能普遍遭遇的最大地震烈度（也叫区域烈度），是根据对一个地区的实地地震调查、地震历史记载、仪器记录并结合地质构造综合分析得出的。基本烈度提供的是地区内普遍遭遇的烈度。其所指的是一个较大范围的地区，而不是一个具体的工程建筑场地。国家地震局和建设部 1992 年颁布了新的《中国地震烈度区划图》，该图于 1990 年编制完成，图中所给出的烈度即为基本烈度。地震基本烈度大于或等于Ⅶ度的地区为高烈度地震区。

2）场地烈度　建筑场地烈度也称小区域烈度，是指在建筑场地范围内，由于地质条件、地形地貌条件及水文地质条件不同而引起的基本烈度的提高或降低。通常可提高或降低半度至一度。但是，在新建工程的抗震设计中，不能单纯用调整烈度的方法来考虑场地的影响，而应针对不同的影响因素采用不同的抗震措施。

3）设计烈度　设计烈度是指在场地烈度的基础上，考虑建筑物的重要性、永久性、抗震性和修复的难易程度将基本烈度加以适当调整，调整后设计采用的烈度称为设计烈度，又称计算烈度或设防烈度。对于特别重要的建筑物，例如特大桥梁、长大隧道、高层建筑等，经国家批准，可提高烈度一度；对于重要建筑物，如各种公路工程建筑物、活动人数众多的公共建筑物等，可按基本烈度设计；对于一般建筑物如一般工业与民用建筑物，可降低烈度一度。但是，为保证属于大量的Ⅶ度地区的建筑物都有一定抗震能力，基本烈度为Ⅶ时，不再降低。对于临时建筑物，可不考虑设防。

7.4.3.3　地震对建筑物的影响

在地震作用下，地面会出现各种震害和破坏现象，也称为地震效应，即地震的破坏作用。它主要与震级大小、震中距和场地的工程地质条件等因素有关。地震破坏作用可分为震动破坏与地面破坏两个方面。前者主要是地震力和振动周期的破坏作用，后者则包括地面破裂、斜坡破坏及地基强度失效。

（1）地震力效应

地震力，即地震波传播时施加于建筑物的惯性力。假如建筑物所受重力 W，质量为 W/g

g 为重力加速度，则在地震波的作用下，建筑物所受到的最大水平惯性力（P）为：

$$P = W/g \cdot a_{max} = W \cdot a_{max}/g = WK_c$$

式中　　a_{max}/g——水平地震系数（K_c）。

当 K_c 等于大于 1/100 时，相当于烈度为Ⅶ度，建筑物即开始破坏。地震最大加速度 a_{max} 与 K_c 值是两个重要的指标数据，各种烈度的对应数值均列入表 7-3。

由于地震波的垂直加速度分量较水平的小，仅为其 1/2～1/3，且建筑物竖向安全贮备一般较大。所以设计时在一般情况下只考虑水平地震力。因此，水平地震系数也称地震系数。

建筑物地基受地震波冲击而震动，同时也引起建筑物的振动。当二者振动周期相等或相近时就会引起共振，使建筑物振幅增大，导致倾倒破坏。建筑物的自振周期取决于所用的材料、尺寸、高度以及结构类型，可用仪器测定或据公式计算。据统计，1、2 层结构物约为0.2s；4、5 层者约为 0.4s；11、12 层者约为 1s。建筑物越高，自振周期越长。

地震持续的时间越长，建筑物的破坏也越严重。土质越软弱、土层越厚振动历时也越长。软土场地可比坚硬场地历时长几秒至十几秒。

（2）地面破裂与斜坡破坏效应

地面破裂效应是指地震形成的地裂缝以及沿破裂面可能产生较小的相对错动，但不是发震断层或活断层。地裂缝多产生在河、湖、水库的岸边及高陡悬崖上边。在平原地区松散沉积层中尤为多见。在岸边地带出现的裂缝大多顺岸边延伸，可由数条至十几条大致平行排列。如 1965 年邢台地震时，在震中区附近滏阳河边广泛分布大致平行排列的数条大裂缝，顶宽可达 1m 以上，长可达数百米。裂缝分布范围垂直于河流方向可达数十米。使河岸及附近建筑遭受严重破坏。

斜坡破坏效应是指在地震作用下斜坡失稳，发生崩塌、滑坡现象。大规模的边坡失稳不仅可以造成道路、村庄、堤坝等各种建筑物的毁坏，而且可以堵塞江河。如 1933 年四川迭溪发生 7.5 级大地震，沿岷江及其支流发生多处大的崩塌、滑坡。崩石堆积堵塞岷江，形成两个堰塞湖，当地称海子。大海子长约 7km，最大水深 94m；小海子长约 4km，最大水深91m。1 个多月后，堆石坝溃决，使下游又遭受严重水灾。

（3）地基失效

地基失效主要是指地基土体产生震动压密、下沉、地震液化及松软地层的塑流变形等，使地基失效造成建筑物的破坏。最常见的是地震液化现象。

地震液化是指饱水砂土受强烈振动后而呈现出流动状态的现象。当液化现象出现后，砂土的抗剪强度完全丧失，失去承载能力，从而导致建筑物破坏。砾土液化现象还可导致地面喷水冒砂、地面下沉、地下掏空等现象。地震液化主要发生在粉、细砂层中，强烈地震时，粉质黏土、中砂层中也可出现。

此外，发生海震时，海啸对沿岸港口、码头等建筑也可造成很大的破坏作用。

学 习 要 求

本章是本课程的重点章节之一，通过学习要求掌握常见地质灾害滑坡、崩塌、泥石流、岩溶的基本概念、发育条件、基本类型、防治原则和措施；熟悉地震的成因类型及其特点；

掌握地震的震级、烈度的概念，正确认识震级与烈度的关系；了解地震对土木工程的影响和具体防震原则。

习 题 与 思 考 题

1. 何谓滑坡？其主要形态特征是什么？
2. 形成滑坡的条件是什么？影响滑坡发生的因素有哪些？
3. 按引起滑坡的力学特征，滑坡可分为哪几种类型？按组成滑坡的物质成分，滑坡可分为哪几种类型？它们各有什么特征？
4. 滑坡的防治原则是什么？滑坡的防治措施有哪些？
5. 何谓崩塌？形成崩塌的基本条件是什么？
6. 崩塌的防治原则是什么？防治崩塌的措施是哪些？
7. 何谓泥石流？泥石流的形成条件有哪些？其发育特点如何？
8. 试说明泥石流的分类。
9. 如何防治泥石流灾害？
10. 什么叫岩溶？岩溶有哪些主要形态？其发育的基本条件有哪些？
11. 岩溶的发育与分布规律怎样？影响因素有哪些？
12. 岩溶地区的主要工程地质问题有哪些？常用的防治措施是什么？
13. 什么叫地震？自然地震按其成因可分为哪几种？
14. 何谓地震震级？震级如何确定？
15. 什么叫地震烈度？根据什么确定地震烈度？震级和烈度之间的关系如何？在工程建筑抗震设计时，需要确定的地震烈度有哪几种？
16. 地震对工程建筑物的影响和破坏表现在哪几方面？

第8章 岩体工程稳定性问题

8.1 地下洞室围岩稳定性问题

为各种目的修建在地层内的中空通道或中空洞室统称为地下洞室，包括矿山坑道、铁路隧道、水工隧洞、地下发电站厂房、地下铁道及地下停车场、地下储油库、地下弹道导弹发射井，以及地下飞机库等。虽然它们规模不等，但都有一个共同的特点，就是都要在岩体内开挖出具有一定横断面形状和尺寸、并有较大延伸度的洞室（图8－1）。

地下洞室开挖之前，岩体处于一定的应力平衡状态，开挖使洞室周围岩体发生卸荷回弹和应力重新分布。如果围岩足够坚固，不会因卸荷回弹和应力状态的变化而发生显著的变形和破坏，那么，开挖出的地下洞室就不需要采取任何加固措施而能保持稳定。但是，有时或因洞室周围岩体应力状态的变化大，或因岩体强度低，以致围岩适应不了回弹应力和重分布应力的作用而丧失其稳定性。此时，如果不加

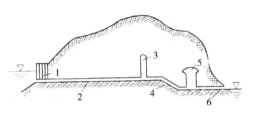

图8－1　地下水电动室布置剖面示意图
1—进水闸门；2—引水隧道；3—调压室；
4—压力斜管；5—地下电站厂房；6—尾水隧道

固或加固而未保证质量，都会引起破坏事故，对地下建筑的施工和营运造成危害。因此，工程地质工作者必须了解和掌握地下洞室围岩的应力状态，变形破坏机制和分析评价围岩稳定性的原理，以便能够在工程地质勘察过程中，为正确解决地下建筑的设计和施工中的各类问题，提供充分而可靠的地质依据。

8.1.1 洞室围岩应力重分布

洞室开挖前，岩土体一般处于天然应力平衡状态，称一次应力状态或初始应力状态。一个三向应力不等的空间应力场中，由于影响天然应力的因素十分复杂，水平应力（σ_h）与铅直应力（σ_v）间的比值系数（$\lambda = \dfrac{\sigma_h}{\sigma_v}$）即使在同一地质环境里也有较大变化。实测结果表明，有些地区铅直应力大于水平应力；有的则水平应力大于铅直应力；也有的两者相近，特别是在地壳的深处，天然应力的比值系数接近于1。

洞室开挖后，便破坏了这种天然应力的平衡状态。洞室周边围岩失去原有支撑，就要向洞室空间松胀，结果又改变了围岩的相对平衡关系，形成新的应力状态。作用于洞室围岩上的外部荷载，一般不是建筑物的重力，而是岩土体所具有的天然应力（包括自重应力和构造应力）。这种由于洞室的开挖，围岩中应力、应变调整而引起原有天然应力大小、方向和性质改变的过程和现象，称为围岩应力重分布。它直接影响围岩的稳定性。洞室内若有高压

水流作用便对围岩产生一种附加应力，它叠加到衬砌后的围岩应力上，也是影响围岩稳定性的一种因素。

为便于讨论，我们分析连续、均质和各向同性，天然应力比值系数 $\lambda = 1$ 的岩体内开挖圆形洞室的围岩重分布应力。

可在垂直洞轴的剖面上以极坐标研究重分布应力（图8-2）。m 点的坐标可用 θ 和 r 表示。围绕 m 点取一单元体，其两个边为半径的一段 dr，另两个边为圆周的一段 ds 和 ds' 弧。该弧上主应力 σ_r 平行半径方向，称"径向应力"；这段半径上正应力 σ_θ 与圆周相切，称"环向应力"（切向应力）；另外，还有剪应力 $\tau_{r\theta}$ 和 $\tau_{\theta r}$。此外，还有平行洞轴方向正应力 σ_e，称"轴向应力"。

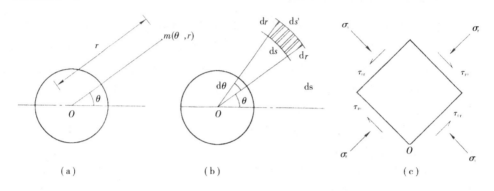

图8-2 洞室围岩中的应力分布

设开挖前岩体内均为压应力，开挖后岩体就向洞室空间松胀位移，位移方向沿半径指向洞室中心，因而导致径向应力减小，且在洞壁上径向松胀位移最充分，径向应力为零。深入围岩内部，松胀位移条件越差，阻力越大；深达一定距离后，松胀位移渐趋于零，可以认为这里径向应力也与天然应力相等（图8-3），因此，洞室开挖后围岩松胀位移结果，各点的径向应力 σ_r：当 $r = a$ 时 $\sigma_r = 0$；当 $r = b$ 时 $\sigma_r = \sigma$，这里半径为 b 的范围就是径向松胀位移岩体，即所谓狭义的洞室围岩，σ 即为天然应力。

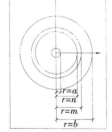

环向应力则与前述径向应力状况相反。洞室开挖后，围岩向洞室中心松胀，实际上是围岩内每个圆周上的质点均向洞室中心移动一定距离。当 $r = m$ 那个圆向洞室中心移动了一段路程后，就变成 $r = n$ 那个圆，圆周变短。这样，缩短方向（圆周方向）上压应力增加。这样，

图8-3 洞室围岩的范围

越靠近洞壁环向应力增加值越大，越深入围岩内部环向应力增加值越小，以致到零：当 $r = a$，σ_θ 最大；当 $r = b$，$\sigma_\theta = \sigma$。

在这种分析基础上，当岩体为均质、连续、各向同性和 $\lambda = 1$ 的情况下，弹性理论导出洞室围岩应力的计算式

$$
\left.
\begin{aligned}
\sigma_r &= \left(1 - \frac{a^2}{r^2}\right)\sigma \\
\sigma_\theta &= \left(1 + \frac{a^2}{r^2}\right)\sigma \\
\tau_{r\theta} &= \tau_{\theta r} = 0
\end{aligned}
\right\}
\tag{8-1}
$$

由式(8-1)可见，当 $r=a$ 时，$\sigma_\theta=2\sigma$，$\sigma_r=0$；当 $r=b$ 时，$\sigma_\theta=\sigma$。一般认为此深度大约为$(5\sim6)a$(相当洞室直径的3倍)。这个范围内的岩土体便是所谓的"狭义围岩"（图8-4）。显然，在洞壁（$r=a$）处 σ_θ 与 σ_r 的差值是最大的 2σ，因此围岩的破坏多是从洞壁开始。

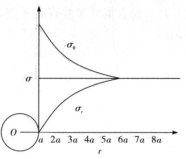

图8-4　$\lambda=1$时圆形洞室围岩应力分布曲线

当 $\lambda\neq1$ 时，则圆形洞室围岩应力分布发生变化，在洞壁上受到剪切应力作用，且其值也最大，并可能出现拉应力，所以洞室周边易遭到破坏。

当洞室断面不是圆形而是其他形状时，应力分布图形都有变化。不同断面洞室围岩中应力分布情况如图8-5所示。围岩应力分布的规律是：顶、底板围岩容易出现

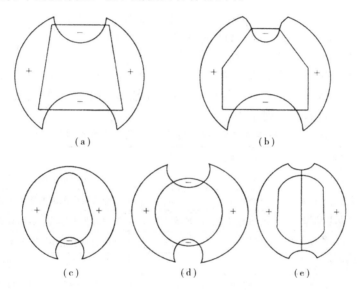

图8-5　各种不同断面形状洞室周边应力分布曲线

注："+"压应力；"-"拉应力。

拉应力；周边转角处存在很大的剪应力；洞室的高宽比对围岩应力分布的影响极大，设计洞室断面时应考虑铅直应力与水平应力的比值。

8.1.2　洞室围岩的变形破坏方式

8.1.2.1　围岩变形破坏的一般过程和特点

地下洞室开挖常使围岩的性状发生很大变化，促使围岩性状发生变化的因素，除上述的卸荷回弹和应力重分布之外，还有水分的重分布。一般说来，洞室开挖后，如果围岩岩体承受不了回弹应力或重分布的应力的作用，围岩即将发生塑性变形或破坏。这种变形或破坏通常是从洞室周边，特别是那些最大应力或拉应力集中的部位开始，尔后逐步向围岩内部发展的。其结果常可在洞室周围形成松动带或松动圈。围岩内的应力状态也将因松动圈内的应力被释放而重新调整，通常在围岩的表层形成应力降低区，而高应力集中区则向岩体内部转移，结果就在围岩内形成一定的应力分带，例如图8-6所示的静水应力场中（$\lambda=1$）圆形隧洞周围的三个应力带就是围岩塑性变形或破坏的发展所造成的。围岩表面低应力区的形成

往往又会促使岩体内部的水分由高应力区向围岩的表面转移，这不仅能进一步恶化围岩的稳定条件，而且能使某些存在于围岩表层易于吸水膨胀的岩层发生强烈的膨胀变形，造成很大的山压。

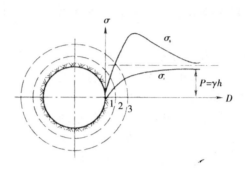

图8-6   λ=1应力场中圆形隧洞周边的应力分带

1—应力降低的区域；2—应力增高的区域；

3—初始应力未受影响的区域

围岩岩体的变形和破坏的形式和特点，除与岩体内的初始应力状态和洞形有关外，主要取决于围岩的岩性和结构。为了更清楚地说明这个问题，现将围岩的变形、破坏类型及其与围岩的岩性和结构之间的关系列于表8-1。

表8-1   围岩的变形破坏形式及其与围岩岩性结构的关系

围岩岩性	岩体结构	变形、破坏形式	产生机制
脆性围岩	块体状结构及厚层状结构	张裂塌落	拉应力集中造成的张裂破坏
		劈裂破坏	压应力集中造成的压致拉裂
		剪切滑移及剪切破裂	压应力集中造成的剪切破裂及滑移拉裂
		岩爆	压应力高度集中造成的突然而猛烈的脆性破坏
	中薄层状结构	弯折内鼓	卸荷回弹或压应力集中造成的弯曲拉裂
	碎裂结构	碎裂松动	压应力集中造成的剪切松动
塑性围岩	层状结构	塑性挤出	压应力集中作用下的塑性流动
		膨胀内鼓	水分重分布造成的吸水膨胀
	散体结构	塑性挤出	压应力作用下的塑流
		塑流涌出	松散饱水岩体的悬浮塑流
		重力坍塌	重力作用下的坍塌

8.1.2.2   脆性围岩的变形破坏方式

脆性围岩包括各种块体状结构或层状结构的坚硬或半坚硬的脆性岩体。这类围岩的变形和破坏，主要是在回弹应力和重分布的应力作用下发生的，水分的重分布对其变形和破坏的影响较为微弱。这类围岩变形破坏的形式和特点，除与由岩体初始应力状态及洞形所决定的围岩的应力状态有关外，主要取决于围岩的结构，一般有弯折内鼓、张裂塌落、劈裂剥落、剪切滑移以及岩爆等的不同类型，现分述如下。

（1）弯折内鼓

这类变形破坏是层状、特别是薄层状围岩变形破坏的主要形式。从力学机制来看，它的产生可能有两种情况：一是卸荷回弹的结果；二是应力集中使洞壁处的切向压应力超过薄层状岩层的抗弯折强度所造成的。

　　由卸荷回弹所造成的变形破坏主要发生在初始应力较高的岩体内（或者洞室埋深较大，或者水平地应力较高）而且总是在与岩体内初始最大主应力垂直相交的洞壁上表现得最强烈，故当薄层状岩层与此洞壁平行或近于平行时，洞室外开挖后，薄层状围岩就会在回弹应力的作用下发生如图 8-7 所示的弯曲、拉裂和折断，最终挤入洞内坍倒。

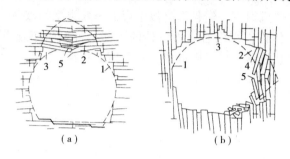

图 8-7　走向平行于洞轴的薄层状围岩的弯折内鼓破坏
(a) 水平岩层；(b) 垂直岩层
1—设计断面；2—破坏区；3—崩塌；4—滑动；5—张裂及折断

　　由压应力集中所造成的变形破坏主要发生在洞室周边上有较大的压应力集中的部位，通常是洞室的角点或与岩体内初始最大主应力平行或近于平行的洞壁，故当薄层状岩体的层面与这类应力高度集中部位平行或近于平行时，切向压应力往往超过薄层状围岩的抗弯折强度，从而使围岩发生弯折内鼓破坏。

　　一些局部构造条件，有时也有利于这类变形破坏的产生。例如图 8-8 所示的情况，平行于洞室侧壁的断层，使洞壁和断层之间的薄层岩体内应力集中而造成弯折内鼓破坏。

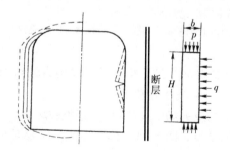

图 8-8　有利于产生弯折内鼓破坏的局部构造条件

（2）张裂塌落

　　张裂塌落通常发生于厚层状或块体状岩体内的洞室顶拱。当那里产生拉应力集中，且其值超过围岩的抗拉强度时，顶拱围岩就将发生张裂破坏，尤其是当那里发育有近垂直的构造裂隙时，即使产生的拉应力很小也可使岩体拉开产生垂直的张性裂缝。被垂直裂缝切割的岩体在自重作用下就变得很不稳定，特别是当有近水平方向的软弱结构面发育，岩体在垂直方向的抗拉强度较低时，往往造成顶拱的塌落。但是在 $\lambda \neq 0$ 时的情况下，顶拱坍塌引起的洞室宽高比的减小会使顶拱处的拉应力集中也随之而减小，甚至变为压应力（图 8-9）。当顶拱处的拉应力减小至岩体的抗拉强度时，顶拱围岩就趋于稳定，坍塌也就不再继续发生。

（3）劈裂剥落、剪切滑移及碎裂松动

劈裂剥落和剪切滑移都发生于压应力、特别是最大压力集中的部位。

1）劈裂剥落 过大的切向压应力使围岩表部发生平行于洞室周期性的破裂。一些平行的破裂将围岩切割成厚度由几厘米到几十厘米的薄板，它们往往沿壁面剥落（图 8 – 10b）。破裂的范围一般不超过洞室的半跨。当切向压应力大于劈裂岩板的抗弯强度时，这些劈裂板还可能被压弯、折断并造成塌方，转化为类似于弯折内鼓类型的破坏。劈裂剥落多发生于厚层状或块体状结构的岩体内，视围岩应力条件的不同，可发生于顶拱，也可发生于边墙之上，前者造成顶拱的片状冒落，后者则造成通常所谓的片帮。

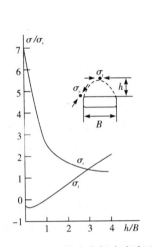

图 8 – 9　λ = 1/3 的应力场中宽高比为 6
的坑道顶拱的冒落对顶拱应力的影响

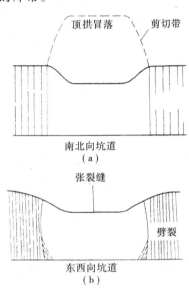

图 8 – 10　美国弗吉尼亚州皮特斯波夫煤层中
不同走向坑道围岩的变形破坏特征

2）剪切滑移 这种形式的破坏多发生于厚层状或块体状结构的岩体里。随围岩应力条件的不同，可发生在边墙上，也可发生在顶拱。

在水平应力大于垂直应力的应力场中（λ > 1），这类破坏多发生在顶拱，压力应力集中程度较高，且有斜向断裂发育的部位，图 8 – 11（a）就表示了这种情况。位于断层带内的岩层单元体通常具有如图 8 – 11（b）所示的应力状态。由于切向应力 σ_θ 很大，而径向应力 σ_r 很小，故沿断层面作用的剪应力 τ 比较高，而正应力 σ 却比较小，所以，沿断层面作用的剪应力往往会超过其抗剪强度，引起沿断层的剪切滑移。这种滑移又会引起次生的拉应力（大体上垂直于图 8 – 11a 中的虚线），从而使断层与虚线间的三角形岩体因滑移拉裂而冒落。

在垂直主应力大于水平主应力的应力场中（λ < 1），这类破坏则多发生在边墙上压应力集中程度较高，且有陡倾角断裂发育的部位。当断裂面上的剪应力超过其抗剪强度时，围岩即将沿断裂面发生剪切滑移，造成边墙失稳。

另外应该指出，在厚层状或块状的脆弱完整岩体里（如煤等），围岩表部的压应力集中有时会使围岩发生局部剪切破坏（即沿两组较密集的共轭面发生剪切错动），造成顶拱的塌坍（图 8 – 11a）或边墙的局部失稳。

3）碎裂松动 碎裂松动是碎裂结构岩体变形、破坏的主要形式，洞体开挖后，如果围

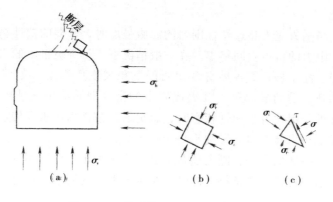

图 8 - 11 滑移拉裂引起的顶拱冒落

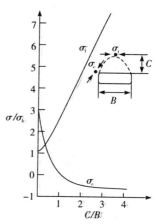

图 8 - 12 宽高比为 6，应力比值系数 $\lambda = 3$，坑道顶拱塌落对顶拱应力的影响

岩应力已超过了围岩的屈服强度，这类围岩就会因沿多组已有断裂结构面发生剪切错动而松弛，并围绕洞体形成一定的碎裂松动带或松动圈。这类松动带本身是不稳定的，特别是当有地下水的活动参与时，极易导致顶拱的坍塌和边墙的失稳。由于松弛带的厚度会随时间的推移而逐步增大，因此，为了防止这类围岩变形、破坏的过度发展，必须及时采取加固措施。

上述两类破坏所引起的洞室宽高比的变化，一方面会使洞形急剧变化部分的围岩表部的切向压应力的集中程度随之急剧增大，另外还会在与增大主应力相垂直洞壁上引起拉应力，从而进一步恶化围岩的稳定条件，引起围岩累进性破坏。如图 8 - 12 所示，就是一个宽高比为 6 的矩形坑道，在 $\lambda = 3$ 的应力场中，顶拱挤压破坏所引起的洞形变化与围岩应力变化之间的关系。从图中可以看出，当破坏所造成的崩落向上发展时，顶板中央的压应力迅速随冒落高度增高而增大，在这种场合下，如不及时采取措施，顶拱的崩落作用必将累进性地加速发展，造成严重后果。

（4）岩爆

在地下开挖或开采过程中，围岩的破坏有时会突然地以爆炸的形式表现出来，这就是所谓的岩爆。

当岩爆发生时，岩石或煤等突然从围岩中被抛出或弹出，抛出的岩体大小不等，大者可达几十吨，小者长仅几厘米。大型岩爆通常伴有剧烈的气浪和巨响，甚至还伴有周围岩体的振动。岩爆对于地下采掘或地下工程建筑常能造成很大的危害，大者能破坏支护、堵塞坑道，造成重大的伤亡事故，小者也能威胁施工人员的安全。因此，研究这类破坏的发生、发展与防治，对于地下开挖工作的安全与经济有着重要意义。

8.1.2.3 塑性围岩的变形与破坏

塑性围岩包括各种软弱的层状结构岩体（如页岩、泥岩和黏土岩等）和散体结构岩体。这类围岩的变形与破坏，主要是在应力重分布和水分重分布的作用下发生的，主要有塑性挤出、膨胀内鼓、塑流涌出和重力坍塌等不同类型，现分述如下。

（1）塑性挤出

洞室开挖后，当围岩应力超过塑性围岩的屈服强度时，软弱的塑性物质就会沿最大应力梯度方向向消除了阻力的自由空间挤出。在一般情况下，易于被挤出的岩体主要包括：①固结程度较差的泥岩、黏土岩；②各种富含泥质的沉积或变质岩层（如泥岩、页岩、板岩和千枚岩等）中的挤压、剪切破碎带；③火成岩中的富含泥质的风化破碎夹层等，特别是当这些岩体富含水分处于塑性或半塑性状态时，就更易于被挤出。未经构造或风化扰动、且固结程度较高的泥质沉积岩及变质岩层则不易于挤出。

这类围岩变形、破坏的发展，随上述各类软弱岩体产出条件和所处部位不同可有不同的情况，图8-13所示的就是一些特例。同时，挤出变形的发展通常都有一个时间过程，一般要几周至几月之后方能达到稳定。

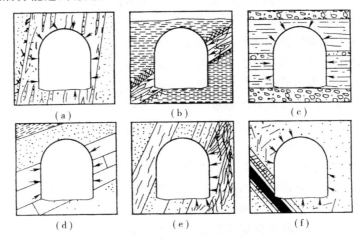

图8-13　几种发生塑性挤出的地质条件

（a）花岗岩的剪切破碎带；（b）页岩中的缓倾角断裂带；（c）富含蒙脱石的
风化火山灰；（d）固结差的泥岩；（e）遭剪切破坏和风化的云母片岩；
（f）与岩脉相接触的强蚀变细斑岩

（2）膨胀内鼓

洞室开挖后，围岩表部减压区的形成往往促使水分由内部高应力区向围岩表部转移，结果常使某些易于吸水膨胀的岩层发生强烈的膨胀内鼓变形。这类膨胀变形显然是由围岩内部的水分重分布引起的，除此之外，开挖后暴露于表部的这类岩体有时也会从空气中吸收水分而使自身膨胀。

遇水后易于膨胀的岩石主要有两类。一类是富含黏土矿物（特别是蒙脱石）的塑性岩石，如泥质岩、黏土岩、膨胀性黏土等。隧道围岩中有浸水后体积增大2.9%的岩石就会给开挖造成很大困难，而有些受热变质的富含蒙脱石矿物的岩石，浸水后体积可增加14%~25%。因此，这类岩层的膨胀变形能对各类地下建筑物的施工和运行造成很大危害。例如，据挪威对水工隧洞的调查，有70%的隧洞衬砌开裂及破坏的事故与此有关。另一类是含硬石膏的地层。硬石膏遇水后就会发生水化而转化为石膏，体积随之而增大。所以穿过这类地层的隧道往往遇到因硬石膏水化膨胀而产生的强大山压，给隧道的施工和运行带来很大困难。

与挤出相比，围岩的吸水膨胀一般说来是一个更为缓慢的过程，往往需要相当长的时间才能达到稳定。

（3）塑流涌出

当开挖揭穿到饱水断裂带内松散破碎物质时，这些物质就会和水一起，在压力下呈含有大量碎屑物的泥浆状突然地涌入洞中，有时甚至堵塞坑道，给施工造成很大的困难。

（4）重力坍塌

指破碎松散岩体在重力作用下发生的塌方。

8.1.3 洞室围岩压力

洞室围岩由于应力重分布而形成塑性变形区，在一定条件下，围岩稳定性便可能遭到破坏。为保证洞室的稳定，常需进行支护和衬砌。这样，洞室支护和衬砌上便必然受到围岩变形与破坏的岩土体的压力。这种由于围岩的变形与破坏而作用于支护或衬砌上的压力，称为"围岩压力"。

围岩压力是设计支护或衬砌的依据之一，它关系到洞室正常运用，安全施工、节约资金和多快好省地进行建设的问题。围岩稳定程度的判别与围岩压力的确定紧密相关。

围岩压力按其形成方式，有变形围岩压力、松动围岩压力、膨胀围岩压力和冲击围岩压力等。按其计算方法的理论根据，有的把围岩视为松散介质，确立了平衡拱理论的计算方法；有的把围岩视为弹塑性体，确立相应的计算方法；有的把围岩视为具有一定结构面的地质体，确立计算方法。但到目前为止，围岩压力的计算问题还没有得到圆满解决。围岩压力不仅与围岩地质因素和洞室断面形状有关，还与地区天然应力状态、衬砌或支护的性能以及施工方法和速度有关。所以，确定围岩压力的大小和方向，是一个极为复杂的问题。下面主要介绍一定简化条件下的松动围岩压力理论即平衡拱理论。

8.1.3.1 普氏 f_k 法

目前我国用得最普遍的是沿用已久的普氏 f_k 法。

M. M. 普罗托齐雅科诺夫根据实际观察和砂模试验结果认为，洞室开挖后围岩一部分砂体失去平衡而向下坍落，坍落部位以上和两侧砂体，处于新的平衡状态而稳定。坍落边界轮廓呈拱形。若洞室侧围砂体沿斜面滑动，洞顶仍坍落呈拱形。显然，若及时支撑或衬砌，作用在支撑或衬砌上的压力，便是拱圈以内坍落砂体重量，而拱圈以外的砂体可维持自身平衡，这个拱便称为"天然平衡拱"。

设洞壁铅直，把侧围三角形滑塌体内最大主应力方向视为铅直的，则天然条件下滑塌斜面就会与侧壁成 $45° - \dfrac{\varphi}{2}$ 的夹角。由此，对散粒土体根据静力平衡的平面问题作出假定条件后，便可求出拱圈（坍落体）高度。

取平衡拱之半（图 8 - 14），拱顶作用均匀分布的土体铅直自重应力 σ_z^0，右半拱传来水平推力为 T，拱脚 A 点水平反力为 F，铅直反力为 V。设此拱在 γ，F，V，σ_z^0 四力作用下平衡，对 A 点取力矩，据静力平衡条件写出

$$h_1 = \frac{\sigma_z^0}{2T} b_1^2 \tag{8-2}$$

平衡时该点的反力 $F = T$。$V = \sigma_z^0 \times b_1$，把 F 视为由 V 产生的摩擦阻力，并引用一个特有的强度指标 f_k（坚固系数）来代替土的内摩擦系数；黏性土 $f_k = \tan\varphi + \dfrac{c}{\sigma}$，无黏性土

$f_k = \tan\varphi$。因此

$$F = Vf_k = \sigma_z^0 b_1 f_k$$

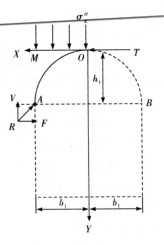

为使拱圈有足够稳定性使 $F > T$，取安全系数为 2，即

$$\frac{F}{T} = \frac{\sigma_z^0 b_1}{T} f_k = 2$$

则

$$T = \frac{1}{2}\sigma_z^0 b_1 f_k$$

图 8 - 14　平衡拱受力情况

代入式（8 - 2）有

$$h_1 = \frac{b_1}{f_k}$$

普氏认为，平衡拱呈抛物线形，因此洞顶围岩压力（Q）便可按下式计算：

$$Q = \frac{4\gamma b_1^2}{2f_k} \tag{8 - 3}$$

式中　γ——土的重度。

设单位面积上侧围压力为 p_a（图 8 - 15），则

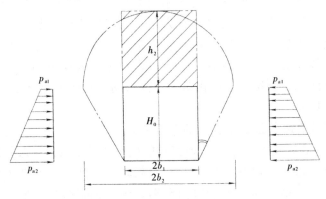

图 8 - 15　侧壁围压分布示意图

$$p_{a1} = \gamma h_2 \tan^2\left(45° - \frac{\varphi}{2}\right) - 2\cot\left(45° - \frac{\varphi}{2}\right)$$

$$p_{a2} = \gamma(h_2 + H_0)\tan^2\left(45° - \frac{\varphi}{2}\right) - 2\cot\left(45° - \frac{\varphi}{2}\right)$$

侧壁围岩压力（p_a）便可按下式计算

$$p_a = \frac{1}{2}\gamma H_0(2h_2 + H_0)\tan^2\left(45° - \frac{\varphi}{2}\right) - 2H_0\cot\left(45° - \frac{\varphi}{2}\right) \tag{8 - 4}$$

普氏将此方法推广到岩体上，认为被许多裂隙切割的岩体也可以视为具有一定凝聚力的松散体，并认为坚固系数为岩石抗压强度 R_c 的 $1/100$，即

$$f_k = \frac{R_c}{100}$$

对 $f_k < 4$ 的土和岩石，同前面一样计算洞顶和洞壁的围岩压力；对 $f_k > 4$ 的岩石，则只有洞顶出现围岩压力，一般没有侧壁围岩压力。

普氏平衡拱理论有一定优点，把坍落体的重力视为围岩压力，很直观，易理解，也有理论根据。但把所有围岩坍落体均视为拱形，便有很大局限性。实际上，除一般土体外，岩体坍落体大都不呈拱形。普氏理论完全不考虑岩体结构、构造应力，特别是围岩应力重分布的影响。

8.1.3.2　围岩压力系数法

我国水电部 1966 年归纳了水电工作成果，整理了不同岩石和不同风化破碎程度岩石的 f_k 值，提出围岩压力系数 S，估算围岩压力，方法简便。

铅垂围岩压力的计算公式为

$$q = S_z B \gamma \tag{8 - 5}$$

水平围岩压力的计算公式为

$$p = S_x H_0 \gamma \tag{8 - 6}$$

式中　S_z、S_x——铅垂和水平围岩压力系数；

　　　　γ——围岩重度；

　　　　B——洞室宽度；

　　　　H_0——洞室高度。

该法只适用于洞室 $H_0 \leqslant 1.56$ 的断面情况下。S_z 与 f_k 的关系，大体为 $f_k = \dfrac{1}{2S_z}$。该法仍属普氏理论范畴，但较普氏提出的 $f_k = \dfrac{R_c}{100}$ 假定更完善。

8.1.4　影响围岩压力的因素

通过以上关于围岩变形和破坏的分析可以看出，影响洞室稳定性及围岩压力的因素很多，归纳起来，可分为地质因素和工程因素两方面。地质因素系自然属性，反映洞室稳定性的内在联系；工程因素则是改变洞室稳定状态的外部条件。借助于采用合理的工程措施，影响和控制地质条件的变化和发展，充分利用有利的地质因素，避免和削弱不利的地质因素对工程的影响。

8.1.4.1　地质方面的因素

由于岩体是由各类结构面切割而成的岩块所组成的组合体，因此，岩体的稳定性和强度往往由软弱结构面所控制。影响洞室稳定性及围岩压力的地质因素主要有以下几点：

（1）岩体的完整性或破碎程度。对于围岩的稳定性及压力说来，岩体的完整性重于岩体的坚固性。

（2）各类结构面，特别是软弱结构面的产状、分布和性质，包括充填情况、充填物的性质等。

（3）地下水的活动状况。

（4）对于软弱岩层，其岩性、强度值也是一项重要的因素。

在坚硬完整的岩层中，洞室围岩一般处于弹性状态，仅有弹性变形或不大的塑性变形，且变形在开挖过程中已经完成，因此，这种地层中不会出现塑性形变压力。支护的作用仅仅是为了防止围岩掉块和风化。

裂隙发育、弱面结合不良及岩性软弱的岩层、围岩都会出现较大的塑性区，因而需要设置支护，这时支护结构上会出现较大的塑性形变压力或松动压力。岩层处于初始潜塑状态时支护结构上会出现极大的塑性形变压力。

8.1.4.2 工程方面的因素

影响洞室稳定性的工程因素是指岩土体在原始地形地貌的情况下后期人为形成的外在因素。这些因素可能有：

（1）由于设计的洞室断面形状不当或尺寸过大，产生的应力集中；

（2）由于施工方法不当，如不用光面爆破且炸药量过多或全断面开挖时没有及时支护；

（3）洞顶开挖时超挖形成集水，向洞内逐渐渗漏；

（4）地下冷库由于设计或施工不当，从而洞周岩土体发生冻胀，使支护结构发生变形或破坏；

（5）在已成洞室旁边开挖洞室，或在已成洞室下采煤（或挖洞），使已成洞室遭受破坏；

（6）洞周岩土体在地震、爆炸等振动作用下，因岩土抗剪强度降低而产生变形或破坏等。

综上所述，工程因素包括洞室的埋深、形状、跨度、轴向、间距及所选取的施工方法、围岩暴露时间、支护形式等项，并与使用期间有无地震、振动作用和相邻建筑的影响等有关。

8.1.5 洞室围岩失稳的防治措施

如前所述，拟建的地下洞室围岩如果不稳定，就需设计相应的支衬结构来进行加固。常用的支衬结构有支撑、衬砌、锚杆支护以及"锚杆 - 喷射混凝土"联合支护等类型。

支撑是临时性保护围岩的结构，主要是用木结构的或钢结构的支架把围岩支撑起来。当开挖局部严重不稳定地段时，常作为施工中的临时性保护措施采用之。

衬砌是一种永久性加固围岩的结构，即在地下洞室内用条石、混凝土或钢筋混凝土砌筑一定厚度的"墙"。根据加固的需要衬砌可有不同的类型（图 8 - 16）。

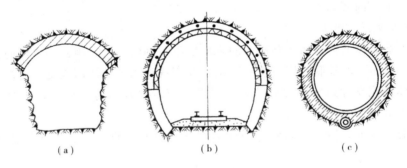

图 8 - 16 衬砌的类型示意图

（a）半衬砌； （b）有边墙的衬砌； （c）全衬砌

一般来说，衬砌是"被动"地承受荷载的结构。为了更有效地起加固围岩的作用，一定要使衬砌与洞壁的接触十分紧密，使它与围岩形成一个整体。因此，衬砌做成之后常需要通过预留的灌浆孔进行回填灌浆，以填塞由于混凝土冷凝收缩而在围岩与衬砌间形成的间隙。衬砌厚度应根据山压来决定。在水工隧洞衬砌的设计中常直接按岩石的 f_k 值来估算需要采用的衬砌厚度（图 8 - 17）。

锚杆支护是目前生产中开始大量采用的一种提高围岩稳定性的措施，它就是将钢筋锚杆通过风钻孔插入洞室围岩内，使锚杆里端锚固在完整新鲜母岩内，锚杆的外端与可能发生松动的岩体结合在一起。通过这种结构将可能坍塌的岩体锚固在完整的岩体上。为了收到良好的永久性锚固效果，通常采用砂浆楔头预应力锚杆，也就是将如图 8－18 所示的锚杆放入钻孔中，并用锤击使其尾端叉开，将锚杆牢固地卡在孔内，然后用强力拉伸锚杆，同时向孔内灌以砂浆，外端加上垫板，并用螺丝帽拧紧。这样的锚杆不仅锚固效果好，而且又能防护地下水

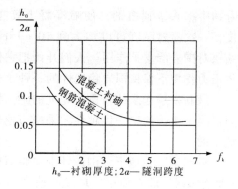

图 8－17　围岩 f_k 值与所需衬砌
厚度的关系曲线

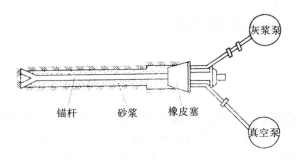

图 8－18　砂浆楔头预应力锚杆

的锈蚀，延长锚杆的使用年限。为了提高灌浆质量，我国电力部门最近在某地下工程的施工中成功地创造了用抽真空与压注相结合的灌浆新工艺，使锚杆的防水和锚固的能力又大为提高。

锚杆加固的作用不仅仅是前面提到的悬吊作用，更主要的还在于：①由于施加了预应力，锚杆系统就能对围岩造成一个较为均匀的径向压力，使围岩内的应力条件得到改善；②锚杆加固还能提高围岩的整体强度，使强度得到提高的岩体环境绕洞室形成加固拱（如图 8－19）。可见，锚杆支护的特点在于"主动"地加固围岩，因而对可能产生压力破坏的不稳定地段特别有效。

锚杆加固，对于 $f_k > 4$ 的比较坚固的岩体效果较好。锚筋插入岩体内的长度应大于围岩松动带厚度或分离体的厚度。锚杆间距主要取决于锚杆的锚固力和预期的山压值。锚杆的锚固力通常约为 100kN。一般采用的锚

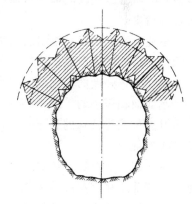

图 8－19　预应力锚杆的加固作用

杆间距约 1～2m，而插入深度约 1～3m 左右。加固特殊地段有时也采用长锚杆。

"喷—锚"联合支护是近年来飞速发展的比较先进的支护结构，它是随着喷射混凝土和锚杆支护的技术发展而完善起来的。早在 20 世纪初就有人借助压缩空气在地下洞室的围岩表面喷射一层水泥砂浆作为一种主要是用来防止表层风化和水影响的临时性隔离、防护措施。到了 50 年代，随着喷射机械的完善，开始使用含有粗骨料的"喷混凝土"，同时在拌

合物中掺入了速凝剂，使喷混凝土具有较高的早期强度，一次喷射厚度可以加大到 10～15cm，从而提高了喷层对围岩的支护作用。人们开始把它作为一种能在山岩压力作用下保持围岩稳定性的一种永久性支护手段。

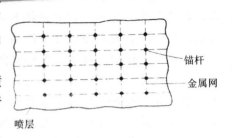

图 8-20 喷-锚支护结构示意图

最新发展起来的新奥法先进的施工技术就是利用喷射混凝土支护的这一优越性，采用边挖边喷的程序进行施工的。

近年来，在地下结构设计中又将喷射混凝土与锚杆（加金属网）联合使用，形成所谓"喷-锚"支护结构（图 8-20）。这种支护结构，由于综合了喷、锚两个方面的优越性，故又大大提高了对围岩的支护能力。

8.2 岩石地基工程稳定性问题

8.2.1 概述

所谓岩石地基，是指建筑物以岩体作为持力层的地基。人们通常认为在土质地基上修建建筑物比在岩石地基上更具有挑战性，这是因为在大多数情况下，岩石相对于土体来说要坚硬很多，具有很高的强度以承受建筑物的荷载。例如，完整的中等强度岩石的承载力就足以承受来自于摩天大楼或大型桥梁产生的荷载。因此，国内外基础工程一般都重点关注在土质地基上，对于岩石地基工程的研究相对来说就少得多，而且工程师们都倾向于认为岩石地基上的基础不会存在沉降与失稳的问题。然而，工程师们在实际工程中面对的岩石在大多数情况下都不是完整的岩块，而是具有各种不良地质结构面包括各种断层、节理、裂隙及其填充物的复合体，即所谓的岩体。岩体还可能包含有洞穴或经历过不同程度的风化作用，甚至非常破碎。所有这些缺陷都有可能使表面上看起来有足够强度的岩石地基发生破坏，并导致灾难性的后果。

由此，我们可以总结出岩石地基工程的两大特征：第一，相对于土质地基，岩石地基可以承担大得多的外荷载；第二，岩石中各种缺陷的存在可能导致岩体强度远远小于完整岩块的强度。岩体强度的变化范围很大，从小于 5MPa 到大于 200MPa 都有。当岩石强度较高时，一个基底面积很小的扩展基础就有可能满足承载力的要求。然而，当岩石中包含有一条强度很低且方位较为特殊的裂隙时，地基就有可能发生滑动破坏，这生动地反映了岩石地基工程的两大特征。

由于岩石具有比土体更高的抗压、抗拉和抗剪强度，因此相对于土质地基，可以在岩石地基上修建更多类型的结构物，比如会产生倾斜荷载的大坝和拱桥，需要提供抗拔力的悬索桥，以及同时具有抗压和抗拉性能的嵌岩桩基础。

为了保证建筑物或构筑物的正常使用，对于支撑整个建筑荷载的岩石地基，设计中需要考虑以下三个方面的内容：

（1）基岩体需要有足够的承载能力，以保证在上部建筑物荷载作用下不产生碎裂或蠕变破坏；

（2）在外荷载作用下，由岩石的弹性应变和软弱夹层的非弹性压缩产生的岩石地基沉降值应该满足建筑物安全与正常使用的要求；

（3）确保由交错结构面形成的岩石块体在外荷载作用下不会发生滑动破坏，这种情况通常发生在高陡岩石边坡上的基础工程中。

与一般土体中的基础工程相比，岩石地基除应满足前两点，即强度和变形方面的要求外，还应该满足第三点，即地基岩石块体稳定性方面的要求，这也是由岩石地基工程的重要特征——地基岩体中包含各种结构面所决定的。

由于岩石地基具有承载力高和变形小等特点，因此岩石地基上的基础形式一般较为简单。根据上部建筑荷载的大小和方向，以及工程地质条件，在岩石上可以采取多种基础形式。目前对岩石地基的利用，主要有以下几种方法：

（1）墙下无大放脚基础：若岩石地基的岩石单轴抗压强度较高，且裂隙不太发育，对于砌体结构承重的建筑物，可在清除基岩表面风化层上直接砌筑，而不必设基础大放脚（图 8-21a）。

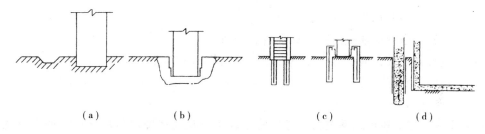

$（a）$　　　　　$（b）$　　　　　　$（c）$　　　　　$（d）$

图 8-21　岩石地基上的基础类型

（a）墙下无大放脚基础；（b）预制柱的岩石杯口；（c）锚杆基础；（d）嵌岩桩基础

（2）预制柱直接插入岩体：以预制柱承重的建筑物，若其荷载及偏心矩均较小，且岩体强度较高、整体性较好时，可直接在岩石地基上开凿杯口，承插上部结构预制柱（图 8-21b）。

（3）锚杆基础：对于承受上浮力（上拔力）的结构物，当其自身重力不足以抵抗上浮力（上拔力）时，需要在结构物与岩石之间设置抗拉灌浆锚杆提供抗拔力，称之为抗拔基础。当上部结构传递给基础的荷载中，有较大的弯矩时，可采用锚杆基础。锚杆在岩石地基的基础工程中，主要承受上拔力以平衡基底可能出现的拉应力（图 8-21c）。

锚杆的锚孔是利用钻机在基岩中钻成。其孔径 D 随成孔机具及锚杆抗拔力而定。一般取 $3\sim4d$（d 为锚筋的直径），但不得小于 $d+50mm$，以便于将砂浆或混凝土捣固密实。锚孔的间距，一般取决于基岩的情况和锚孔的直径。对致密完整的基岩，其最小间距可取 $6\sim8D$；对裂隙发育的风化基岩，其最小间距可增大至 $10\sim12D$。锚筋一般采用螺纹钢筋，其有效长度应根据试验计算确定，并不应小于 $40d$，如图 8-22。

（4）嵌岩桩基础：当浅层岩体的承载力不足以承担上部建筑物的荷载，或者沉降值不满足正常使用要求时，就需要使用嵌岩桩将上部荷载直接作用到深层坚硬岩层上。例如，在已有建筑物附近没有空间修建扩展基础的情形时，可以考虑设置嵌岩桩，将荷载传递到临近建筑物基底水平面下的坚硬岩石上。嵌岩桩的承载力由桩侧摩阻力、端部支承力和嵌固力提供。嵌岩桩可以被设计为抵抗各种不同形式的荷载，包括竖向压力和拉力，水平荷载以及力矩（图 8-21d）。

8.2.2　岩石地基的承载力

地基承载力是指地基单位面积上承受荷载的能力，一般分为极限承载力和容许承载力。

地基处于极限平衡状态时，所能承受的荷载即为极限承载力。在保证地基稳定的条件下，建筑物的沉降量不超过容许值时，地基单位面积上所能承受的荷载即为设计采用的容许承载力。对一些岩石地基来说，其岩石强度高于混凝土强度，因此岩石的承载力就显得毫无意义了。然而，我们发现岩石地基的承载力通常与场地的地质构造有紧密联系。根据《建筑地基基础设计规范》（GB 50007—2002）规定，岩石地基承载力特征值可按岩基载荷试验方法确定。对于完整、较完整和较破碎的岩石地基承载力特征值，可根据室内饱和单轴抗压强度按下式计算：

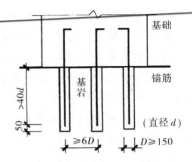

图 8 - 22　锚杆基础的构造要求

$$f_a = \psi_r \cdot f_{rk} \tag{8-7}$$

式中　f_a——岩石地基承载力特征值，kPa；

　　　f_{rk}——岩石饱和单轴抗压强度标准值，kPa；

　　　ψ_r——折减系数，根据岩体完整程度以及结构面的间距、宽度、产状和组合，由地区经验确定。无经验时，对完整岩体可取 0.5；对较完整岩体可取 0.2 ~ 0.5；对破碎岩体可取 0.1 ~ 0.2。

值得注意的是上述折减系数值未考虑施工因素及建筑物使用后风化作用的继续的影响，对于黏土质岩，在确保施工期及使用期不致遭水浸泡时，也可采用天然湿度的试样，不进行饱和处理。

对破碎、极破碎的岩石地基承载力特征值，可根据地区经验取值，无地区经验时，可根据平板载荷实验确定。

岩体完整程度应按表 8 - 2 划分为完整、较完整、较破碎、破碎和极破碎。当缺乏试验数据时可按表 8 - 3 执行。

表 8 - 2　岩体完整程度划分

完整程度等级	完整	较完整	较破碎	破碎	极破碎
完整性指数	> 0.75	0.55 ~ 0.75	0.55 ~ 0.35	0.35 ~ 0.15	< 0.15

表 8 - 3　岩体完整程度划分（缺乏试验数据）

名称	结构面组数	控制性结构面平均间距（m）	代表性结构类型
完整	1 ~ 2	> 1.0	整状结构
较完整	2 ~ 3	0.4 ~ 1.0	块状结构
较破碎	> 3	0.2 ~ 0.4	镶嵌状结构
破碎	> 3	< 0.2	碎裂状结构
极破碎	无序	—	散体状结构

8.2.3　岩石地基的稳定性

当岩基受到有水平方向荷载作用后，由于岩体中存在节理及软弱夹层，因而增加了岩基滑动的可能。实践表明，坚硬岩基滑动破坏的形式不同于松软地基。前者的破坏往往受到岩体中的节理、裂隙、断层破碎带以及软弱结构面的空间方位及其相互间的组合形态所控制。由于岩基中天然岩体的强度，主要取决于岩体中各软弱结构面的分布情况及其组合形式，而不决定于个别岩石块体的极限强度。因此，在探讨坝基的强度与稳定性时首先应当查明岩基中的各种结构面与软弱夹层位置、方向、性质，以及搞清它们在滑移过程中所起的作用。岩体经常被各种类型的地质结构面切割成不同形状与大小的块体（结构体）。为了正确判断岩基中这些结构体的稳定性，必须考虑结构体周围滑动面与结构面的产状、面积以及结构体体积和各个边界面上的受力情况。为此，研究岩基抗滑稳定是防止岩基破坏的重要课题之一。

根据过去岩基失事的经验以及室内模型试验的情况来看，大坝失稳形式主要有两种情况：第一种情况是岩基中的岩体强度远远大于坝体混凝土强度，同时岩体坚固完整且无显著的软弱结构面。这时大坝的失稳多半是沿坝体与岩基接触处产生，这种破坏形式称为表层滑动破坏。第二种情况是在岩基内部存在着节理、裂隙和软弱夹层，或者存在着其他不利于稳定的结构面。在此情况下岩基容易产生深层滑动。除了上述两种破坏形式之外，有时还会产生所谓混合滑动的破坏形式，即大坝失稳时一部分沿着混凝土与岩基接触面滑动，另一部分则沿岩体中某一滑动面产生滑动。因此，混合滑动的破坏形式实际上是介于上述两种破坏形式之间的情况。

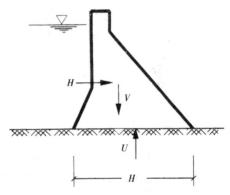

图 8 - 23 坝基接触面或浅层的抗滑计算

目前评价岩基抗滑稳定，一般仍采用稳定系数分析法。

（1）坝基接触面或浅层的抗滑稳定（图 8 - 23）

稳定系数 K_s 为

$$K_s = \frac{f_0 \sum V}{\sum H} \qquad (8-8)$$

式中 $\sum V$——垂直作用力之和，包括坝基水压力（扬压力）；

$\sum H$——水平作用力之和；

f_0——摩擦系数，在水工中，是将潮湿岩体的平面置于倾斜面上求得，一般为 0.6 ~ 0.8。

上式没有考虑坝基与岩面间的黏聚力。而且由于基础与岩面的接触往往造成台阶状，并用砂浆与基础黏结。因而接触面上的抗剪强度 τ 可采用库仑方程：$\tau = \tau_0 + f_0 \sigma$，则：

$$K_s = \frac{\tau_0 A + f_0 \sum V}{\sum H} \qquad (8-9)$$

式中 σ——正应力；

τ_0——接触面上的黏聚力或混凝土与岩石间的黏聚力；

A——底面积。

上述稳定系数分析法只是一个粗略的分析，以致采用稳定系数 K_s 选取较大的值。美国垦务局曾推荐的抗滑稳定方程式的库仑表示法，在坝工上采用稳定系数 $K_s = 4$，以作为最高水位、最大扬压力与地震力的设计条件。

近年来在一些文献中，考虑到坝基剪力的变化幅度较大而将上式改写为：

$$K_s = \frac{\tau_0 \gamma A + f_0 \sum V}{\sum H} \tag{8-10}$$

$\gamma = \tau_m / \tau_{max}$ 代表平均剪应力与在下游坝址最大应力之比，一般采用0.5。

（2）岩基深层的抗滑稳定

1）单斜滑移面倾向上游（图8-24a）

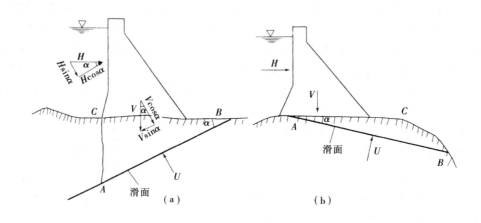

图8-24　单斜面的深层滑动

（a）滑面倾向上游；（b）滑面倾向下游

$$K_s = \frac{f_0(V\cos\alpha - U + H\sin\alpha) + cL}{H\cos\alpha - V\sin\alpha} \tag{8-11}$$

当坝底扬压力 $U = 0$ 和黏聚力 $c = 0$ 时，则

$$K_s = \frac{f_0(V\cos\alpha + H\sin\alpha)}{H\cos\alpha - V\sin\alpha} \tag{8-12}$$

2）单斜滑移面倾向下游（图8-24b）

$$K_s = \frac{f_0(V\cos\alpha - U - H\sin\alpha) + cL}{H\cos\alpha + V\sin\alpha} \tag{8-13}$$

3）双斜滑移面（图8-25）

在这种双斜滑移面形式下，计算抗滑稳定时将双斜滑移面所构成的楔体△ABC划分为二个楔体，即△ABD及△BCD。这时，△ABD是属于单斜滑移面向下游的模型。为了抵抗其下滑，可用抗力 R 将其支撑。而△BCD则属于滑移面倾向上游的模型。它受到楔体 ABD 向下滑移的推力，即 R 的推力。按照力的平衡原理，我们可求出△ABD 的 R 抗力：

$$R = \frac{H(\cos\alpha + f_1\sin\alpha) + (V + V_1)(\sin\alpha + f_1\cos\alpha)}{\cos(\varphi - \alpha) - f_1\sin(\varphi - \alpha)} \tag{8-14}$$

△ABC 楔体抗滑稳定的稳定系数 K_s 为：

$$K_s = \frac{f_2[R\sin(\varphi + \beta) + V_2\cos\beta]}{R\cos(\varphi + \beta) - V_2\sin\beta} \tag{8-15}$$

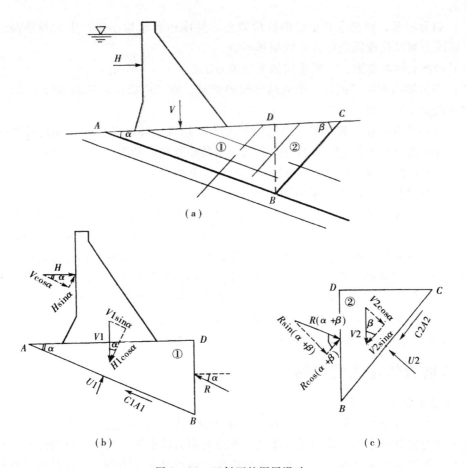

图 8 – 25　双斜面的深层滑动

式中　f_1、f_2——AB 及 BC 滑面上的摩擦系数；

　　　　φ——岩石的内摩擦角。

8.2.4　岩基的加固措施

　　建（构）筑物的地基，长期埋藏于地下，在整个地质历史中，它遭受了地壳变动的影响，使岩体存在着褶皱、破裂和折断等现象，直接影响到建（构）筑物地基的选用。对于要求高的建（构）筑物来说，首先在选址时就应该尽量避开构造破碎带、断层、软弱夹层、节理裂隙密集带、溶洞发育等地段，将建（构）筑物选在最良好的岩基上。但实际上，任何地区都难找到十分完美的地质条件，多少存在着这样或那样的缺陷。因此，一般的岩基都需要有一定的人工处理，方能确保建（构）筑物的安全。

　　处理过的岩基应该达到如下的要求：

　　（1）地基的岩体应具有均一的弹性模量和足够的抗压强度。尽量减少建（构）筑物修建后的绝对沉降量。要注意减少地基各部位间出现的拉应力和应力集中现象，使建筑物不致遭受倾覆、滑动和断裂等威胁。

　　（2）建（构）筑物的基础与地基之间要保证结合紧密，有足够的抗剪强度，使建（构）筑物不致因承受水压力、土压力、地震力或其他推力，沿着某些抗剪强度低的软弱结构面滑动。

（3）如为坝基，则要求有足够的抗渗能力，使库体蓄水后不致产生大量渗漏，避免增高坝基扬压力和恶化地质条件，导致坝基不稳。

为了达到上述的要求，一般采用如下处理方法：

（1）当岩基内有断层或软弱带或局部破碎带时，则需将破碎或软弱部分，采用挖、掏、填（回填混凝土）的处理。

（2）改善岩基的强度和变形，进行固结灌浆以加强岩体的整体性，提高岩基的承载能力，达到防止或减少不均匀沉降的目的。固结灌浆是处理岩基表层裂隙的最好方法，它可使基岩的整体弹性模量提高1～2倍，对加固岩基有显著的作用。

（3）增加基础开挖深度或采用锚杆与插筋等方法提高岩体的力学强度。

（4）如为坝基，由于蓄水后会造成坝底扬压力和坝基渗漏，为此，需在坝基上游灌浆，做一道密实的防渗帷幕，并在帷幕上加设排水孔或排水廊道使坝基的渗漏量减少，扬压力降低，排除管涌等现象。帷幕灌浆一般用水泥浆或黏土浆灌注，有时也用热沥青灌注。

（5）开挖和回填是处理岩基的最常用方法，对断层破碎带、软弱夹层、带状风化等较为有效。若其位于表层，一般采用明挖，局部的用槽挖或洞挖等，务必使基础位于比较完整的坚硬岩体上。如遇破碎带不宽的小断层，可采用"搭桥"的方法，以跨过破碎带。对一般张开裂隙的处理，可沿裂隙凿成宽缝，用键槽回填混凝土。

8.3　边坡岩体稳定性问题

8.3.1　边坡岩体中的应力分布特征

在岩体中进行开挖，形成人工边坡后，由于开挖卸荷，在近边坡面一定范围内的岩体中，发生应力重分布作用，使边坡岩体处于重分布应力状态下。边坡岩体为适应这种重分布应力状态，将发生变形和破坏。因此，研究边坡岩体重分布应力特征是进行稳定性分析的基础。

8.3.1.1　应力分布特征

在均质连续的岩体中开挖时，人工边坡内的应力分布可用有限元法及光弹性试验求解。图8－26、图8－27为用弹性有限单元法计算结果给出的主应力及最大剪应力迹线图。由图可知边坡内的应力分布有如下特征：

（1）无论在什么样的天然应力场下，边坡面附近的主应力迹线均明显偏转，表现为最大主应力与坡面近于平行，最小主应力与坡面近于正交，向坡体内逐渐恢复初始应力状态（图8－26）。

（2）由于应力的重分布，在坡面附近产生应力集中带，不同部位其应力状态是不同的。在坡脚附近，平行坡面的切向应力显著升高，而垂直坡面的径向应力显著降低，由于应力差大，于是就形成了最大剪应力增高带，最易发生剪切破坏。在坡肩附近，在一定条件下坡面径向应力和坡顶切向应力可转化为拉应力，形成一拉应力带。边坡愈陡，则此带范围愈大，因此，坡肩附近最易拉裂破坏。

（3）在坡面上各处的径向应力为零，因此坡面岩体仅处于双向应力状态，向坡内逐渐转为三向应力状态。

（4）由于主应力偏转，坡体内的最大剪应力迹线也发生变化，由原来的直线变为凹向

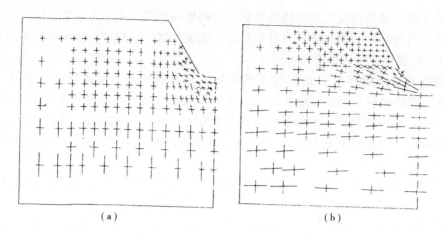

图 8 - 26 用弹性有限单元法解出的典型斜坡主应力迹线图（据科茨，1970）

（a）重力场条件；（b）以水平应力为主的构造应力场条件下

坡面的弧线（图 8 - 27）。

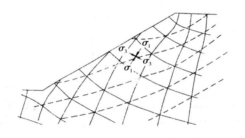

图 8 - 27 斜坡中最大剪应力迹线与主应力迹线关系示意图

实线—主应力迹线；虚线—最大剪应力迹线

8.3.1.2 影响边坡应力分布的因素

（1）天然应力 表现在水平天然应力使坡体应力重分布作用加剧，即随水平天然应力增加，坡内拉应力范围加大（图 8 - 28）。

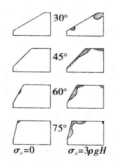

图 8 - 28 斜坡拉力带分布状况及其与水平构造应力（σ_h）坡角（β）关系示意图

（据斯特西，1970）

（图中阴影部分表示拉力带）

（2）坡形、坡高、坡角及坡底宽度等 对边坡应力分布均有一定影响。

坡高虽不改变坡体中应力等值线的形状，但随坡高增大，主应力量值也增大。

坡角大小直接影响边坡岩体应力分布图像。随坡角增大，边坡岩体中拉应力区范围增大（图8-28），坡脚剪应力也增高。

坡底宽度对坡脚岩体应力也有较大的影响。计算表明，当坡底宽度小于0.6倍坡高（0.6H）时，坡脚处最大剪应力随坡底宽度减小而急剧增高。当坡底宽度大于0.8H时，则最大剪应力保持常值。另外，坡面形状对重分布应力也有明显的影响，研究表明，凹形坡的应力集中度减缓，如圆形和椭圆形矿坑边坡，坡脚处的最大剪应力仅为一般边坡的1/2左右。

（3）岩体性质及结构特征　研究表明，岩体的变形模量对边坡应力影响不大，而泊松比对边坡应力有明显影响（图8-29）。这是由于泊松比的变化，可以使水平自重应力发生改变。结构面对边坡应力也有明显的影响。因为结构面的存在使坡体中应力发生不连续分布，并在结构面周边或端点形成应力集中带或阻滞应力的传递，这种情况在坚硬岩体边坡中尤为明显。

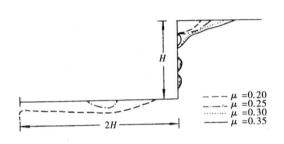

図8-29　泊松比对斜坡张应力分布区
的影响示意图

8.3.2　边坡岩体的变形与破坏

岩体边坡的变形与破坏是边坡发展演化过程中两个不同的阶段，变形属量变阶段，而破坏则是质变阶段，它们形成一个累进性变形破坏过程。这一过程对天然斜坡来说时间往往较长，而对人工边坡则可能较短暂。通过边坡岩体变形迹象的研究，分析斜坡演化发展阶段，是斜坡稳定性分析的基础。

8.3.2.1　边坡岩体变形破坏的基本类型

（1）边坡变形的基本类型

边坡岩体变形根据其形成机理可分为卸荷回弹与蠕变变形等类型。

1）卸荷回弹　成坡前边坡岩体在天然应力作用下早已固结，在成坡过程中，由于荷载不断减少，边坡岩体在减荷方向（临空面）必然产生伸长变形，即卸荷回弹。天然应力越大，则向临空方向的回弹变形量也越大。如果这种变形超过了岩体的抗变形能力时，将会产生一系列的张性结构面。如坡顶近于铅直的拉裂面（图8-30a），坡体内与坡面近于平行的压致拉裂面（图8-30b），坡底近于水平的缓倾角拉裂面（图8-30c）等。另外，由层状岩体组成的边坡，由于各层岩石性质的差异，变形的程度就不同，因而将会出现差异回弹破裂（差异变形引起的剪破裂）（图8-30d）等，这些变形多为局部变形，一般不会引起边坡岩体的整体失稳。

2）蠕变变形　边坡岩体中的应力对于人类工程活动的有限时间来说，可以认为是保持

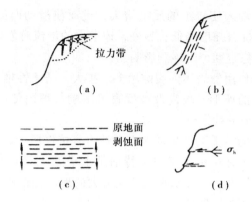

图 8-30　与卸荷回弹有关的次生结构面示意图
（a）拉裂面；（b）压致拉裂面；
（c）差异回弹拉裂面；（d）差异回弹剪破裂面

不变的。在这种近似不变的应力作用下，边坡岩体的变形也将会随时间不断增加，这种变形称为蠕变变形。当边坡内的应力未超过岩体的长期强度时，则这种变形所引起的破坏是局部的。反之，这种变形将导致边坡岩体的整体失稳。当然这种破裂失稳是经过局部破裂逐渐产生的，几乎所有的岩体边坡失稳都要经历这种逐渐变形破坏过程。如甘肃省洒勒山滑坡，在滑动前 4 年，后缘张裂隙的位移经历了图 8-31 那样的过程，1981 年春季前，大致保持等速蠕变，此后位移速度逐渐增加，直至 1983 年 3 月 7 日发生滑坡。

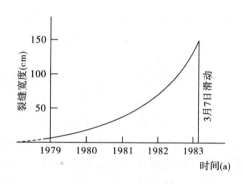

图 8-31　洒勒山滑坡失事前位移变化示意图

（2）边坡破坏的基本类型

对于岩体边坡的破坏类型，不同的研究者从各自的观点出发进行了不同的划分。在有关文献中，对岩体边坡破坏类型作了如下几种划分：霍克（Hoek，1974）把岩体边坡破坏的主要类型分为圆弧破坏、平面破坏、楔体破坏和倾覆破坏 4 类。

8.3.2.2　影响岩体边坡变形破坏的因素

影响岩体边坡变形破坏的因素主要有：岩性、岩体结构、水的作用、风化作用、地震、天然应力、地形地貌及人为因素等。

（1）岩性　这是决定岩体边坡稳定性的物质基础。一般来说，构成边坡的岩体越坚硬，又不存在产生块体滑移的几何边界条件时，边坡不易破坏，反之则容易破坏而稳定性差。

（2）岩体结构　岩体结构及结构面的发育特征是岩体边坡破坏的控制因素。首先，岩体结构控制边坡的破坏形式及其稳定程度，如坚硬块状岩体，不仅稳定性好，而且其破坏形式往往是沿某些特定的结构面产生的块体滑移，又如散体状结构岩体（如剧风化和强烈破碎岩体）往往产生圆弧形破坏，且其边坡稳定性往往较差等。其次，结构面的发育程度及其组合关系往往是边坡块体滑移破坏的几何边界条件，如前述的平面滑动及楔形体滑动都是被结构面切割的岩块沿某个或某几个结构面产生滑动的形式。

（3）水的作用 水的渗入使岩土的质量增大，进而使滑动面的滑动力增大；其次，在水的作用下岩土被软化而抗剪强度降低；另外，地下水的渗流对岩体产生动水压力和静水压力，这些都对岩体边坡的稳定性产生不利影响。

（4）风化作用 风化作用使岩体内裂隙增多、扩大，透水性增强，抗剪强度降低。

（5）地形地貌 边坡的坡形、坡高及坡度直接影响边坡内的应力分布特征，进而影响边坡的变形破坏形式及边坡的稳定性。

（6）地震 因地震波的传播而产生的地震惯性力直接作用于边坡岩体，加速边坡破坏。

（7）天然应力 边坡岩体中的天然应力特别是水平天然应力的大小，直接影响边坡拉应力及剪应力的分布范围与大小。在水平天然应力大的地区开挖边坡时，由于拉应力及剪应力的作用，常直接引起边坡变形破坏。

8.3.3 岩质边坡稳定性评价

边坡稳定性问题是工程建设中经常遇到的问题，边坡稳定性分析和计算是边坡研究的核心问题，目的是确定经济合理的边坡组成或分析已有边坡的稳定程度，为拟订边坡的加固措施提供可靠的依据。

岩土工程领域中对于岩质边坡工程，基本上遵循着一种比较成熟的模式，其中包括：

（1）通过工程地质勘察获取基础地质资料；

（2）结合多种影响因素对边坡总体稳定性进行定性或半定量评价；

（3）对边坡失稳模式作出判别，选择适当的方法进行边坡稳定分析计算；

（4）制定边坡加固及监测设计方案。

岩坡失稳与土坡失稳的主要区别在于：土坡中可能滑动面的位置并不明显，而岩坡中的滑动面则往往较为明显，无须像土坡那样通过大量试算才能确定。岩坡中结构面的规模、性质及其与坡面的组合方式在很大程度上决定着岩坡失稳时的破坏形式。结构面的产状或性质稍有改变，岩坡的稳定性将会受到显著影响。因此，边坡稳定性分析计算必须在大量岩体工程地质勘察和岩体力学性质试验的基础上进行。通过工程地质调查、岩体结构分析，对边坡岩体的结构面特征、可能的破坏形式、滑面的形状、破坏的规模以及滑动的方向等，做出初步评价，并以它们作为边坡稳定性分析的基础，通过分析计算对边坡岩体的稳定程度做出判断。

岩体边坡稳定性评价方法，大体上可分为定性评价和定量评价两大类。其中定性评价包括工程类比法和图解法；定量分析法包括数值分析法、极限平衡和可靠度分析法。极限平衡法是简单、实用、应用最普遍的方法，是要求我们重点掌握的内容。

极限平衡法中的关键内容有两个：

（1）剪切滑动破坏面的强度准则

一般采用库仑准则 $\tau = c + \sigma \tan\varphi$，式中 c、φ 分别是滑动面的内黏聚力和内摩擦角；τ、σ 分别是滑动面上的剪应力和正应力；

（2）边坡的稳定系数 K

K 被定义为阻止滑动的总力与致滑总力之比，当 $K > 1$ 时，边坡稳定；当 $K < 1$ 时，边坡不稳定；$K = 1$ 时，极限平衡状态。

8.3.3.1 单平面滑动体稳定性评价

如图 8-32 所示，为一岩坡，坡顶水平，坡角 i，可能造成岩坡破坏的面为 AB，其倾角

为 β。设岩体的密度为 γ，滑动面的内黏聚力和内摩擦角分别为 c、φ。

当 $K = 1$ 时，岩坡的极限高度为：

$$H = \frac{2c}{r} \frac{\sin i \cos\beta}{\sin(i - \beta)\sin(\beta - \varphi)} \qquad (8-16)$$

对单面滑动体，还应该注意如下两种情况：

1. 在坡顶面出现张拉裂缝

如图 8-32 所示，张拉裂缝 CE 的理论深度为：

$$Z_0 = \frac{2c}{\gamma}\tan\left(45° + \frac{\varphi}{2}\right) \qquad (8-17)$$

所以，实际滑动一般不是 ABD 而是 $AECD$。

2. 考虑静水压力、动水压力、地震动力等附加荷载时，岩坡的稳定系数的计算

首先作如下假设：

①滑动面走向和张性断裂走向都与边坡面走向平行；

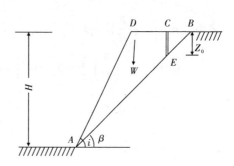

图 8-32　单平面剪切破坏的边坡

②张性断裂是竖直向的，并注满水，水深为 Z_w；

③水沿着张性断裂的底部进入滑面，并沿着滑面渗透。特别是在大气压力下进行渗透。这里，滑面在边坡内显示出水压力，如图 8-33 表示了张性断裂中水的存在引起的压力分布以及沿滑面的压力分布情况；

④各个力 W（滑块的质量）、U（浮力，这是由于水压力加在滑动面上产生的）和 V（由于水压力在张性断裂中产生的力），都通过滑动体的形心起作用。因此破坏仅仅是由于滑动造成的。对于大多数实际边坡，这一假设可能不是完全真实的，但是，由于力矩的存在而引起的误差很小，可以忽略；

⑤滑面的抗剪强度是由粘结力和内摩擦角 φ 确定，符合库仑方程 $\tau = c + \sigma\tan\varphi$；

⑥所考虑计算厚度为单位厚度，并假定在破坏的侧面边界上对滑动没有阻力。这样，所得稳定系数将会保守些。

从图 8-33 可得稳定系数：

$$K = \frac{cA + (W\cos\beta - U - V\sin\beta)\ \tan\varphi}{W\sin\beta + V\cos\beta}$$

$$(8-18)$$

式中　$A = (H - Z)\ \csc\beta$

$$U = \frac{1}{2}\gamma_w Z_w (H - Z)\ \csc\beta$$

$$V = \frac{1}{2}\gamma_w Z_w^2$$

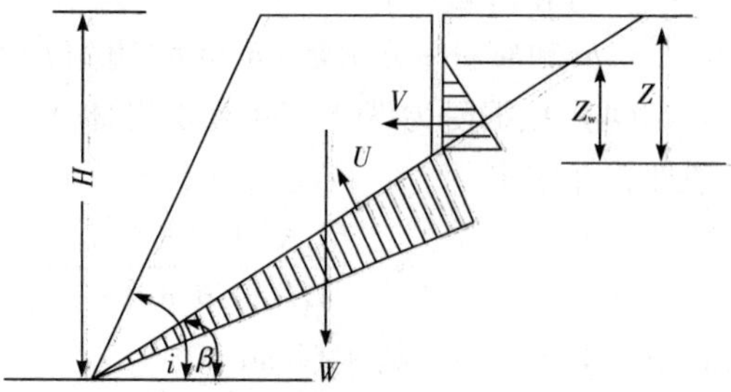

对于上部边坡表面中的张性断裂，有

$$W = \frac{1}{2}\gamma H^2 \left\{\left[1 - \left(\frac{Z}{H}\right)^2\right]\cot\beta - \cot i\right\}$$

$$(8-19)$$

图 8-33　边坡上部具有张性断裂的边坡计算图

当边坡的几何形状和张性断裂中的水深度为已知时，稳定系数 K 的计算是一简单的事

情。可是，有时需要把一系列边坡几何形状、水的深度和不同抗剪强度的影响加以考虑。则上式的解法可能变的很复杂。为了简化计算，方程式可以重新整理成下列无因次的形式：

$$K = \frac{\left(\dfrac{2c}{\gamma H}\right)P + \left[Q\cot\beta - R\,(P+S)\right]\tan\varphi}{Q + RS\cot\beta} \qquad (8-20)$$

式中　$P = \left(1 - \dfrac{Z}{H}\right)\csc\beta$

$Q = \left\{\left[1 - \left(\dfrac{Z}{H}\right)^2\right]\cot\beta - \cot i\right\}\sin\beta$

$R = \dfrac{\gamma_w}{\gamma} \times \dfrac{Z_w}{Z} \times \dfrac{Z}{H}$

$S = \dfrac{Z_w}{Z} \times \dfrac{Z}{H}\sin\beta$

P，Q，R 和 S 皆是无因次的参数，这意味着它们取决于几何形状，而不取决于边坡的大小。因此，在粘结力 $c = 0$ 的情况下，稳定系数 K 不再取决于边坡的大小。

8.3.3.2　双平面滑动体稳定性评价

如图 8-34 所示，滑体 abc 为一刚体，它可能沿 $\overline{ab}$ 和 $\overline{bc}$ 平面滑动。其中 $\overline{bc}$ 称为主滑面，$\overline{ab}$ 为辅助面，并有：

（1）作用滑体上的外力为 R（包括自重、地震力、滑动面上的孔隙水压力），分解为 X，Y 两个分力；

（2）$\overline{ab}$ 面上的抗滑力 S_1 和正压力 N_1；

（3）$\overline{bc}$ 面上的抗滑力 S_2 和正压力 N_2；

其中，滑动面上的抗滑力包括表面摩擦力和滑动面的内摩擦力，并考虑稳定性系数 K，即

$$S_1 = \frac{N_1\tan\varphi_1 + c_1\,\overline{ab}}{K}; \quad S_2 = \frac{N_2\tan\varphi_2 + c_2\,\overline{bc}}{K} \qquad (8-21)$$

式中　φ_1，c_1 和 φ_2，c_2——分别是 $\overline{ab}$ 面和 $\overline{bc}$ 面的内摩擦角和内黏聚力；

　　　$\overline{ab}$ 和 $\overline{bc}$——分别是 ab 和 bc 边的长度。

（4）根据受力图 8-34 列出滑体 X，Y 方向的平衡条件，并求出：

$$N_1 = \frac{A_1 K^2 + B_1 K + C_1}{A_2 K^2 + B_2 K + C_2} \qquad (8-22)$$

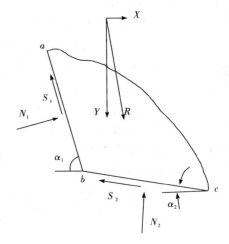

图 8-34　双平面滑动体受力图

式中　$A_1 = -X\cos\alpha_2 + Y\cos\alpha_2$；

$B_1 = -\left[c_1\,\overline{ab}\cos(\alpha_1 - \alpha_2) + c_2\,\overline{bc} + \tan\varphi_2 - (X\sin\alpha_2 - Y\cos\alpha_2)\right]$；

$C_1 = c_1\,\overline{ab}\tan\varphi_2\sin(\alpha_1 - \alpha_2)$；

$A_2 = \sin(\alpha_2 - \alpha_1)$

$B_2 = (\tan\varphi_1 - \tan\varphi_2)\cos(\alpha_2 - \alpha_1)$

$C_2 = -\tan\varphi_1\tan\varphi_2\sin(\alpha_2 - \alpha_1)$

（5）由于沿主滑面移动，滑体有脱离 $\overline{ab}$ 面的趋势，则有 $N_1 = 0$，因此：

$$A_1 K^2 + B_1 K + C_1 = 0$$

由此可得：$K = \dfrac{-B_1 \pm \sqrt{B_1^2 - 4A_1 C_1}}{2A_1}$　　　　　　　　　　　（8 – 23）

由该方程解得的稳定系数 K 是上限值（注意：含去 $K < 0$ 的解）。

8.3.3.3　楔体稳定性评价

岩坡由两组或两组以上结构面相交而被切割成一个个的楔形体。如图 8 – 35a 所示，垂直边坡由两组结构面切割成一个四面体 $ABCD$，滑动方向 $\overrightarrow{BD}$。按极限平衡条件求出该四面体 $ABCD$ 的稳定系数。

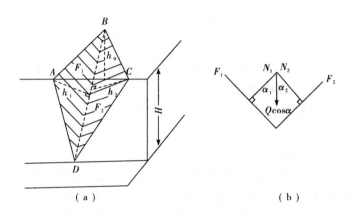

图 8 – 35　两组结构面相交切割的楔体稳定性评价

$$K = \frac{\gamma H l_2 h_0 \cos\alpha(\sin\alpha_2 \tan\varphi_1 + \sin\alpha_1 \tan\varphi_2) + 3l_1(c_1 h_1 + c_2 h_2)\sin(\alpha_1 + \alpha_2)}{\gamma H l_2 h_0 \sin\alpha \sin(\alpha_1 + \alpha_2)} \qquad (8-24)$$

式中　c_1，φ_1——滑移面 ABD 的内黏聚力和内摩擦角；

　　　　c_2，φ_2——滑移面 BCD 的内黏聚力和内摩擦角；

　　　　　α——两滑移面的交线 BD 的倾角；

　　　　　α_1——两滑移面的交线与滑移面 ABD 法线的夹角；

　　　　　α_2——两滑移面的交线与滑移面 BDC 法线的夹角；

　　　　　l_1——两滑移面交线 BD 的长度；$l_2 = \overline{AC}$（边长）；

　　　　　γ——滑体的密度。

8.3.3.4　转动滑动的边坡稳定性评价

转动滑动一般发生在土质边坡，但在风化岩、厚层页岩或节理切割非常破碎的岩质边坡中也有发生。滑面一般为弧形面、接近圆弧状面或对数螺旋弧状面。假设边坡简化为如图 8 – 36 所示的通过坡角圆弧滑面图，当圆弧面上岩体发生破坏时，它绕着圆心而旋转的。这时，圆弧面上发生旋转的剪切。滑面上抵抗旋转的阻力符合库仑强度理论。则边坡的稳定系数为

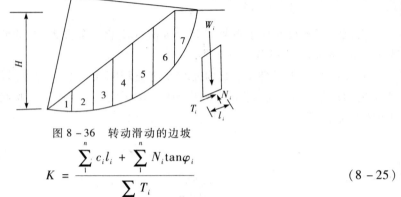

图 8 - 36 转动滑动的边坡

$$K = \frac{\sum_{1}^{n} c_i l_i + \sum_{1}^{n} N_i \tan\varphi_i}{\sum T_i} \tag{8-25}$$

式中　φ_i，c_i——分别为第 i 分块滑动面上的内摩擦角和内黏聚力；

　　　　　l_i——第 i 分块的滑弧长度；

　　　N_i，T_i——分别为第 i 分块滑动面上的荷载（例如自重）的垂直分量和平行滑面的分量。

8.3.4　岩质边坡的加固措施

岩质边坡之所以失稳，一般认为是由于岩体下滑力增加，或是由于岩体抗滑力降低。因而，岩质边坡的加固措施要针对这两方面的实际情形来改善边坡的稳定系数。

加固边坡的方法很多，为了不使岩体强度降低，可用排水和截流方法使水不进入边坡岩体内。例如截集水流，或排除流入边坡内的流水，或用集水孔、并将边坡岩体中的水疏干，或用黏土水泥砂浆等堵塞边坡岩体中的张裂缝。如遇易风化的软弱岩层，则用水泥砂浆或三合土或其他材料做成盖层，将软弱岩层覆盖，防止风化。

边坡形态的处理，可将失稳边坡上部岩体减载，也可在脚部加载，造成下滑力减低。有时将边坡上部的岩体挖去部分，而回填于边坡脚部。切忌在临界稳定的边坡脚部开挖。

边坡局部岩体失稳可用锚杆将其加固，但锚杆的锚固部位必须有牢固的硬岩。一般认为，塑性岩层不能作为锚固的着力点。

挡墙建筑有时用来增加边坡的稳定性。挡墙基础的设置部位应放在可能滑床之下。高边坡或大的失稳滑体，其推力较大，墙身需加厚加宽。这样，在造价上往往要增加。故设计时，必须谨慎地分析边坡失稳原因，并要进行应力分析和验算。

用抗滑桩加固岩质边坡，也是为了减弱失稳岩体下滑力的作用。在这类加固工程中，多采用钢筋混凝土桩或钢轨混凝土挖孔桩，这些类型的桩，适用于在浅层及中厚层滑体的前缘，如采用重力式支挡结构物，工作量大，只能在不能足以支挡滑体下滑时才用之。在许多情况下，多采用桩墙结合的措施，这样可分级支撑滑体，将滑动推力分成上、下两部分，桩在上部，承担大部分滑动推力，从而减轻对下部挡墙的推力，相应地减少下部挡墙工作量和受滑体整体下滑威胁而减轻施工困难。同时，可分排间隔设桩，这样使得工作面多，互不干扰，加快施工速度。

大多数边坡在破坏之前，其顶部就出现了拉伸裂缝，而剪切破坏面可能是从这些拉伸裂缝的根部开始，或者至少是与之相连。因此，如果能够防止拉伸裂隙出现，就能增加边坡的稳定性。在特殊的局部地区，采用强力锚杆加固来解决这一问题是适当的。

此外，要特别注意边坡内的断层、软弱夹层或破碎带等。它们通常构成边坡的滑床或边界，对于它们，要设法加固和疏干。

对岩块流动及岩层曲折来说，可采用灌浆方法来改善其不稳定状态。灌浆时，要保持低压灌注，使张开节理都被浆液填满，增加岩体的强度和稳定。

学 习 要 求

通过本章的学习，要求掌握地下洞室、岩基以及岩体边坡稳定性分析的基本内容；要求能将工程地质学的基本知识与工程实践紧密结合；理解岩土工程稳性问题的重要意义。

习 题 与 思 考 题

1. 简述地下洞室围岩破坏的原因和特点。
2. 简述地下脆性围岩的变形破坏方式。
3. 何谓地下洞室围岩压力？简述影响围岩压力的主要因素。
4. 简述松动围岩压力理论即平衡拱理论。
5. 何谓衬砌？是如何发挥作用的？
6. 何谓锚杆支护？简述锚杆支护的原理？
7. 何谓岩石地基？岩石地基设计中应考虑哪三方面内容。
8. 岩石地基常用的基础形式有哪几种？
9. 建筑基础设计规范中如何确定岩石地基承载力？
10. 岩石地基加固常用的方法有哪些？
11. 岩体边坡的应力分布特征有哪些？
12. 简述岩体边坡主要变形与破坏的形式。
13. 影响岩体边坡稳定性的因素有哪些？
14. 防止岩质边坡变形破坏的措施有哪些？

第9章 工程地质勘察

任何建筑工程都是建造在地基上的，地基岩土的工程地质条件将直接影响建筑物安全。因此，在建筑物进行设计之前，必须通过各种勘察手段和测试方法进行工程地质勘察，为设计和施工提供可靠的工程地质资料。

9.1 工程地质勘察任务及勘察阶段划分

9.1.1 工程地质勘察的任务

建筑工程是根据设计要求和建筑场区的工程地质条件进行建设的。工程地质勘察是运用工程地质理论和各种勘察测试技术手段和方法，为解决工程建设中地质问题而进行的调查研究工作。工程地质勘察是工程建设的先行工作，其成果资料是工程项目决策、设计和施工等的重要依据。

工程地质勘察是完成工程地质学在经济建设中"防灾"这一总任务的具体实践过程，其任务从总体上来说是为工程建设规划、设计、施工提供可靠的地质依据，以充分利用有利的自然和地质条件，避开或改造不利的地质因素，保证建筑物的安全和正常使用。具体而言，工程地质勘察的任务可归纳为：

（1）查明建筑场地的工程地质条件，选择地质条件优越合适的建筑场地；

（2）查明场区内崩塌、滑坡、岩溶、岸边冲刷等物理地质作用和现象，分析和判明它们对建筑场地稳定性的危害程度，为拟定改善和防治不良地质条件的措施提供地质依据；

（3）查明建筑物地基岩土的地层时代、岩性、地质构造、土的成因类型及其埋藏分布规律。测定地基岩土的物理力学性质；

（4）查明地下水类型、水质、埋深及分布变化；

（5）根据建筑场地的工程地质条件，分析研究可能发生的工程地质问题，提出拟建建筑物的结构形式、基础类型及施工方法的建议；

（6）对于不利于建筑的岩土层，提出切实可行的处理方法或防治措施。

9.1.2 工程地质勘察的一般要求

建设工程项目设计一般分为可行性研究、初步设计和施工图设计三个阶段。为了提供各设计阶段所需的工程地质资料，勘察工作也相应地划分为选址勘察（可行性研究勘察）、初步勘察、详细勘察三个阶段。对于工程地质条件复杂或有特殊施工要求的重要建筑物地基，尚应进行预可行性及施工勘察；对于地质条件简单，建筑物占地面积不大的场地，或有建设经验的地区，也可适当简化勘察阶段。

下面简述各勘察阶段的任务和工作内容。

9.1.2.1　选址勘察阶段

选址勘察工作对于大型工程是非常重要的环节，其目的在于从总体上判定拟建场地的工程地质条件能否适宜工程建设项目。一般通过取得几个候选场址的工程地质资料进行对比分析，对拟选场址的稳定性和适宜性作出工程地质评价。选择场址阶段应进行下列工作：

（1）搜集区域地质、地形地貌、地震、矿产和附近地区的工程地质资料及当地的建筑经验；

（2）在收集和分析已有资料的基础上，通过踏勘，了解场地的地层、构造、岩石和土的性质、不良地质现象及地下水等工程地质条件；

（3）对工程地质条件复杂，已有资料不能符合要求，但其他方面条件较好且倾向于选取的场地，应根据具体情况进行工程地质测绘及必要的勘探工作。

选择场址时，应进行技术经济分析，一般情况下宜避开下列工程地质条件恶劣的地区或地段：

（1）不良地质现象发育，对场地稳定性有直接或潜在威胁的地段；

（2）地基土性质严重不良的地段；

（3）对建筑抗震不利的地段，如设计地震烈度为 8 度或 9 度且邻近有发生地震断裂的场区；

（4）洪水或地下水对建筑场地有威胁或有严重不良影响的地段；

（5）地下有未开采的有价值矿藏或不稳定的地下采空区上的地段。

9.1.2.2　初步勘察阶段

初步勘察阶段是在选定的建设场址上进行的。根据选址报告书了解建设项目类型、规模、建设物高度、基础的形式及埋置深度和主要设备等情况。初步勘察的目的是：对场地内建筑地段的稳定性作出评价；为确定建筑总平面布置、主要建筑物地基基础设计方案以及不良地质现象的防治工程方案作出工程地质论证。本阶段的主要工作如下：

（1）搜集本项目可行性研究报告（附有建筑场区的地形图，一般比例尺为 1∶2000 ～ 1∶5000）、有关工程性质及工程规模的文件。

（2）初步查明地层、构造、岩石和土的性质；地下水埋藏条件、冻结深度、不良地质现象的成因和分布范围及其对场地稳定性的影响程度和发展趋势。当场地条件复杂时，应进行工程地质测绘与调查。

（3）对抗震设防烈度为 7 度或 7 度以上的建筑场地，应判定场地和地基的地震效应。

初步勘察时，在搜集分析已有资料的基础上，根据需要和场地条件还应进行工程勘探、测试以及地球物理勘探工作。

9.1.2.3　详细勘察阶段

在初步设计完成之后进行详细勘察，它是为施工图设计提供资料的。此时场地的工程地质条件已基本查明。所以详细勘察的目的是：提出设计所需的工程地质条件的各项技术参数，对建筑地基作出岩土工程评价，为基础设计、地基处理和加固、不良地质现象的防治工程等具体方案作出论证和结论。详细勘察阶段的主要工作要求是：

（1）取得附有坐标及地形的建筑物总平面布置图，各建筑物的地面整平标高、建筑物的性质和规模，可能采取的基础形式与尺寸和预计埋置的深度，建筑物的单位荷载和总荷载、结构特点和对地基基础的特殊要求；

（2）查明不良地质现象的成因、类型、分布范围、发展趋势及危害程度，提出评价与整治所需的岩土技术参数和整治方案建议；

（3）查明建筑物范围各层岩土的类别、结构、厚度、坡度、工程特性，计算和评价地基的稳定性和承载力；

（4）对需进行沉降计算的建筑物，提出地基变形计算参数，预测建筑物的沉降、差异沉降或整体倾斜；

（5）对抗震设防烈度大于或等于 6 度的场地，应划分场地土类型和场地类别。对抗震设防烈度大于或等于 7 度的场地，尚应分析预测地震效应，判定饱和砂土和粉土的地震液化可能性，并对液化等级作出评价；

（6）查明地下水的埋藏条件，判定地下水对建筑材料的腐蚀性。当需基坑降水设计时，尚应查明水位变化幅度与规律，提供地层的渗透性系数；

（7）提供为深基坑开挖的边坡稳定计算和支护设计所需的岩土技术参数，论证和评价基坑开挖、降水等对邻近工程和环境的影响；

（8）为选择桩的类型、长度，确定单桩承载力，计算群桩的沉降以及选择施工方法提供岩土技术参数。

详细勘察的主要手段以勘探、原位测试和室内土工试验为主，必要时可以补充一些地球物理勘探、工程地质测绘和调查工作。详细勘察的勘探工作量，应按场地类别、建筑物特点及建筑物的安全等级和重要性来确定。对于复杂场地，必要时可选择具有代表性的地段布置适量的探井。

9.2 工程地质测绘及调查

工程地质测绘和调查是通过搜集资料、调查访问、地质测量、遥感等方法，来查明场地的工程地质要素，并绘制相应的工程地质图件的一种工程地质勘察方法。对岩石出露的地貌，地质条件复杂的场地应进行工程地质测绘，在地质条件简单的场地，可用调查代替工程地质测绘。工程地质测绘宜在可行性研究或初步勘察阶段进行。在详细勘察阶段可对某些专门地质问题作补充调查。

9.2.1 工程地质测绘及调查的主要内容

9.2.1.1 工程地质测绘与调查范围

工程地质测绘与调查范围要求包括场地及其附近地段。一般情况下，测绘范围应大于建筑占地面积，但也不宜过大，以解决实际问题的需要为前提。一般情况下应考虑以下因素：

（1）建筑类型 对于工业与民用建筑，测绘范围应包括建筑场地及其邻近地段；对于道路和各种线路，测绘范围应包括线路及轴线两侧一定宽度范围内的地带；对于洞室工程的测绘，不仅包括洞室本身，还应包括进洞山体及其外围地段。

（2）工程地质条件复杂程度 主要考虑动力地质作用可能影响的范围。例如建筑物拟建在靠近斜坡的地段，测绘范围则应考虑到邻近斜坡可能产生不良地质现象的影响地带。

9.2.1.2 工程地质测绘比例尺

（1）可行性研究勘察阶段、城市规划或工业布局时，可选用 1∶5000 ～ 1∶50000 的小比例尺；在初步勘察阶段可选用 1∶2000 ～ 1∶10000 的中比例尺；在详细勘察阶段可选用 1∶200 ～ 1∶2000 的大比例尺。

（2）工程地质条件复杂时，比例尺可适当放大；对工程有重要影响的地质单元体（如滑坡、断层、软弱夹层、洞穴等），必要时可采用扩大比例尺表示。

（3）建筑地基的地质界线和地质观测点的测绘精度在图上的误差不应超过 3mm。

9.2.1.3　工程地质测绘主要内容

（1）地貌条件　查明地形、地貌特征及其与地层、构造、不良地质作用的关系，并划分地貌单元。

（2）地层岩性　查明地层岩性是研究各种地质现象基础，评价工程地质的一种基本因素。因此应调查地层岩土的性质、成因、年代、厚度和分布，对岩层应确定其风化程度，对土层应区分新近沉积土、各种特殊性土。

（3）地质构造　主要研究测区内各种构造形迹的产状、分布、形态、规模及结构面的力学性质，分析所属构造体系，明确各类构造岩的工程地质特性。分析其对地貌形态、水文地质条件、岩体风化等方面的影响，还应注意新构造活动的特点及其与地震活动的关系。

（4）水文地质条件　查明地下水的类型，补给来源，排泄条件及径流条件，井、泉的位置，含水层的岩性特征，埋藏深度，水位变化，污染情况及其与地表水体的关系等。

（5）不良地质现象　查明岩溶、土洞、滑坡、泥石流、崩塌、冲沟、断裂、地震震害和岸边冲刷等不良地质现象的形成、分布、形态、规模、发育程度及其对工程建设的影响；调查人类工程活动对场地稳定性的影响，包括人工洞穴、地下采空、大挖大填、抽水排水及水库诱发地震等；监测建筑物变形，并搜集临近工程建筑经验。

9.2.2　工程地质测绘方法

工程地质测绘有相片成图法和实地测绘法。

（1）相片成图法

相片成图法是利用地面摄影或航空（卫星）摄影的相片，在室内根据判释标志，结合所掌握的区域地质资料，把判明的地层岩性、地质构造、地貌、水系和不良地质现象等，调绘在单张相片上，并在相片上选择需要调查的若干地点和线路，然后据此做实地调查，进行核对、修正、补充。将调查的结果转绘在地形图上而成工程地质图。

（2）实地测绘法

当该地区没有航测等相片时，工程地质测绘主要依靠野外工作的实地测绘法，常用实地测绘法有以下三种：

1）路线法　路线法是沿着一些选择的路线，穿越测绘场地，将沿线所测绘或调查的地层、构造、地质现象、水文地质、地质界线和地貌界线等填绘在地形图上。路线可为直线型或折线型。观测路线应选择在露头及覆盖层较薄的地方；观测路线方向大致与岩层走向、构造线方向及地貌单元相垂直，这样就可以用较少的工作量而获得较多的工程地质资料。

2）布点法　布点法是根据地质条件复杂程度和测绘比例尺的要求，预先在地形图上布置一定数量的观测路线和观测点。观测点一般布置在观测路线上，但要考虑观测目的和要求，如为了观察研究不良地质现象、地质界线、地质构造及水文地质等。布点法是工程地质测绘中的基本方法，常用于大、中比例尺的工程地质测绘。

3）追索法　追索法是沿地层走向或某一地质构造线，或某些不良地质现象界线进行布点追索，主要目的是查明局部的工程地质问题。追索法通常是在布点法或路线法基础上进行的，它是一种辅助方法。

9.3 工程地质勘探

工程地质勘探是工程地质勘察中查明地基岩土性质和分布、采集岩土试样或进行原位测试采用的基本手段。勘探可分为钻探、井探、槽探、洞探和地球物理勘探等。下面介绍工程地质勘探中常用的几种方法。

9.3.1 工程地质钻探

钻探是勘探方法中应用最广泛的一种，采用钻探机具向地下钻孔，用以鉴别和划分地层、测定地下水位，并采取原状土样和水样以供室内试验，确定土的物理、力学性质指标和地下水的化学成分。需要时还可以在钻孔中进行原位测试。

钻探的钻进方式可以分为回转式、冲击式、振动式、冲洗式四种。每种钻进方法各有独自特点，分别适用于不同的地层。根据《岩土工程勘察规范》的规定，钻进方法可根据地层类别及勘察要求按表 9-1 进行选择。

表 9-1　钻探方法的适用范围

钻探方法		钻进地层					勘察要求	
		黏性土	粉土	砂土	碎石土	岩石	直观鉴别，采取 不扰动土样	直观鉴别，采取 扰动土样
回　转	螺旋钻探	+ +	+	+	-	-	+ +	+ +
	无岩芯钻探	+ +	+ +	+ +	+	+ +	-	-
	岩芯钻探	+ +	+ +	+ +	+	+ +	+ +	+ +
冲　击	冲击钻探	-	+	+ +	+ +	-	-	-
	锤击钻探	+ +	+ +	+ +	+	-	+ +	+ +
振动钻探		+ +	+ +	+ +	+	-	+	+ +
冲洗钻探		+	+ +	+ +	-	-	-	-

注："+ +"表示适用，"+"表示部分适用，"-"表示不适用。

在地基勘察中，对岩土层的钻探有如下具体要求：

（1）钻进深度、岩土分层深度的量测误差范围应为 ±0.05m。

（2）非连续取芯钻进的回次进尺，对螺旋钻探应在 1m 以内，对岩芯钻探应在 2m 以内。

（3）对鉴别地层天然湿度的钻孔，在地下水位以上应进行干钻。当必须加入或使用循环液时，应采用双层岩芯管钻进。

（4）岩芯钻探的岩芯采取率，对完整和较完整的岩体不应低于 80%，对较破碎和破碎岩石不应低于 65%。定向钻进的钻孔应分段进行孔斜测量，倾角和方位的测量精度应分别为 ±0.1° 和 ±3.0°，对需重点查明的部位（滑动带、软弱夹层等）应采用双层岩芯管连续取芯。

钻孔的记录和编录应符合下列要求：

（1）野外记录应用由经过专业训练的人员承担；记录应真实及时，按钻进回次逐段填写，严禁事后追记。

（2）钻探现场可采用肉眼鉴别和手触方法，有条件或勘察工作有明确要求时，可采用微型贯入仪等定量化、标准化的方法。

（3）钻探成果可用钻孔野外柱状图或分层记录表示；岩土芯样可根据工程要求保存一定期限或长期保存，亦可拍摄岩芯、土芯彩照纳入勘察成果资料。

9.3.2 井探、槽探

当钻探方法难以查明地下情况时，可采用探井、探槽进行勘探。探井、探槽主要是人力开挖，也有用机械开挖。利用井探、槽探可以直接观察地层结构的变化，取得准确的资料和采取原状土样。

槽探是在地表挖掘成长条形的槽子，深度通常小于 3m，其宽度一般为 0.8~1.0m，长度视需要而定。常用槽探来了解地质构造线、断裂破碎带的宽度、地层分界线、岩脉宽度及其延伸方向和采取原状土样等。槽探一般应垂直岩层走向或构造线布置。

井探一般是垂直向下掘进，浅者称为探坑，深者称为探井。断面一般是 1.5m×1.0m 的矩形或直径为 0.8~1.0m 的圆形。井探主要是用来查明覆盖层的厚度和性质、滑动面、断面、地下水位以及采取原状土样等。在疏松的软弱土层中，或无黏性的砂、卵石中开挖探井必须支护，探井口部应注意保护。土石不能随意弃置于井口边缘，以免增加井壁的主动土压力，导致井壁失稳，或者土石块坠落伤人。在雨季施工应设防雨棚，挖排水沟，防止雨水浸润井壁或流入井内。

对于探井、探槽除文字描述记录外，尚应以剖面图展示图等反映井、槽壁和底部的岩性、地层分界、构造特征、取样和原位试验位置，并辅以代表性部位的彩色照片。

9.3.3 地球物理勘探

地球物理勘探简称为物探，是利用仪器在地面、空中、水上测量物理场的分布情况，通过对测得的数据和分析判释，并结合有关的地质资料推断地质性状的勘探方法。各种地球物理场有电场、重力场、磁场、弹性波应力场、辐射场等。

工程地质勘察可在下列方面采用物探：

（1）作为钻探的先行手段，了解隐蔽的地质界线、界面或异常点。

（2）作为钻探的辅助手段，在钻孔之间增加地球物理勘察点，为钻探成果的内插、外推提供依据。

（3）作为原位测试手段，测定岩土体的波速、动弹性模量、动剪切模量、特征周期、电阻率、放射性辐射参数、土对金属的腐蚀等参数。

应用地球物理勘探方法时，应具备下列条件：

（1）被探测对象与周围介质之间有明显的物理性质差异。

（2）被探测对象具有一定的埋藏深度和规模，且地球物理异常有足够的强度。

（3）能抑制干扰，区分有用信号和干扰信号。

（4）在有代表性地段，进行有效性试验。

地球物理勘探发展很快，不断有新的技术方法出现。如近年来发展起来的瞬态多道面波法、地震 CT 法、电磁波 CT 法等，效果很好。当前，常用的工程物探方法有：电法、电磁法、地震波法和声波法、地球物理测井等。在工程地质物探方法上，其中采用的最多、最普遍的是电法勘探。它常在初期的工程地质勘察中使用，初步了解勘察区的地下地质情况，配合工程地质测绘使用，此外，常用于古河道、暗浜、洞穴、地下管线等勘测的具体查明。

9.4 工程地质原位测试

工程地质原位测试是指在岩土层原来所处的位置上，基本保持其天然结构、天然含水量及天然应力状态下进行测试的技术。它与室内试验相辅相成，取长补短。

常用的原位测试的主要方法有：载荷试验、静力触探试验、标准贯入试验、十字板剪切试验、旁压试验、现场直接剪切试验等，选择原位测试方法应根据岩土条件、设计对参数的要求、地区经验和测试方法的适用性等因素综合确定。

9.4.1 载荷试验

载荷试验（PLT）就是在一定面积的承压板上向地基逐级施加荷载，并观测每级荷载下地基的变形特性，从而评定地基的承载力、计算地基的变形模量并预测实体基础的沉降量。它所反映的是承压板以下 1.5～2.0 倍承压板直径或宽度范围内地基强度、变形的综合性状。由此可见，该种方法犹如基础的一种缩尺真型试验，是模拟建筑物基础工作条件的一种测试方法，因而利用其成果确定的地基容许承载力最可靠、最有代表性；当试验影响深度范围内土质均匀时，此法确定该深度范围内土的变形模量也比较可靠。

按承压板的形状，载荷试验可以分为平板载荷试验和螺旋板载荷试验。其中，平板载荷试验适用于浅层地基，螺旋板载荷试验适用于深层地基和地下水位以下的土层。常规的载荷试验是指平板载荷试验。

载荷试验可用于以下目的：

①确定地基土的临塑荷载、极限承载力，为评定地基土的承载力提供依据。这是载荷试验的主要目的；

②确定地基土的变形模量、不排水抗剪强度和地基土基床反力系数。

（1）载荷试验的装置

载荷试验的装置由承压板、加荷装置及沉降观测装置等部分组成。其中承压板一般为方形或圆形板；加荷装置包括压力源、载荷台架或反力架，加荷方式可采用重物加荷和油压千斤顶反压加荷两种方式；沉降观测装置有百分表、沉降传感器和水准仪等。图 9-1 为几种常见的载荷试验设备。

（2）载荷试验的基本要求

试验用的承压板，一般采用刚性的圆形板或方形板，面积可采用 0.25～0.5m^2。对于软土，由于容易发生歪斜，且考虑到承压板边缘的塑性变形，宜采用尺寸较大些的承压板。

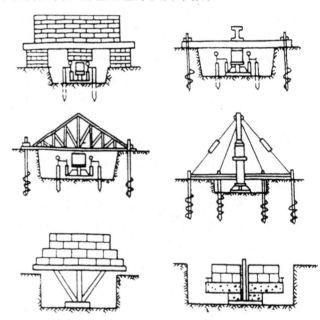

图 9-1　几种常见的载荷试验设备

加荷的方法，一般采用沉降相对稳定法。若有对比的经验，为了加快试验周期，也可采用沉降非稳定法（快速法）。

各级荷载下沉降相对稳定的标准一般采用连续 2h 内每小时的沉降量不超过 0.1mm。

试验应进行到破坏阶段，当出现下列情况之一时，即可认为地基土已达到极限状态，此时可终止试验：

1）承压板周围的土体有明显的侧向挤出、隆起或裂纹；

2）24h 内沉降随时间近似等速或加速发展；

3）沉降量超过承压板直径或宽度的$\frac{1}{12}$；

4）沉降急剧增大，$p-s$ 曲线出现陡降阶段。

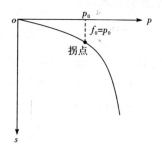

图 9-2　$p-s$ 曲线拐点法

（3）载荷试验结果的应用

载荷试验的主要成果为在一定压力下的 $s-t$ 关系曲线以及 $p-s$ 曲线。这些资料可以应用于以下几个方面。

1）确定地基的承载力　根据实验得到的 $p-s$ 曲线，可以按强度控制法、相对沉降控制法或极限荷载法来确定地基的承载力。

①强度控制法　以 $p-s$ 曲线对应的比例界限压力或临塑压力作为地基上极限承载力的基本值。

当 $p-s$ 曲线上有明显的直线段时，一般使用该直线段的终点所对应的压力为比例界限压力或临塑压力 p_0，见图 9-2。

当 $p-s$ 曲线上没有明显的直线段时，$\lg p - \lg s$ 曲线或 $p - \frac{\Delta s}{\Delta p}$ 曲线上的转折点所对应的压力即为比例界限压力或临塑压力 p_0，见图 9-3、图 9-4。

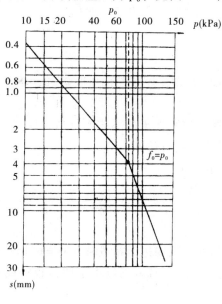

图 9-3　$\lg p - \lg s$ 曲线

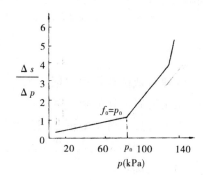

图 9-4　$p - \frac{\Delta s}{\Delta p}$ 曲线

②相对沉降控制法　根据相对沉降量 s/b，即沉降量和承压板的宽度或直径之比来确定地基承载力。若承压板面积为 $0.25 \sim 0.50 m^2$，对于低压缩性土和砂土，可取 $s/b = 0.01 \sim 0.015$ 所对应的荷载值作为地基土的承载力基本值；对于中、高压缩性土可取 $s/b = 0.02$ 所对应的荷载值为承载力的基本值。

③极限荷载法　若比例界限压力 p_0 和极限承载力 p_u 接近，即当 $p-s$ 曲线上的比例界限

点出现后，土体很快达到破坏时，可以用 p_u 除以安全系数 K 作为地基土承载力的基本值；当 p_0 与极限荷载 p_u 不接近时，此时 $p-s$ 曲线上既有 p_0，又有 p_u，可按下式计算地基承载力基本值：

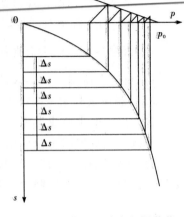

$$f_0 = p_0 + \frac{p_u - p_0}{F_s} \qquad (9-1)$$

式中　f_0——地基承载力基本值；

　　　F_s——经验系数，一般取为 $2 \sim 3$。

地基极限承载力的确定可以用如下方法：

①用 $p-s$ 曲线、$\lg p - \lg s$ 曲线或 $p - \dfrac{\Delta s}{\Delta p}$ 曲线的第二转折点对应荷载作为地基极限承载力；

图 9-5　外插作图法确定极限荷载

②取相对沉降 $s/b = 0.06$ 相应的荷载为地基极限承载力；

③采用外插作图法，见图 9-5。

2）确定地基土的变形模量 E_0　可用下式计算地基土的变形模量 E_0：

$$E_0 = (1 - \mu^2) \frac{\pi B}{4} \cdot \frac{p_0}{s_0} \qquad (9-2)$$

式中　B——承压板直径，当为方形板时 $B = 2\sqrt{\dfrac{A}{\pi}}$，$A$ 为方形板面积；

　　　p_0——比例界限荷载；

　　　s_0——比例界限荷载对应的沉降量；

　　　μ——土的泊松比，砂土和粉土为 0.33，可塑-硬塑黏性土取 0.38，软塑-流塑黏性土和淤泥质黏性土，$\mu = 0.41$。

3）估算地基土的不排水抗剪强度 C_u　饱和软黏性土的不排水抗剪强度 C_u 可以用快速法载荷试验（不排水条件）的极限压力 p_u 按下式进行估算：

$$C_u = \frac{p_u - p_0}{N_c} \qquad (9-3)$$

式中　P_u——快速荷载试验所得极限压力；

　　　p_0——承压板周边外的超载或土的自重应力；

　　　N_c——承压系数。对于方形或圆形承压板，当周边无超载时，$N_c = 6.15$；当承压板埋深大于或等于四倍板径或边长时，$N_c = 9.25$；当承压板小于四倍板径或边长时，N_c 由线性内插法确定。

4）估算地基土基床反力系数 K_s　根据常规法载荷试验的 $p-s$ 曲线可按下式确定载荷试验基床反力系数 K_v：

$$K_v = \frac{p}{s} \qquad (9-4)$$

式中　p/s——$p-s$ 曲线直线段的斜率，如 $p-s$ 关系曲线无初始直线段，p 可以取临塑荷载 p_0 的一半，s 为相应于该 p 的沉降值。

基准基床反力系数 K_{v1} 可以由载荷试验基床反力系数 K_v 按下式求出：

$$\left.\begin{aligned} 黏性土：K_{v1} &= 3.28BK_v \\ 砂\quad土：K_{v1} &= \frac{4B^2}{(B+0.305)^2}K_v \end{aligned}\right\} \qquad (9-5)$$

式中　B——承压板的直径或宽度。

根据求出的基准基床反力系数 K_{v1}，可以确定地基土的基床反力系数 K_s：

$$\left.\begin{aligned} 黏性土：K_s &= \frac{0.305}{B_f}K_{v1} \\ 砂\quad土：K_s &= \left(\frac{B_f+0.305}{2B_f}\right)^2 K_{v1} \end{aligned}\right\} \qquad (9-6)$$

式中　B_f——基础宽度。

在应用载荷试验的成果时，由于加荷后影响深度不会超过 2 倍承压板边长或直径，因此对于分层土要充分估计到该影响范围的局限性。特别是当表面有一层"硬壳层"、其下为软弱土层时，软弱土层对建筑物沉降起主要作用，它却不受到承压板的影响，因此试验结果和实际情况有很大差异。所以对于地基压缩范围内土层分层时，应该用不同尺寸的承压板或进行不同深度的静力载荷试验，也可以采用其他的原位测试和室内土工试验。

9.4.2　静力触探试验

静力触探（CPT）是用静力将探头以一定的速率压入土中，同时用压力传感器或直接用量测仪表测试土层对探头的贯入阻力，以此来判断、分析地基土的物理力学性质。该方法的依据是探头的贯入阻力的大小与土层的性质有关，可以用一些经验关系把贯入阻力与土的物理力学性质联系起来，建立经验公式；或根据对贯入机理的认识做定性的分析，在此基础上建立半经验的公式。利用这些公式，根据测出的贯入阻力的大小，即可达到了解土层的工程性质的目的。

静力触探具有测试连续、快速，效率高，功能多，兼有勘探与测试双重作用的优点，且测试数据精度高，再现性好。但它的缺点是对碎石类土和密实砂土难以贯入，也不能直接观测土层。

9.4.2.1　静力触探试验的目的和适用范围

静力触探可用于下列试验目的：

（1）划分土层；

（2）估算地基土的物理力学参数；

（3）评定地基土的承载力；

（4）选择桩基持力层，估算单桩极限承载力，判断沉桩可能性；

（5）判定场地地震液化势。

静力触探试验适用于黏性土、粉土、疏松到中密的砂土；对于碎石土，杂填土和密实的砂土不适用。

9.4.2.2　静力触探试验的仪器设备及技术要求

静力触探设备，俗称静力触探仪，一般由三部分组成：贯入系统、包括加压装置和反力装置，它的作用是将探头匀速、垂直地压入土层中；量测系统，用来测量和记录探头所受的阻力；静力触探头，内有阻力传感器。根据贯入系统中加压装置的加压方式，静力触探仪可分为：电动机械式静力触探仪、液压式静力触探仪和手摇轻型链式静力触探仪。

常用的静力触探仪探头分为单桥探头、双桥探头和孔压探头,见图9-6。其主要规格见表9-2。可以根据实际工程所需测定的参数选用单桥探头、双桥探头或孔压探头,探头圆锥面积一般为 $10 \mathrm{cm}^2$ 或 $15 \mathrm{cm}^2$。

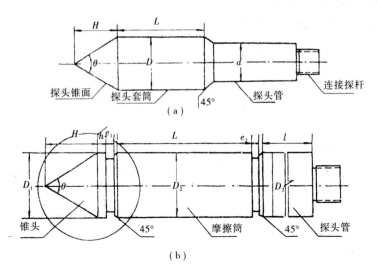

图9-6 单桥(a)、双桥及孔压(b)探头形状图

表9-2 静力触探探头规格

锥头截面面积 A（cm^2）	探头直径 d（mm）	锥角 α（°）	单桥探头	双桥探头	
			有限侧壁长度 L（mm）	摩擦筒侧壁面积（cm^2）	摩擦筒长度 L（mm）
10	35.7		57	200	179
15	43.7	60	70	300	219
20	50.4		81	300	189

在整个试验过程中,探头应匀速、垂直地压入土中,贯入标准速率宜为 1.2 ± 0.3 m/min。

探头传感器应该经率定,室内率定重复性误差、线性误差、温度飘移、归零误差范围应为 $\pm 0.5\% \sim 1.0\%$,现场归零误差不应超过3%。

当贯入深度超过50m时,应量测触探孔的偏斜度,校正土层分层界限。

9.4.2.3 静力触探测试的参数

(1)单桥探头

单桥探头将锥头和摩擦筒连接在一起,因而只能测出一个参数,即比贯入阻力 p_s。该参数的定义为

$$p_s = \frac{P}{A} \tag{9-7}$$

式中 P——总贯入阻力;

A——探头锥尖底面积。

由于总贯入阻力包括锥尖阻力和摩擦筒侧壁摩擦力两部分的综合作用,比贯入阻力 p_s

是锥尖阻力和侧壁摩擦阻力的综合反映。

（2）双桥探头

双桥探头将锥头和摩擦筒分开，可以同时测锥尖阻力和侧壁摩擦阻力两个参数。

锥尖阻力 q_c 和侧壁摩阻力 f_s 分别定义如下：

$$q_c = \frac{Q_c}{A} \qquad (9-8)$$

$$f_s = \frac{P_f}{A_f} \qquad (9-9)$$

式中　Q_c、P_f——分别为锥尖总阻力和侧壁摩阻力；

　　A、A_f——分别为锥尖底面积和摩擦筒表面积。

由测得的锥尖阻力 q_c 和侧壁摩阻力 f_s，可以计算摩阻比 R_f 如下：

$$R_f = \frac{f_s}{q_c} \times 100\% \qquad (9-10)$$

（3）孔压探头

孔压探头在双桥探头的基础上再安装一种可测触探时产生的超孔隙水压力的装置，因此可以测定三个参数，即锥尖阻力 q_c、侧壁摩阻力 f_s 和水压力 u。

9.4.2.4　静力触探成果的应用

根据静力触探试验的测量结果，可以得到下列成果：比贯入阻力 - 深度（$p_s - h$）关系曲线、锥尖阻力 - 深度（$q_c - h$）关系曲线、侧壁摩阻力 - 深度（$f_s - h$）关系曲线和摩阻比 - 深度（$R_f - h$）关系曲线。对于孔压探头，还可以得到孔压 - 深度（$u - h$）关系曲线。它们的应用主要有以下几个方面：

（1）划分土层

利用静力触探试验得到的各种曲线，根据相近的 q_c、R_f 来划分土层。对于孔压探头，还可以利用孔隙水压力系数 B_q 来划分土层。孔隙水压力系数 B_q 的定义如下：

$$B_q = \frac{\Delta u}{q_c - \sigma_{v0}} \qquad (9-11)$$

式中　Δu——超孔隙水压力；

　　σ_{v0}——竖向初始应力。

（2）测量土的物理力学性质指标

根据大量的试验数据分析，可以得到黏性土的不排水抗剪强度和 q_c 或 p_s 之间的关系，见表 9 - 3。

表 9 - 3　用静力触探估算黏性土的不排水抗剪强度　　　　　　　　（kPa）

实用关系式	适 用 条 件	来 源
$C_u = 0.071q_c + 1.28$	$q_c < 700\text{kPa}$ 的滨海相软土	同济大学
$C_u = 0.039q_c + 2.7$	$q_c < 800\text{kPa}$	铁道部
$C_u = 0.0308p_s + 4.0$	$p_s = 100 \sim 1500\text{kPa}$ 新港软黏土	一航设计研究院
$C_u = 0.0696p_s - 2.7$	$p_s = 300 \sim 1200\text{kPa}$ 饱和软黏土	武汉静探联合组

静力触探比贯入阻力 p_s 与黏性土的压缩模量 E_s 和变形模量 E_0 之间的实用关系见表 9 - 4。

表 9 - 4　用 p_s 评定黏性土的压缩模量 E_s 和变形模量 E_0　　　　　（MPa）

实用关系式	适 用 条 件	来　源
$E_s = 4.13p_s^{0.687}$	黏性土（$I_p > 7$）和软土　$p_s \leqslant 1.3$	铁道部四院
$E_s = 2.14p_s + 2.17$	黏性土（$I_p > 7$）和软土　$p_s > 1.3$	
$E_0 = 6.03p_s^{1.45} + 2.87$	软土、一般黏性土　$0.085 \leqslant p_s < 2.5$	
$E_s = 3.63p_s + 1.20$	软土、一般黏性土　$p_s < 5$	交通部一航院
$E_0 = 6.06p_s - 0.90$	软土、一般黏性土　$p_s < 1.6$	建设部综勘院
$E_0 = 3.55p_s - 6.65$	粉土　$p_s > 4$	

　　用静力触探评定砂土的内摩擦角可以按铁道部《静力触探技术规则》提出的表 9 - 5 来确定。

表 9 - 5　用静力触探比贯入阻力 p_s 估算砂土内摩擦角 φ

p_s（MPa）	1.0	2.0	3.0	4.0	6.0	11.0	15	30
φ（°）	29	31	32	33	34	36	37	39

　　我国铁道部《静力触探技术规则》提出的估算砂土 E_s 的经验值见表 9 - 6。用 q_c 或 p_s 估算砂土变形模量的关系见表 9 - 7。

表 9 - 6　用比贯入阻力 p_s 估算砂土压缩模量 E_s

p_s（MPa）	0.5	0.8	1.0	1.5	2.0	3.0	4.0	5.0
E_s（MPa）	2.6 ~ 5.0	3.5 ~ 5.6	4.1 ~ 6.0	5.1 ~ 7.5	6.0 ~ 9.0	9.0 ~ 11.5	11.5 ~ 13.0	13.0 ~ 15.0

表 9 - 7　用 q_c 或 p_s 估算砂土的变形模量 E_0　　　　　（MPa）

实用关系式	适 用 条 件	来　源	
$E_0 = 3.57p_s^{0.6836}$	粉、细砂	铁道部一院	国内
$E_0 = 2.5p_s$	中、细砂	辽宁煤矿设计院	
$E_0 = 3.4q_c + 13$	中密 - 密实砂土	原苏联规范 CH - 448 - 72	国外

（3）确定浅基础的承载力

　　根据静力触探试验的比贯入阻力 p_s，可以利用经验公式来确定浅基础的承载力。这些经验公式建立在静力触探试验结果与载荷试验求得的结果进行对比的基础上，因此只适用于特定地区和特定土性。表 9 - 8 是部分经验公式。

表 9 - 8　用 p_s 确定地基土承载力基本值 f_0　　　　　（kPa）

实用公式	适 用 条 件		来　源
$f_0 = 0.05p_s + 73$	一般黏性土	$1500 \leqslant p_s \leqslant 6000$	建设部综勘院
$f_0 = 0.104p_s + 25.9$	淤泥质土、一般黏性土、老黏土	$300 \leqslant p_s \leqslant 6000$	
$f_0 = 0.083p_s + 54.6$	淤泥质土、一般黏性土	$300 \leqslant p_s \leqslant 3000$	
$f_0 = 0.097p_s + 76$	老黏性土	$3000 \leqslant p_s \leqslant 6000$	武汉联合试验组
$f_0 = 5.25\sqrt{p_s} - 103$	中、粗砂	$1000 \leqslant p_s \leqslant 10000$	
$f_0 = 0.02p_s + 59.5$	粉、细砂	$1000 \leqslant p_s \leqslant 15000$	

（4）预估单桩承载力

利用静力触探度验结果估算桩承载力在国内已有比较成熟的经验公式。

1）铁道部《静力触探技术规则》方法　单桩的承载力按下式计算：

$$Q_u = \alpha_b \bar{q}_{cb} A_b + U_p \sum_{i=1}^{n} \beta_f f_{si} l_i \qquad (9-12)$$

式中　Q_u——单桩极限承载力；

α_b、β_f——分别为桩端阻力、桩侧摩阻力的综合修正系数，可按表 9 – 9 取值；

$\bar{q}_{cb}$——桩底以上、以下 4D（D 为桩径或桩边长）范围内 q_c 的平均值，kPa；如桩顶以上 4D 的 q_c 平均值大于桩底以下 4D 的 q_c 平均值，则 $\bar{q}_{cb}$ 取桩底以下 4D 的 p_c 平均值；

A_b——桩端横截面面积，m^2；

U_p——桩身截面周长，m；

f_{si}——用静力触探法确定的第 i 层侧壁摩阻力；

l_i——第 i 层土厚。

表 9 – 9　桩端、桩侧摩阻力综合修正系数 α_b 和 β_f

桩类型	α_b	β_i	适用条件	备注
混凝土打入桩	$3.975\,(\bar{q}_{cb})^{-0.25}$	$5.07\,(f_{si})^{-0.45}$	同时满足（$\bar{q}_{cb} > 200\text{kPa}$，$f_{si}/q_{ci} \leq 0.14$）	$\beta_f \cdot f_{si} \leq 100\text{kPa}$
	$12.00\,(\bar{q}_{cb})^{-0.35}$	$10.04\,(f_{si})^{-0.55}$	不同时满足 $\bar{q}_{cb} > 200\text{kPa}$，$f_{si}/q_{ci} \leq 0.14$	
混凝土钻孔灌注桩	$570.71\,(\bar{q}_{cb})^{-0.93}$	$21.22\,(f_{si})^{-0.75}$	直径 <65cm	
	$20.46\,(\bar{q}_{cb})^{-0.55}$	$3.49\,(f_{si})^{-0.4}$	直径 ≥65cm	

2）《高层建筑岩土工程勘察规程》（JGJ 72 – 2004）的方法　该方法适用于一般黏性土和砂土。其公式为：

$$R_k = \frac{1}{K}\left(\alpha \bar{q}_c A_b + U_p \sum_{i=1}^{n} f_{si} l_i \beta_i\right) \qquad (9-13)$$

式中　R_k——预制桩单桩承载力标准值；

K——安全系数，一般取 $K = 2$；

α——桩端阻力修正系数，对于黏性土 $\alpha = 2/3$，饱和砂土 $\alpha = 1/2$；

$\bar{q}_c$——桩端上、下探头阻力，kPa，取桩尖平面以上 4D（D 为桩的直径）范围内按厚度的加权平均值，然后再和桩尖平面以下 1D 范围内的 q_c 值进行算术平均；

β_i——第 i 层桩身侧壁阻力的修正系数，按下式计算：

黏性土：$\beta_i = 10.043 f_{si}^{-0.55}$ 　　(9-14a)

砂土：$\beta_i = 5.045 f_{si}^{-0.45}$ 　　(9-14b)

其余符号同前。

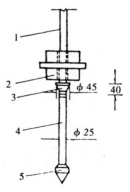

图 9 – 7　轻型动力触探设备

1—导杆；2—重锤；

3—锤座；4—探杆；

5—探头

9.4.3　动力触探

动力触探（DPT）是利用一定的锤击动能，将一定规格的探头打入土中，根据每打入土中一定深度所需的能量来判定土的性质，并对土进行分层的一种原位测试方法。所需的能量体现了土的阻力大小，一般可以以锤击数来表示。

动力触探试验具有设备简单、操作及测试方法简便、适用性广等优点，对难以取样的砂土、粉土、碎石类土，对静力触探难以贯入的土层，动力触探是一种非常有效的勘探测试手段。它的缺点是不能对土进行直接鉴别描述，试验误差较大。

9.4.3.1　适用范围和目的

动力触探适用于强风化、全风化的硬质岩石，各种软质岩石和各类土。它可应用于以下目的：

（1）划分土层；

（2）确定土的物理力学性质，如确定砂土的密实度和黏性土的状态，评定地基土和桩基承载力，估算土的强度和变形参数等。

9.4.3.2　动力触探的试验设备和类型

动力触探试验设备主要由导向杆、穿心锤、锤座、探杆以及探头五部分组成，见图9－7。

根据锤击能量可以把动力触探划分成轻型、重型和超重型三种。每一种的规格见表9－10。

表9－10　圆锥动力触探类型和规格

圆锥动力触探类型		轻型（DPL）	重型（DPH）	超重型（DPSH）
探头规格	直径（mm）	40	74	74
	截面面积（cm^2）	12.6	43	43
	锥角（°）	60	60	60
落锤	锤质量（kg）	10±0.1	63.5±0.5	120±1
	自由落距（cm）	50±1	76±2	100±2
探杆直径（mm）		25	42	60
触探指标（击）		贯入30cm锤击数 N_{10}	贯入10cm锤击数 $N_{63.5}$	贯入10cm锤击数 N_{120}
最大贯入深度（m）		4~6	12~16	20
主要适用土类		浅部填土、砂土、粉土和黏性土	砂土、中密以下的碎石土和极软岩	密实和很密的碎石土、极松岩、软岩

锤击能量用能量指数来衡量，能量指数的定义为：

$$n_d = \frac{MH}{A} g \qquad (9-15)$$

式中　　M——锤的质量，kg；

　　　　H——锤的落距，m；

　　　　A——探头截面面积，cm^2。

各种探头的外型尺寸见图9－8。

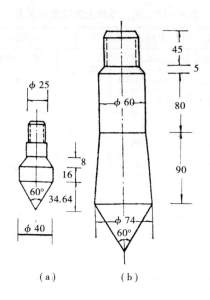

图 9 - 8　动力触探头外形尺寸（mm）

（a）轻型；（b）重型、特重型

9.4.3.3　动力触探的技术要求

动力触探应该采用自动落锤装置，而不能采用以前的手拉绳或卷扬机拉钢绳的方式。注意保持杆件垂直，探杆的偏斜不应超过 2%。为了使杆直立，可预钻直立孔导向，锤击时防止偏心及探杆晃动。

在贯入过程中应不间断地连续击入，锤击速率为每分钟 15～30 击，在砂土、碎石土中，锤击速度影响不大，速率可提高到每分钟 60 击。

9.4.3.4　动力触探成果的应用

动力触探的成果主要是锤击数和锤击数随深度的变化曲线。

（1）划分土层

根据动力触探锤击数随深度的变化曲线形状，可以粗略地划分土层。将触探锤击数相近的段划为一层，并求出每一层触探锤击数的平均值，结合地质资料，定出土的名称。

（2）确定砂土和碎石土的相对密实度

用动力触探的锤击数可以确定砂土的密实度、孔隙比以及卵石的密实度。它们之间的经验关系见表 9-11、表 9-12 和表 9-13。其中锤击数 N_{10}、$N_{63.5}$ 和 N_{120} 分别代表用轻型、重型和超重型动力触探仪得到的锤击数。

表 9-11　$N_{63.5}$ 与砂土孔隙比的关系

土　类	修正后的 $N_{63.5}$									
	3	4	5	6	7	8	9	10	12	15
中　砂	1.14	0.97	0.88	0.81	0.76	0.73				
粗　砂	1.05	0.90	0.80	0.73	0.68	0.64	0.62			
砾　砂	0.90	0.75	0.65	0.58	0.53	0.50	0.47	0.45		
圆　砾	0.73	0.62	0.55	0.50	0.46	0.43	0.41	0.39	0.36	
卵　石	0.66	0.56	0.50	0.45	0.41	0.39	0.36	0.35	0.32	0.29

表 9 – 12　$N_{63.5}$ 与砂土密实度的关系

土 类	$N_{63.5}$	密实度	孔隙比 e	土 类	$N_{63.5}$	密实度	孔隙比 e
砾 砂	<5	松 散	>0.65	粗 砂	6.5 ~ 9.5	中 密	0.70 ~ 0.60
	5 ~ 8	稍 密	0.65 ~ 0.50		>9.5	密 实	<0.60
	8 ~ 10	中 密	0.50 ~ 0.45	中 砂	<5	松 散	>0.90
	>10	密 实	<0.45		5 ~ 6	稍 密	0.90 ~ 0.80
粗 砂	<5	松 散	>0.80		6 ~ 9	中 密	0.80 ~ 0.70
	5 ~ 6.5	稍 密	0.80 ~ 0.70		>9	密 实	<0.70

表 9 – 13　N_{120} 与卵石密实度的关系

N_{120}	3 ~ 6	6 ~ 10	6 ~ 14	14 ~ 20
密实度	稍 密	中 密	密 实	极 密
土 类	卵石或砂夹卵石、圆砾	卵 石	卵 石	卵石或含少量漂石

（3）确定土的变形模量

铁道部第二勘测设计院提出对圆砾、卵石可用下式来确定：

$$E_0 = 4.48 N_{63.5}^{0.7654} \tag{9 – 16}$$

（4）确定地基承载力

原《建筑地基基础设计规范》（GBJ 7—89）规定可用 N_{10} 确定黏性土和素填土的承载力标准值，见表 9 – 14 和表 9 – 15，但在新的《建筑地基基础设计规范》（GB 50007—2002）中，删去了这些表格，原因是难以适应我国各个地区。因此在实际应用中应结合当地实践。

表 9 – 14　黏性土承载力标准值

N_{10}	15	20	25	30
f_k (kPa)	105	145	190	230

表 9 – 15　素填土承载力标准值

N_{10}	10	20	30	40
f_k (kPa)	85	115	135	160

注：本表只适用于黏性土与粉土组成的素填土。

铁道部《动力触探技术规定》（TBJ 18—87）提出的 $N_{63.5}$ 与土的承载力基本值 f_0 之间的关系见表 9 – 16，且可以将 N_{120} 按下式换算成 $N_{63.5}$ 后查该表。

$$N_{63.5} = 3 N_{120} - 0.5 \tag{9 – 17}$$

表 9 – 16　铁道部各类土的 $N_{63.5}$ 与 f_0 关系

f_0 (kPa) ＼ $N_{63.5}$ ＼ 土类	2	3	4	5	6	7	8	9	10	12	14
粉细砂	80	110	142	165	187	210	232	255	277	321	
中砂、砾砂		120	150	180	220	260	300	340	380		
碎石土		140	170	200	240	280	320	360	400	480	540

f_0 (kPa) ＼ $N_{63.5}$ ＼ 土类	16	18	20	22	24	26	28	30	35	40
粉细砂										
中砂、砾砂										
碎石土	600	660	720	780	830	870	900	930	970	1000

（5）确定单桩承载力

根据动力触探与桩静载荷试验得到单桩承载力之间结果的对比，可以得到单桩承载力标准值锤击数之间的经验关系。这些经验关系带有一定的地区性。沈阳市桩基小组得到的经验公式为

$$R_k = 24.3 \overline{N}_{63.5} + 365.4 \qquad (9-18)$$

式中　R_k——打入桩单桩承载力标准值，kN；

$\overline{N}_{63.5}$——从地面至桩尖，修正后的 $N_{63.5}$ 平均值。

9.4.4　标准贯入试验

标准贯入试验（SPT）是利用一定的锤击动能，将一定规格的贯入器打入钻孔孔底的土层中，根据打入土层中所需的能量来评价土层和土的物理力学性质。标准贯入试验中所需的能量用贯入器贯入土层中 30cm 的锤击数 $N_{63.5}$ 来表示，一般写作 N，称为标贯击数。

标准贯入试验实质上是动力触探试验的一种。它和动力触探的区别主要是它的触探头不是圆锥形，而是标准规格的圆筒形探头，由两个半圆管合成，形状和尺寸见图 9-9。且其测试方式有所不同，采用间歇贯入方法。

标准贯入实验的优点是设备简单，操作方便，土层的适应性广，且贯入器能取出扰动土样，从而可以直接对土进行鉴别。

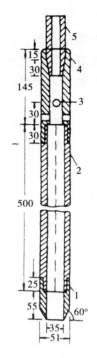

图 9-9　标准贯入器（mm）

1—贯入器靴；2—贯入器身；3—排水孔；
4—贯入器头；5—探（钻）杆接头

9.4.4.1　适用范围和目的

标准贯入试验适用于砂土、粉土和一般黏性土。它的适用目的有评价砂土的密实度和粉土、黏性土的状态，评价土的强度参数、变形参数、地基承载力、单桩极限承载力、沉桩可能性以及砂土和粉土的液化势。

9.4.4.2　标准贯入试验设备

标准贯入试验设备主要是由贯入器、贯入探杆和穿心锤三部分组成。它应满足表 9-17 的要求。

表 9-17　标准贯入试验设备规格

落　　锤	锤的质量（kg）		63.5 ± 0.5
	落　　距（cm）		76 ± 2
贯入器	长　　度（mm）		500
	外　　径（mm）		51 ± 1
	内　　径（mm）		35 ± 1
管　　靴	长　　度（mm）		76 ± 1
	刃口角度（°）		$18 \sim 20$
	刃口单刃厚（mm）		2.5
钻　　杆	直　　径（mm）		42

9.4.4.3 杆长修正

在一些规范中规定，当用标准贯入试验锤击数按规范确定承载力或其他指标时，应对锤击数进行触探杆长度校正。不同的规范有不同的规定。是否修正视具体情况。原《建筑地基基础设计规范》（GBJ 7—89）中规定，当杆长为 3～21m 时 N 值应按下式进行修正。

$$N = \alpha N' \qquad (9-19)$$

式中　N——标准贯入试验经过杆长修正后的锤击数；

　　　N'——实测的标贯击数；

　　　α——长度修正系数，按表 9-18 取用。

表 9-18　标长修正系数 α

探标长度（m）	<3	6	9	12	15	18	21
α	1.00	0.92	0.86	0.81	0.77	0.73	0.70

若应用标贯试验成果进行砂土和粉土液化势判断时，一般都不进行修正。

9.4.4.4　标准贯入试验的技术要求

（1）标准贯入试验用钻孔应采用回转钻进，以尽可能减少对孔底土的扰动；

（2）应采用自动脱钩的自由落锤法，并减小导向杆与锤间的阻力；

（3）锤击时应避免偏心及侧向晃动，锤击速率应小于 30 击/分；

（4）标准贯入试验分两个阶段进行，即预打阶段和试验阶段。在预打阶段，先将贯入器打入 15cm，若锤击数已达 50 击，贯入度未达到 15cm，则记录实际贯入度。在试验阶段，将贯入器再打入 30cm，记录每打入 10cm 的锤击数，累计打入 30cm 的锤击数即为标准贯入击数 N；当累计击数超过 50 击，而贯入深度未达 30cm 时，应终止试验，记录实际贯入度 ΔS（cm）及累计锤击数 n，按下式换算成贯入 30cm 的锤击数 N：

$$N = \frac{30n}{\Delta S} \qquad (9-20)$$

9.4.4.5　标准贯入试验成果的应用

标准贯入试验的主要成果是标贯击数 N 与深度的关系曲线。在应用标贯击数 N 的经验关系评定土的有关工程性质时，要注意 N 值是否作过有关修正。

（1）判断砂土的密实度和相对密实度 D_r

直接根据 N 确定砂土密实度，见表 9-19。

表 9-19　SPT 确定砂土密实度表

国际标准			铁路规范 TBJ 12—85			建筑规范 GBJ 7—89	
密实度	N	D_r	密实度	N	D_r	密实度	N
极　松	0～4	0～0.20	极松	<5	<0.20	松　散	≤10
松	4～10		稍松	5～9	0.20≤D ≤0.33		
稍　密	10～15	0.20～0.33	—		—	稍　密	10<N≤15
中　密	15～30	0.33～0.67	中　密	10～29	0.33≤D <0.67	中　密	15<N≤30
密　实	30～50	0.67～1.00	密　实	30～50	≥0.67	密　实	>30
极　密	>50		—		—		

（2）判断黏性土的稠度状态

太沙基（Terzaghi）和佩克（Peck）、武汉冶金勘测公司提出的 N 与黏性土状态关系分别见表 9 – 20、表 9 – 21。

表 9 – 20　黏性土 N 与稠度状态关系（Terzaghi & Peck）

N	< 2	2 ~ 4	4 ~ 8	8 ~ 15	15 ~ 30	> 30
稠度状态	极软	软	中等	硬	很硬	坚硬
q_u（kPa）	< 25	25 ~ 50	50 ~ 100	100 ~ 200	200 ~ 400	> 400

表 9 – 21　N 与 I_L 稠度状态的关系

N	< 2	2 ~ 4	4 ~ 7	7 ~ 18	18 ~ 35	> 35
I_L	> 1	1 ~ 0.75	0.75 ~ 0.5	0.5 ~ 0.25	0.25 ~ 0	< 0
稠度状态	流动	软塑	软可塑	硬可塑	硬塑	坚硬

（3）评定土的强度指标

根据标贯击数 N，可评定砂土的内摩擦角 φ 和黏性土的不排水强度 C_u。φ 与 N 之间的关系式见表 9 – 22。太沙基和佩克提出 C_u 与 N 之间的关系为：

$$C_u = (6 ~ 6.5)N \tag{9 – 21a}$$

日本道桥设计规范采用：

$$C_u = (6 ~ 10)N \tag{9 – 21b}$$

表 9 – 22　国外砂土 N 与 φ 的关系式

研究者	土　类	关系式	研究者	土　类	关系式
Dunham	均匀圆粒砂	$\varphi = \sqrt{12N} + 15$	Peck		$\varphi = 0.3N + 27$
	级配良好圆粒砂	$\varphi = \sqrt{12N} + 20$	Meyerhof	净砂	$\varphi = \dfrac{5}{6}N + 26\dfrac{2}{3}$ $(4 \leqslant N \leqslant 10)$
	级配良好棱角砂、均匀棱角砂	$\varphi = \sqrt{12N} + 25$			$\varphi = \dfrac{1}{4}N + 32.5$ $(N > 10)$
大　崎		$\varphi = \sqrt{20N} + 15$			粉砂应减 5°，粗、砾砂加 5°

注：日本国铁土构筑物设计施工指针规定采用 Peck 公式（N 值应进行钻杆长度和地下水的修正），但该式在上述公式中接近下限值，偏于保守。

（4）评定土的变形模量 E_0 和压缩模量 E_s

国内一些单位的经验见表 9 – 23。

表 9 – 23　E_0 及 E_s 的经验公式

提出单位	经验公式（MPa）	提出单位	经验公式（MPa）
航天综勘院（1988）	$E_0 = 2.2N$	武汉冶勘	$E_s = 0.927N + 4.2$
湖北水电院（1974）	$E_0 = 1.0658N + 7.4306$	西南综勘院（1979）	$E_s = 0.276N + 10.22$
武汉规划院（1973）	$E_0 = 1.4135N + 2.6156$	舒尔茨等（1961）	$E_s = 0.49N + 7.1$
成都冶勘（1971）	$E_0 = 1.72N + 0.16$		

（5）确定地基承载力

原《建筑地基基础设计规范》规定用 N 值确定砂土与黏性土的承载力标准值，见表9 –

24 和表 9 – 25，但在新 GBJ 7—89《建筑地基基础设计规范中》（GB 50007—2002）中，这些经验表格末列入，读者可参考此表格结合当地实践经验确定。

表 9 – 24　砂土承载力标准值　　　　　　　　　　（kPa）

土类　＼　N	10	15	30	50
中、粗砂	180	250	340	500
粉、细砂	140	180	250	340

表 9 – 25　黏性土承载力标准值

N	3	5	7	9	11	13	15	17	19	21	23
f_k（kPa）	105	145	190	235	280	325	370	430	515	600	680

（6）估算单桩承载力

将标贯击数 N 换算成桩侧、桩端土的极限摩阻力和极限端承力，再根据当地的土层情况，即可估算单桩的极承载力。

（7）判定饱和砂土的地震液化问题

《建筑抗震设计规范》（GB 50011—2001）规定，当初步判别为可能液化或需考虑液化影响时，应采用标贯试验进一步确定其是否液化。当饱和砂土或粉土实测标准贯入锤击数（未经杆长修正）N 值小于临界值 N_{cr} 时，则应为可液化土，否则为不液化土，N_{cr} 可由下式计算：

$$N_{cr} = N_0 \left[0.9 + 0.1 \left(d_s - d_w \right) \right] \sqrt{\frac{3}{\rho_c}} \qquad (9-22)$$

式中　d_s——饱和土标准贯入点深度,m；

　　　d_w——地下水位深度,m；

　　　ρ_c——饱和土的黏粒含量百分率，当 ρ_c（%）＜3 时，取 $\rho_c = 3$；

　　　N_0——饱和土液化判别的基准标准贯入锤击数，按表 9 – 26 取用；

　　　N_{cr}——饱和土液化临界标准贯入锤击数。

表 9 – 26　液化判别基准标准贯入锤击数 N_0 值

烈　　度	7 度	8 度	9 度
近　　震	6	10	4
远　　震	8	12	—

9.4.5　十字板剪切试验

十字板剪切试验（VST）是用插入软黏土中的十字板头，以一定的速率旋转，测出土的抵抗力矩，然后换算成土的抗剪强度。它是一种快速测定饱和软黏土层快剪强度的简单而可靠的原位测试方法。这种方法测得的抗剪强度值相当于试验深度处天然土层的不排水抗剪强度。

十字板剪切试验具有对土扰动小、设备轻便、测试速度快、效率高等优点，因此在我国沿海软土地区被广泛使用。

9.4.5.1　适用的范围和目的

十字板剪切试验适用于均质饱和软黏土（$\varphi_u \approx 0$）。应用的目的有：计算地基承载力；确定桩的极限端承力和摩擦力；确定软土地区路基、海堤、码头、土坝的临界高度；判定软土的固结历史。

9.4.5.2　十字板剪切试验的原理

十字板剪切试验的原理是：对压入黏土中的十字板头施加扭矩，使十字板头在土层中形成圆柱形的破坏面，测定剪切破坏时对抵抗扭剪的最大力矩，通过计算可得到土体的抗剪强度。

图 9 - 10 为圆柱形的破坏面，令 C_v 和 C_u 分别表示破坏圆柱体侧面和上、下面的抗剪强度，则在旋转过程中，土体产生的最大抵抗扭矩 M 由圆柱侧表面的抵抗扭矩 M_1 和圆柱顶底面的抵抗扭矩 M_2 组成，即

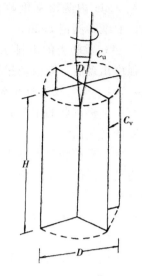

$$M = M_1 + M_2 \tag{9-23}$$

其中
$$M_1 = C_v \cdot (\pi D H)\frac{D}{2} \tag{9-24}$$

图 9 - 10　十字板剪切试验
原理示意图

$$M_2 = 2 \cdot \left[C_u \cdot \left(\frac{1}{4\eta}\pi D^3 \right) \right] \tag{9-25}$$

假定土体各向同性，因此 $C_v = C_u$，则有

$$M = \frac{1}{2}C_u \cdot \pi D^2 \ (H + D/\eta) \tag{9-26}$$

所以

$$C_u = \frac{2M}{\pi D^2 \left(H + \dfrac{D}{\eta} \right)} \tag{9-27}$$

式中　　η——应力分布形状系数：

当圆柱体两端剪应力均匀分布时，$\eta = 3.0$；

当圆柱体两端剪应力呈抛物线分布时，$\eta = 3.5$；

当圆柱体两端剪应力呈三角形分布时，$\eta = 4.0$。

9.4.5.3　十字板剪切实验的基本技术要求

（1）十字板尺寸：十字板一般为矩形，径高比 $D/H = 1/2$，板厚宜为 2~3mm，表 9 - 27 为常用的十字板尺寸。

表 9 - 27　十字板尺寸

十字板尺寸	H（mm）	D（mm）	厚度（mm）
国内	100	50	2~3
	150	75	2~3
国外	125 ± 12.5	62.5 ± 12.5	2

（2）十字板头插入钻孔底的深度不应小于钻孔或套管直径的 3~5 倍，插入后至少静置 2min 或不超过 5min，再开始剪切试验。

（3）由于排水和黏滞效应的存在，应控制剪切速率在 1°/10s。测记每扭转 1°的扭矩，

应在 2min 内测得强度峰值，且当读数出现峰值或稳定值
后，要继续测记 1min。

（4）重塑土的不排水抗剪强度，应在峰值强度或稳定
值强度出现后，顺剪切扭转方向连续转 6 圈后测。

9.4.5.4　十字板试验成果的应用

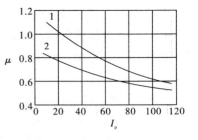

图 9 – 11　修正系数 μ

十字板试验的主要成果是十字板不排水抗剪强度 C_u 随
深度的变化曲线。

十字板剪切试验所测得的不排水抗剪强度峰值，一般
认为是偏高的，土的长期强度只有峰值强度的 69% ~ 70%。
因此在工程中，需对十字板测得的强度进行修正后才能应用于设计计算。Daccal 等建议用塑
性指数确定修正系数 μ 来折减，见图 9 – 11。图中曲线 2 适用于液性指数大于 1.1 的土，曲
线 1 适用于其他软黏土。

按照中国建筑科学研究院、华东电力设计院的经验，地基容许承载力可按下式进行计
算：

$$q_a = 2 \cdot C_u + \gamma \cdot h \tag{9 – 28}$$

式中　C_u——修正后的不排水抗剪强度，kPa；

　　　γ——土的重度，kN/m^3；

　　　h——基础埋深，m。

9.5　现场检验与监测

现场检验是指在施工阶段根据施工揭露的地质情况，对工程勘察成果和评价建议等进行
的检查校核。现场检验的目的是使设计、施工符合场地岩土工程地质实际，以确保工程质
量，并总结勘察经验，提高勘察水平。现场监测是指对施工过程中及完成后由于施工运营的
影响而引起岩石性状和周围环境条件发生变化进行的各种观测工作。现场监测的目的是了解
由于施工引起的影响程度以及监视其变化和发展规律，以便及时在设计、施工上采取相应的
防治措施。在施工阶段的检验与监测工作中，如发现场地或地基土条件与预期条件有较大的
差别时，应修改岩土工程设计或采取相应的处理措施。

现场检验与监测是岩土工程中的一个重要环节。它不仅能保证工程质量和安全，提高工
程效益，还能通过监测手段反求出用其他方法难以得到的某些工程参数。

9.5.1　地基基础检验和监测

9.5.1.1　天然地基基坑检验

天然地基基坑（基槽）检验，是岩土工程中必须做的常规工作，也是勘察工作的最后
一个环节。当施工单位将基槽开挖完毕后，由勘察、设计、施工和使用单位四方面技术负责
人共同到施工现场进行验槽。

（1）验槽的目的

1）检验有限的钻孔与实际全面开挖的地基是否一致，勘查报告的结论与建议是否准
确。

2）根据基槽开挖实际情况，研究解决新发现的问题和勘查报告遗留的问题。

（2）验槽的基本内容

　　1）核对基槽开挖平面位置和槽底标高是否与勘察、设计要求相符；

　　2）检验槽底持力层土质与勘探是否相符，要求参加验槽人员需沿槽底依次逐段检验；

　　3）当基槽土质显著不均匀或局部有古井、坟穴时，可用钎探查明平面范围与深度；

　　4）研究决定地基基础方案是否有必要修改或作局部处理。

　　（3）验槽的方法　　验槽的方法以肉眼观察或使用袖珍贯入仪等简便易行的方法为主，必要时可辅以夯、拍或轻便勘探。

　　1）观察验槽　　观察验槽应重点注意柱基、墙角、承重墙下受力较大的部位。仔细观察基底土的结构、孔隙、湿度及含有物等，并与勘察资料相比较，确定是否已挖到设计土层。对于可疑之处应局部下挖检查；

　　2）夯、拍验槽　　夯、拍验槽是用木夯、蛙式打夯机或其他施工机具对干燥的基坑进行夯、拍（对潮湿和软土地基不宜夯、拍以免破坏基底土层），从夯、拍声音判断土中是否存在土洞或墓穴。对可疑迹象用轻便勘探仪进一步调查；

　　3）轻便勘探验槽　　轻便勘探验槽是用钎探、轻便动力触探、手持式螺旋钻、洛阳铲等对地基主要受力层范围的土层进行勘探，或对上述观察、夯或拍发现异常情况进行探查。

9.5.1.2　基坑工程监测

　　目前基坑工程的设计计算，还不能十分准确，无论计算模式还是计算参数，常常和实际情况不一致。为了保证工程安全，监测是非常必要的。通过对监测数据的分析，必要时可调整施工程序，调整支护设计。遇有紧急情况时，应及时发出警报，以便采取应急措施。

　　从保证基坑安全的角度出发，基坑工程监测方案，应根据场地条件和开挖之后的施工设计确定，并应包括下列内容：

　　（1）支护结构的变形；

　　（2）基坑周边的地面变形；

　　（3）邻近工程和地下设施的变形；

　　（4）地下水位；

　　（5）渗漏、冒水、冲刷、管涌等情况。

9.5.1.3　沉降观测

　　建筑物沉降观测能反映地基的实际变形对建筑物影响程度，是分析地基事故及判别施工质量的重要依据，也是检验勘察资料的可靠性，验证理论计算正确性的重要资料。《岩土工程勘察规范》（GB 50021—2001）规定，下列建筑物应进行沉降观测。

　　（1）地基基础设计等级为甲级的建筑物。

　　（2）不均匀地基或软弱地基上的乙级建筑物。

　　（3）加层、接建、邻近开挖、堆载等，使地基应力发生显著变化的工程。

　　（4）因抽水等原因，地下水位发生急剧变化的工程。

　　（5）其他有关规范规定需要做沉降观测的工程。

　　建筑物沉降观测试验应注意以下几个要点：

　　（1）基准点的设置以保证其稳定可靠为原则，故宜布置在基岩上，或设置在压缩性较低的土层上。水准基点的位置宜靠近观测对象，但必须在建筑物所产生压力影响范围以外。在一个观测区内，水准基点不应少于 3 个。

　　（2）观测点的布置应全面反映建筑物的变形并结合地质情况确定，数量不宜少于 6 个。

（3）水准测量宜采用精密水平仪和钢尺。对于一个观测对象宜固定测量工作，固定人员，观测前仪器必须严格校验。测量精度宜采用Ⅱ级水准测量，视线长度宜为20～30m，视线高度不宜低于0.3m。水准测量应采用闭合法。

另外，观测时应随时记录气象资料。观测次数和时间，应根据具体情况确定。一般情况下，民用建筑每施工完一层应观测一次；工业建筑按不同荷载阶段分次观测，但施工阶段的观测次数不应少于4次。建筑物竣工后的观测，第一年不少于3～5次，第二年不少于2次，以后每年一次直到沉降稳定为止。对于突然发生严重裂缝或大量沉降等特殊情况时，应增加观测次数。

9.5.2　不良地质作用和地质灾害的监测

根据《岩土工程勘察规范》（GB 50021—2001）规定，不良地质作用和地质灾害的监测，应根据场地及其附近的地质条件和工程实际需要编制监测纲要，按纲要进行。纲要内容包括：监测目的和要求、监测项目、测点布置、观测时间间隔和期限、观测仪器、方法和精度、应提交的数据、图件等，并及时提出灾害预报和采取措施的建议。

对下列情况应进行不良地质作用和地质灾害的监测：

（1）场地及其附近有不良地质作用或地质灾害，并可能危及工程的安全或正常使用时；

（2）工程建设和运行，可能加速不良地质作用的发展或引发地质灾害时；

（3）工程建设和运行，对附近环境可能产生显著不良影响时。

岩溶对工程的最大危害是土洞和塌陷。而土洞和塌陷的发生和发展又与地下水的运动密切相关，特别是人工抽吸地下水，使地下水位急剧下降时，常引发大面积的地面塌陷。

岩溶土洞发育区应着重监测下列内容：

（1）地面变形；

（2）地下水位的动态变化；

（3）场区及其附近的抽水情况；

（4）地下水位变化对土洞发育和塌陷发生的影响。

滑坡监测应包括下列内容：

（1）滑坡体的位移；

（2）滑面位置及错动；

（3）滑坡裂缝的发生和发展；

（4）滑坡体内外地下水位、流向、泉水流量和滑动带孔隙水压力；

（5）支挡结构及其他工程设施的位移、变形、裂缝的发生和发展。

9.5.3　地下水的监测

地下水的动态变化包括水位的季节变化和多年变化、人为因素造成的地下水的变化、水中化学成分的运移等。对工程的安全和环境的保护，地下水的监测常常是最重要最关键的因素。因此，对地下水进行监测有重要的实际意义。《岩土工程勘察规范》（GB 50021—2001）规定，下列情况应进行地下水监测：

（1）地下水位升降影响岩土稳定时；

（2）地下水位上升产生浮托力对地下室或地下构筑物的防潮、防水或稳定性产生较大影响时；

（3）施工降水对拟建工程或相邻工程有较大影响时；

（4）施工或环境条件改变，造成的孔隙水压力、地下水压力变化，对工程设计或施工有较大影响时；

（5）地下水位的下降造成区域性地面沉降时；

（6）地下水位升降可能使岩土产生软化、湿陷、胀缩时；

（7）需要进行污染物运移对环境影响的评价时。

地下水位的监测一般可设置专门的地下水位观测孔，或利用水井、地下水天然露头进行。监测工作的布置可根据监测目的、场地条件、工程要求以及水文地质条件等进行确定。孔隙水压力和地下水压力的监测应特别注意设备的埋设和保护，建立长期良好而稳定的工作状态。水质监测每年不少于 4 次，原则上可以每季度一次。

9.6　勘察资料的内业整理

工程地质勘察的最终成果是勘察报告书。当现场勘察工作（如调查、勘探、测试等）和室内试验完成后，应对各种原始资料进行整理、检查、分析、鉴定，然后编制成工程地质勘察报告，提供给设计和施工单位使用。以上工作称为勘察资料的内业整理。

工程地质勘察成果报告的内容，应根据任务要求、勘察阶段、地质条件、工程特点等具体情况确定，一般应包括下列内容：

（1）勘察目的、任务要求和依据的技术标准；

（2）拟建工程概况；

（3）勘察方法和勘察工作布置；

（4）场地地形、地貌、地层、地质构造、岩土性质及其均匀性；

（5）各项岩土性质指标，岩土的强度参数、变形参数、地基承载力的建议值；

（6）地下水埋藏情况、类型、水位及其变化；

（7）土和水对建筑材料的腐蚀性；

（8）可能影响工程稳定的不良地质作用的描述和对工程危害程度的评价；

（9）场地稳定性和适宜性的评价；

（10）岩土利用、整治和改造的方案进行分析论证，提出建议；

（11）对工程施工和使用期间可能发生的岩土工程问题进行预测，提出监控和预防措施的建议；

（12）勘察成果表及所附图件。报告中所附图表的种类应根据工程具体情况而定，常用图表有：勘探点平面布置图、工程地质柱状图、工程地质剖面图、原位测试成果表、室内试验成果图表。当需要时，尚可附综合工程地质图、综合地质柱状图、地下水等水位线图、素描、照片、综合分析图表以及岩土利用、整治和改造方案的有关图表、岩土工程计算简图及计算成果图表等。

当任务需要时，还可根据任务要求提交下列专题报告：岩土工程测试报告、岩土工程检验或监测报告、岩土工程事故调查与分析报告、岩土利用、整治或改造方法报告等。

对丙级岩土工程勘察的报告可适当简化，采用以图表为主，辅以必要的文字说明；对甲级岩土工程勘察的报告除应符合上述要求外，尚可对专门性的岩土工程问题提交专门的试验报告，研究报告或监测报告。

下面将常用图表的编制方法和要求简单介绍如下：

　　（1）勘探点平面布置图（图9-12）　　勘探点平面布置图是在建筑场地地形图上，把建筑物的位置、各类勘探及测试点的位置、编号用不同的图例表示出来，并注明各勘探、测试点的标高、深度、剖面线及其编号等。

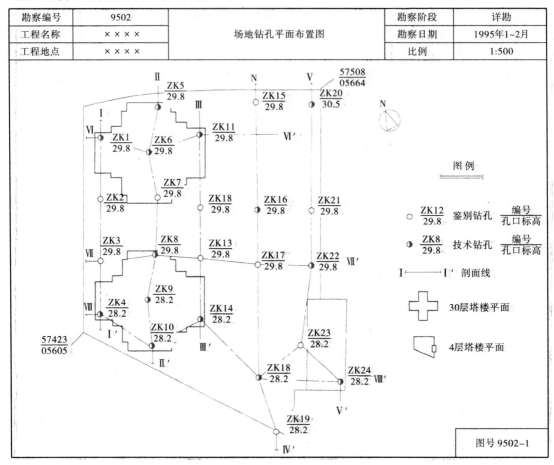

勘察编号	9502		勘察阶段	详勘
工程名称	××××	场地钻孔平面布置图	勘察日期	1995年1~2月
工程地点	××××		比例	1:500

图9-12　某场地钻孔平面布置图

　　（2）钻孔柱状图（图9-13）　　钻孔柱状图是根据钻孔的现场记录整理出来的。记录中除注明钻进的工具、方法和具体事项外，其主要内容是关于地基土层的分布（层面深度、分层厚度）和地层的名称及特征的描述。绘制柱状图时，应从上面下对地层进行编号和描述，并用一定的比例尺、图例和符号表示。在柱状图中还应标出取土深度、地下水位高度等资料。

　　（3）工程地质剖面图（图9-14）　　柱状图只反映场地一般勘探点处地层的竖向分布情况，工程地质剖面图则反映某一勘探线上地层沿竖向和水平向的分布情况。由于勘探线的布置常与主要地貌单元或地质构造轴线垂直，或与建筑物的轴线相一致，故工程地质剖面图能最有效地标示场地工程地质条件。

　　工程地质剖面图绘制时，首先将勘探线的地形剖面线画出，标出勘探线上各钻孔中的地层层面，然后在钻孔的两侧分别标出层面的高程和深度，再将相邻钻孔中相同土层分界点以直线相连。当某地层在邻近钻孔中缺失时，该层可假定于相邻两孔中间尖灭。剖面图中的垂直距离和水平距离可采用不同的比例尺。

勘察编号	9502		钻孔柱状图		孔口标高	29.8m	
工程名称	××××				地下水位	27.6m	
钻孔编号	ZK1				钻探日期	1995年2月7日	

地质代号	层底标高(m)	层底深度(m)	分层厚度(m)	层序号	地质柱状 1:200	岩心采取率(%)	工程地质简述	标贯$N_{63.5}$ 深度(m)	标贯$N_{63.5}$ 实际击数 校正击数	岩土样 编号 深度(m)	备注
Q_{ml}	3.0	3.0	①	①		75	填土：杂色、松散，内有碎砖、瓦片、混凝土块、粗砂及黏性土，粘进时常遇混凝土板				
Q_{al}	10.7	7.7	②	②		90	黏土：黄褐色，冲积、可塑、具粘滑感，项部为灰黑色耕作层，底部土中含较多粗颗粒	10.85 11.15	$\dfrac{31}{25.7}$	ZK1-1 10.5~10.7	
Q_{al}	14.3	3.6	④	③		70	砾石：土黄色，冲积、松散。稍密，上部以砾，砂为主。含泥量较大，下部颗粒变粗，含砾石、卵石。粒径一般2~5cm，个别达7~9cm，磨圆度好				
Q_{el}	27.3	13.0	⑤	④		85	砂质黏性土：黄褐色带白色斑点，残积，为花岗岩风化产物，硬塑—坚硬，土中含较多粗石英粒，局部为砾质黏土	20.55 20.85	$\dfrac{42}{29.8}$	ZK1-2 20.2~20.4	
γ_5^3	32.4	5.1	⑥	⑤		80	花岗岩：灰白色—肉红色，粗粒结晶，中—微风化。岩质坚硬，性脆，可见矿物成分有布长石、石英、角闪石、云母等，岩芯呈柱状			ZK1-3 31.2~31.03	

图号 9502-7

▲ 标贯位置　　■ 岩样位置　　● 土样位置

拟编：　　　　　　　　　　　　　　　审核：

图 9-13　某场地钻孔柱状图

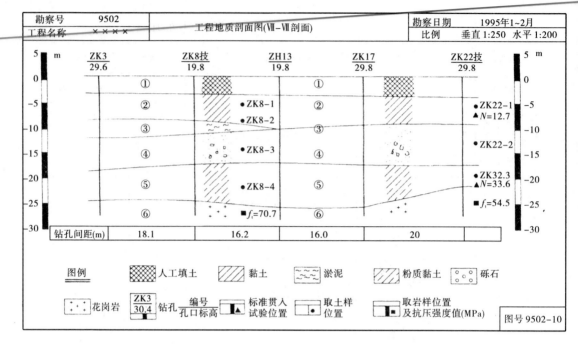

图 9-14　某场地工程地质剖面图

在柱状图和剖面图上也可同时附上土的主要物理力学性质指标及某些试验曲线，如静力触探、动力触探或标准贯入试验曲线等。

9.7　土木工程地质勘察要求

9.7.1　城镇及工业建筑的工程地质勘察特征

9.7.1.1　勘探范围及深度

一个城镇或工业区往往有众多不同功能的房屋、交通线路及枢纽、水、电、气管道等公用设施，除了少数的超高房屋及重型设备外，大多数建筑要求基础埋置深度较浅。所以，一般勘探工作要遍及全区，而勘探深度一般可在 10m 以内，少量地层的控制钻探需较深，勘探要求随规划和设计两个阶段而不同。

9.7.1.2　规划阶段的勘察要求

（1）首先要求为评价规划区域的总体稳定性提供工程地质资料。对平原地区，因第四纪沉积物较厚，主要了解地震历史情况，地震砂土液化的可能地带，区域性地面沉降的预测等。对丘陵或山区，则要了解滑坡、坍塌、泥石流等不良地质现象的分布地带及它们的发展趋势等，以评价在区内修建城镇和工厂的适宜性；

（2）从工程地质方面来论证功能分区和建筑分带，所以要查明工程地质条件，以论证在地区内不同地段兴建功能不同、形式不同的建筑物是否适宜；

（3）确定供水水源地及地下水卫生防护带，所以要求提供全面的水文地质资料；

（4）了解天然建筑材料的产地及储量估计情况。

9.7.1.3　设计阶段的勘察要求

（1）了解各建筑物场地的工程地质条件对建筑物稳定安全的具体影响；

（2）为了确定各建筑物基础埋置深度提供地质影响因素资料；

（3）为测算地基沉陷量及地基承载力提供地基土（岩）体的物理力学性质指标；

（4）提供地基及边坡土（岩）体的稳定性分析资料，为地基加固设计参考；

（5）评价施工条件、并为选定施工方法提供参考资料。

9.7.1.4　工程地质勘察特点

（1）地区内的地形地貌特征，第四纪沉积物的分布及厚度，土层剖面，各类土（一部分地表基岩）的物理力学性质，地下水的埋藏深度及动态特征，应是勘察工作的主要了解和研究对象；

（2）勘察工作除一般的地表地质测绘工作外，主要以坑、槽探及浅钻孔勘探工作为主。勘探深度：一般土层较浅地带以达到弱风化基岩为宜，土层较深地带，则达到地基受压层深度（一般为10~15m）；

（3）为取得地基的变形及强度资料，需对不同类型的土（包括一部分岩石）作较全面的物理力学性质的室内试验及一定数量的现场原位测试；

（4）应对地下水动态进行较长时间的观测，并分析其化学成分。

9.7.2　道路工程的地质勘察要求

9.7.2.1　工程地质特点

道路工程是延伸很长的线性建筑物，往往要穿越各种不同的地形和地质构造地区。它的工程地质特点是：

（1）由于往往要穿过较多的不良地质条件地区，**道路的稳定性和正常运营常常要受到**各种动力物理地质作用的威胁。在山地、丘陵地带有滑坡、坍塌、泥石流及岩溶等；在平原、高原地带有沼泽层上路堤的沉陷等；在特殊气候带内有风沙、冻胀等；

（2）道路都有一定的限制坡度，而通过的地形又比较复杂，故在整条线路上总有一系列的填方和挖方段，于是路基填方边坡及地堑挖方边坡的稳定性就是道路的主要工程地质问题。所以对各路段的岩石类型、地质构造、水文地质条件，岩土的变形及强度性能的勘察研究工作。主要是为了正确解决路基边坡的允许坡度和边沟的深度等问题。

9.7.2.2　工程地质勘察的目的与方法

道路工程勘察的主要目的与基本勘察方法为：

（1）以查明沿线不良地质作用和不利于边坡稳定的地质条件为目的的线路地质测绘；

（2）以取得沿线各不同地质条件地段纵横地质剖面为目的的勘探工作（主要坑槽及浅钻孔）；

（3）以查明不良地质条件地段的纵横地质剖面为目的的深度较大的勘探工作；

（4）查明填方地段所用路基填料的变形及强度性质，所用土（石）物理力学性质试验，以及挖方地段路堑边坡稳定性的岩（土）体的软弱结构面勘探与试验。

9.7.2.3　各勘察阶段的勘察工作要点

（1）草测/选线方案阶段

此阶段的工作目的是按指定的道路起迄点及所经地区选定修建道路可能性的路线方案。主要了解在线路方向垂直的3~5km宽度范围内存在着多少较严重影响道路稳定与安全的工程地质条件。勘察方法一般尽量利用已有地形地质资料进行研究分析，对复杂的地貌及不利工程地质条件地段作较详细的补充地质测绘工作。

（2）初测/定线勘察阶段

此阶段是在选线方案的基础上，定出一条经济合理、技术可能的线路。一般在初选路线宽度 500m 范围内进行的较大比例尺的补充测绘工作。主要目的是要查明该线路经过区的复杂的不良地质现象状况，分析其影响道路安全的程度。一般综合利用钻探、坑探与物探方法。对作为路基及路堑边坡的岩（土）体，则通过勘探及试验工作，分析其稳定性。

（3）定测/已确定线路后的勘察工作

此阶段勘察工作的主要目的是为各不同地形及工程地质条件路段的路基路面设计提供具体的工程地质剖面及有关岩土的物理力学性质。因此需要较多数量坑、槽探及钻探工作和一定数量岩土物理力学性质试验。并需提供填方路段土石料的变形及强度指标，填土及路堑边坡的允许坡度参考值。

9.7.3 桥梁工程的地质勘察要求

9.7.3.1 桥梁工程的特点

桥梁工程的特点是通过桥台和桥墩把桥梁上的荷载（包括桥梁本身的重量，通过桥上的车辆，人流的动、静荷载及水流的作用等）传到地基中去。由于一般桥梁所承受荷载都较大，而且还有偏心和动荷载作用，还要防止水流的冲刷破坏，所以桥梁的基础一般都是埋置较深的单个墩台基础，而且往往需在水下修建，施工条件也是较复杂的。

桥梁工程一般都建造在深切沟谷及江河之上，这些地区的工程地质条件本身就比较复杂，加上桥墩桥台的基础需要深挖埋设，也造成一些更为复杂的工程地质问题：如江河溪沟两岸斜坡上的桥梁墩、台，在开挖基坑时，基坑边坡常会发生滑塌，有时甚至使部分山体被牵动滑移；而位于河床及大溪沟中的桥墩，还常遇到基坑涌水和基底水流掏空墩基等问题；当地基岩体中有软弱岩层、断裂破碎带时，则会引起不均匀沉陷，如桥梁基础不注意，被埋置在隐蔽的滑坡体中，就有可能出现桥基滑移或桥墩被剪断的危险。因此，查明这些工程地质问题，研究分析其发生发展的规律，正确地预防及处理具有十分重要的意义。

9.7.3.2 初设阶段的勘察要点

（1）此阶段的总目的是查明桥址各线路方案的工程地质条件，为选择最优方案、初步论证基础类型和施工方法提供必要的工程地质资料。具体任务是：

1）查明河谷的地质及地貌特征，查明覆盖层的性质、结构及厚度。查明基岩的地质构造、岩石性质及埋藏深度；

2）必须确定桥基范围内的岩石类型，提供它们的变形及强度性质指标；

3）阐明桥址区内第四纪沉积物及基岩中含水层状况，水位、水头高以及地下水的侵蚀性，并进行抽水试验，以研究岩石的渗透性；

4）查明物理地质现象，论述滑坡及岸边冲刷对桥址区岸坡稳定性的影响，查明河床下岩溶发育情况及区域地震基本烈度等问题。

（2）为完成上述任务采用的主要勘察方法是：

1）工程地质测绘：目的是查明桥址区河谷及两岸的地貌及岩石类型，地层构造等地质条件，并配合钻探对河床下基岩的分层及构造作出判定；

2）主要的勘探工作是钻探，并可配合一定数量的物探工作，其主要目的是查明河床覆盖层厚度及基岩的岩性、厚度、风化破碎程度；

3）在钻孔探坑中取样测定岩石的物理力学性质，进行水文地质试验；

4）以钻探及物探工作配合查明地基岩体中有无断裂破碎带、软弱夹层、岩溶洞穴等不良工程地质问题。

9.7.3.3　施工设计阶段的勘察要点

（1）此阶段的勘察任务是为选定的桥址方案提供桥梁墩台施工设计所需的工程地质资料，具体任务是：

1）为最终确定桥墩基础埋置深度提供地质依据；

2）提供地基附加应力分布层内各类岩石的变形及强度性质指标，提出地基承载力参考值；

3）查明并分析水文地质条件对桥基稳定性的影响；

4）查明各种物理地质作用对桥梁工程的不利影响，并提出预防与处理措施建议；

5）提出在施工过程中可能发生的不良工程地质作用，并提出预防与处理措施建议。

（2）本阶段勘察工作当以钻探工作为主，每个墩台位置都至少布置一个钻孔，一般要达到基岩面以下 20 m。同时本阶段要进行大量岩石的物理力学性质试验，对地基岩体则要作野外原位载荷试验、软结构面的抗剪试验及抽水试验等。

9.7.4　隧道及地下硐室工程地质勘察要点

9.7.4.1　地下建筑的特点

地下建筑的特点是它全部埋置在地下岩（或土）体之内。因此它的安全、经济和正常使用主要取决于其周围岩体的稳定性。地下硐室建筑工程的开挖必然破坏了原始岩体的初始平衡条件，引起周边围岩内的应力重分布，使得硐体周围一定范围之内的岩体松弛，如不及时处理便会造成硐顶及硐壁的坍塌。严重的坍塌可由硐顶向上发展直达地表，造成一定范围的地面塌陷，严重影响建筑物的安全。常用的防止围岩松弛、脱落的措施是，施工掘进时用木架、钢架或混凝土架作临时性的支撑（支护），完成掘进后再砌筑永久性的支承结构，称为衬砌。

硐顶及硐壁岩体作用在支撑及衬砌上的压力通称为山岩压力（山压），它的大小取决于岩体的岩石性质，裂隙构造发育状态及水文地质条件。在硐室施工掘进中，如遇断裂破碎带、风化破碎带及承压地下水带等不良地质条件地区，则会造成大量的塌方及涌水；有时在特定的地质条件下还会遇到有害气体和高温。所以在选择硐室的线路和硐室的设计与施工时，必须全面了解全线的工程地质条件。

9.7.4.2　初步设计阶段的勘察要点

从上述可知，开挖地下工程时如能减小山压和排除涌水，就克服了大部分施工困难，因此地下工程地质勘察必须以查明山压和涌水情况为中心，采用各种手段深入勘察建筑地区的岩性、构造、水文地质条件及影响山体稳定的诸多工程地质作用。

初步设计阶段勘察的主要任务是要查明各主要方案线路中的工程地质条件，为确定最优线路方案及硐室的初步设计提供必要的地质资料。

在此阶段的主要方法是工程地质测绘，查明建筑区域内的岩性、构造、水文地质条件及物理地质现象，以便判定对线路的比选方案有重要意义的不良地质条件是否存在及其规模情况，根据测绘成果编制各方案线路的工程地质剖面图。

勘探工作则为核定地质剖面而用，如线路太长可多用物探剖面工作，但钻探工作还是不可少的，它能较准确地判断岩性及地层的构造特征，钻探应达到设计硐底标高以下 5 ~ 15m。应在硐底标高以上 20m 范围采取岩样，以测定岩石的物理力学性质。设计硐底标高以上有含水层时，则应作抽水试验，以求计算涌水量所需的参数。

9.7.4.3 施工设计阶段的勘察要点

主要任务是详细查明已选定线路的工程地质条件，为最终确定轴线位置，设计支护及衬砌结构，确定施工方法和施工条件提供所需资料。

对初设阶段未完全查明的工程地质条件，进行补充的地质测绘工作。

用钻孔进一步确定隧道设计高程的岩石性质及地质结构。在滑坡、断裂破碎带，岩溶及厚覆盖层等地质条件比较复杂地带，还应布置垂直轴线的横向勘探线，编制横向地质剖面图。在隧道进出口可布置勘探导洞（可与施工导洞结合起来），以进一步明确进出口的工程地质条件。

用钻孔取样和在导洞中测定岩体的 E、c、φ 等指标，并可测定松弛圈及地应力。

9.7.5 机场工程地质勘察要求

9.7.5.1 机场工程勘察特点

一般来讲，从形态上分，房屋建筑可视为点勘察，公路、铁路为线勘察，而机场则为面勘察。机场详细勘察范围常大于 300m×2400m。因此，机场勘察具有以下的特点：

（1）系统性强 机场从选勘到施工勘察为一连贯过程，勘察内容涉及工程勘察的方方面面，勘察手段包含几乎所有工程勘察方法。机场勘察必须具有天、地、人的大系统观点：除考虑场地工程条件的适宜性外，勘查中必须考虑机场建设对周边地质环境的影响，考虑气候对飞行的影响，考虑飞行对人的影响，考虑人对气候的适应性，考虑机场供水供电的经济性，考虑场址的位置对地方经济的带动作用。只有这样才能获得合理的岩土参数，才能为设计提出合理的建议。也就是说，机场勘察工程本身具有系统性，作为机场勘察的主体——人，要具有系统的观点，因为机场勘察为一系统工程。

（2）要求高 机场属于国家重点投资项目，安全等级一级，勘察等级一级。

（3）勘察范围 机场工程地质地质测绘定勘阶段面积 10～30km²，详勘阶段面积 6～15km²；钻探范围大于 300m×2400m。另外还有航站区、水利水电设施勘察等，实际的勘察面积通常大于 100km²。

（4）勘察难度大 由于飞行区为直面，不可回避像河流、淤泥地、深沟、高山等障碍，常缺乏供水供电设施，施工困难。

（5）责任大 机场为重点工程，投资数亿元至数十亿元，任何一点失误皆会导致机场建设工期推迟，投资的增大。严重的失误甚至导致整个机场工程的下马，造成极大的经济损失。

9.7.5.2 机场工程勘察的主要方法

机场工程地质勘察的主要方法有工程地质测绘、物探、钻探、原位测试、室内试验等。室内试验的内容很多，因机场工程地质条件不同，试验项目差异很大。总体上岩土常规试验、抗剪试验、抗压试验、高压固结试验、膨胀土试验、冻土试验、有机质试验、土腐蚀性试验等。

9.7.5.3 机场工程地质勘察内容

机场建设包括机场勘察、设计、施工和维护四个阶段。机场勘察作为机场建设的最初阶段，为机场设计提供基础资料。勘察质量的高低，对机场的定位、设计、投资及使用具有重要的影响。机场的勘察内容总体上可分为两大部分：工程测量和工程地质勘察。工程地质勘察随机场建设要求的增高，其内容不断增加，除传统工程地质外，还包括水文地质、灾害地质、环境地质、天然建筑材料勘察等，是一个系统勘察工程。

9.7.5.4　机场工程勘察阶段划分

机场勘察阶段可分为选勘、定勘、详勘和施工勘察四个阶段。选勘的主要任务是为初拟的数个场址提供比选资料。定勘的任务是在设计确定的场址上进行初步勘察，为机场的可行性研究提供资料。详勘是在定勘的基础上，增加勘察方法，加大勘察密度，对场地进行的详细勘察，目的是为了施工图设计提供资料。施工勘察是在施工前或施工过程中进行的勘察，目的是对详勘提出疑问，或设计提出需进一步查明的问题进行勘察。施工勘察常常是小范围、局部、短时间的勘察。

学 习 要 求

通过本章学习，要求掌握工程地质勘察的任务和勘察阶段划分的程序步骤；了解工程地质测绘和调查的主要内容；掌握常见的荷载试验、静力触探试验、动力触探试验、标准贯入试验、十字板剪切试验等现场原位测试的基本原理和试验成果的工程应用；了解勘察资料整理的内业程序；掌握对一般工程地质报告的阅读方法；熟悉一般土木工程地质勘查的基本要求。

习 题 与 思 考 题

1. 简述工程地质勘察的目的及勘察工作的内容和任务。
2. 简述工程地质勘察的工作程序。
3. 工程地质勘察的方法有哪些？常用的勘探方法有哪三种？
4. 简述静力触探和动力触探试验。
5. 简述静力载荷试验方法。
6. 简述标准贯入试验的技术要求。
7. 简述十字板剪切试验的原理。说明其适用条件。
8. 平板载荷试验典型的压力—沉降曲线（p-s 曲线）可以分为哪几个阶段？各有什么特点？与土体的应力-应变状态有什么联系？
9. 工程地质勘察报告书文字部分主要包括哪些内容？
10. 工程地质勘察报告书中一般包括哪些图表？试分别叙述各图表的作用。

参 考 文 献

[1] 张倬元等.工程地质分析原理[M].北京:地质出版社,1981.

[2] 孔宪立.工程地质学[M].北京:中国建筑工业出版社,1997.

[3] 史如平等.土木工程地质学[M].南昌:江西高校出版社,1994.

[4] 李斌.公路工程地质[M].北京:人民交通出版社.1990.

[5] 孙家齐.工程地质[M].武汉:武汉工业大学出版社,2000.

[6] 陈祖煜等.岩质边坡稳定性分析[M].北京:中国水利水电出版社,2005.

[7] 孙广忠.工程地质与地质工程[M].北京:地震出版社,1993.

[8] 松岗元.土力学[M].罗汀,姚仰平译.北京:中国水利水电出版社,2001.

[9] 黄文熙.土的工程地质[M].北京:中国水利水电出版社,1983.

[10] 陈仲颐等.土力学[M].北京:清华大学出版社,1994.

[11] 姜德义.朱合华等.边坡稳定性分析与滑坡治理[M].重庆:重庆大学出版社,
2005.

[12] 韩晓雷.工程地质学原理[M].北京:机械工业出版社,2003.

[13] 胡厚田.土木工程地质[M].北京:高等教育出版社,2001.

[14] 王思敬等.地下工程岩体稳定性分析[M].北京:科学出版社,1984.

[15] 刘佑荣等.岩体力学[M].北京:中国地质大学出版社,1999.

[16] 沈明荣.岩体力学[M].上海:同济大学出版社,1999.

[17] 钱让清.公路工程地质[M].合肥:中国科技大学出版社,2005.

[18] 李中林等.工程地质学[M].广州:华南理工大学出版社,1999.

[19] 李隽蓬等.土木工程地质[M].成都:西南交通大学出版社,2000.

[20] 孙广忠.岩体结构力学[M].北京:科学出版社,1988.

[21] 李先纬.岩体力学性质[M].北京:煤炭工业出版社,1990.

[22] 徐志英.岩石力学[M].第三版,北京:中国水利水电出版社,1993.

[23] 孙兆义等.工程地质基础[M].北京:中国铁道出版社,2003.

[24] 藏秀平.工程地质[M].北京:高等教育出版社,2004.

[25] 李治平.工程地质学[M].北京:人民交通出版社,2002.

[26] 刘春原.工程地质学[M].北京:中国建材工业出版社,2000.

[27] 徐超等.岩土工程原位测试[M].上海:同济大学出版社,2005.

[28] 工程地质手册编委会.工程地质手册[M].北京:中国建筑工业出版社,1992.

[29] E. Hoek, E. T. Brown 著.岩石地下工程[M].连志升等译.北京:冶金工业出版
社,1986.

［30］ J. C. 耶格等. 岩石力学基础 ［M］. 中国科学院工程力学研究所译. 北京：科学出版社，1981.

［31］ R. E. Goodman Introduction to Rock Mechanics. New York：John Wily & Sons，1989.

［32］ G. P. Giani，Rock Slope Stability Analysis ［M］. Rotterdam：Balkema，1992.

［33］《岩土工程勘察规范》GB 50021—2001.

［34］《建筑地基基础设计规范》GB 50007—2002.

［35］《建筑抗震设计规范》GB 50011—2001.

［36］《工程岩体分级标准》GB 50218—1994.

［37］《土的分类标准》GBJ 145—1990.